国家“双高”建设项目系列教材
全国测绘地理信息职业教育新形态教材

BIM技术与应用

——Revit技能篇

主　编　林　敏
副主编　张俊竹　邱燕红　朱溢镕　刘舒宇

WUHAN UNIVERSITY PRESS
武汉大学出版社

图书在版编目(CIP)数据

BIM 技术与应用 . Revit 技能篇 / 林敏主编. -- 武汉 ：武汉大学出版社, 2025. 2. -- 国家“双高”建设项目系列教材　全国测绘地理信息职业教育新形态教材 . -- ISBN 978-7-307-24678-2

Ⅰ.TU201.4

中国国家版本馆 CIP 数据核字第 2024T71X17 号

责任编辑:史永霞　　责任校对:汪欣怡　　版式设计:马　佳

出版发行: **武汉大学出版社**　(430072　武昌　珞珈山)

(电子邮箱: cbs22@ whu.edu.cn　网址: www.wdp. com.cn)

印刷:武汉科源印刷设计有限公司

开本:787×1092　1/16　印张:13.5　字数:338 千字

版次:2025 年 2 月第 1 版　2025 年 2 月第 1 次印刷

ISBN 978-7-307-24678-2　定价:45.00 元

PREFACE 前言

为贯彻落实党的二十大精神及中共中央办公厅、国务院办公厅印发的《关于推动现代职业教育高质量发展的意见》等文件精神，推动现代职业教育高质量发展，我们编写了本教材。

本教材具有以下特色：

（1）坚持立德树人、德技并修，强化思想政治教育与职业能力培养融合统一；

（2）坚持产教融合、校企合作，强化产教研一体化的建筑信息建模职业能力培养；

（3）坚持面向实践，岗课赛证融通，多措并举，培养学生建筑信息建模职业能力；

（4）坚持面向人人、因材施教，助力每个学习者实现自我人生价值；

（5）强化学习过程与工作过程的有机融合，强化大国测绘工匠职业素养养成，同时厚植家国情怀，落实立德树人育人目标。

本教材共包含12个项目，系统讲解了使用Revit进行建筑信息建模的全过程。具体内容包括：项目1 Revit基础知识，项目2 标高和轴网，项目3 墙体，项目4 门窗和楼板，项目5 玻璃幕墙，项目6 屋顶，项目7 楼梯、坡道和台阶，项目8 柱，项目9 雨篷，项目10 场地，项目11 成果输出以及项目12 建模案例。书后附有三套综合练习题，帮助学生巩固所学知识，强化动手实践能力，检验学习效果。

本教材为新形态融媒体教材。为了帮助读者更好地学习教材内容，本书提供配套数字教学资料，如有需要，可以打开“BIM技术及应用”链接https://mooc.icve.com.cn/cms/courseDetails/index.htm?classId=e33c597613b74064b2ee938755f83aa3或扫描下面二维码免费获取（需先注册账户）。

本教材由林敏（广东工贸技术职业学院）任主编，张俊竹（顺德职业技术学院）、邱燕红（广东工贸技术职业学院）、朱溢镕（广联达科技股份有限公司）、刘舒宇（广州中望龙腾软件股份有限公司）任副主编。

在教材编写过程中，我们得到了广州中望龙腾软件股份有限公司、广联达科技股份有限公司、顺德职业技术学院等的大力支持；同时参考了大量相关专业文献，引用了相关教材的内容、生产项目案例等，在此一并致以诚挚的谢意！

本教材内容全面、循序渐进，既适合作为高职高专测绘地理信息类专业“BIM技术与应用”课程的教学用书，也可作为普通本科院校相关专业的教材，以及测绘企事业单位建筑信息建模技术人员的岗前培训和工作参考用书。

限于编者水平、经验有限，书中难免存在疏漏之处，欢迎使用本教材的老师和广大读者提出宝贵意见，以便进一步修正与完善。

编　者

2024年5月

C O N T E N T S 目录

项目 1
课程导入：Revit基础知识

知识目标

①了解 Revit 的操作界面；
②了解 Revit 的视图范围。

素养目标

①培养学习者的生产质量观及按国家规范完成生产任务的意识；
②逐步培养沟通交流、分工协作的团队意识；
③逐渐养成发现问题、分析问题、解决问题的良好工作习惯，形成认真细致、精益求精的工作作风。

提升质量意识

一、什么是质量意识

质量意识是一个企业从领导层到每一个员工对质量和质量工作的认识和理解。在这里“质量”有两层含义：一是产品的质量，即产品合格与否；二是生产产品过程的质量，即生产过程是不是合理，是不是与企业设定的管理基准一致。换句话说，质量意识就是要保证产品符合规格要求，并且整个生产流程严格遵照企业生产流程的管理规定。质量意识通常反映了人们对质量的重视程度。

二、如何提升质量意识

1. 按标准作业

提升质量意识，首先要按标准作业。没有标准，或者不按标准，张三一个做法，李四一个做法，产品的一致性就无法保证，质量自然也就无从谈起。

麦当劳之所以成为餐饮业巨头，长年不衰，跟它建立的细致的标准化体系不无关系。在麦当劳，拖地的标准是反向画“八”字，地面每隔30分钟至少打扫一次；面包直径17厘米（易于入口），面包横截面气孔不超过0.5厘米（确保口感），牛肉饼的标准重量为28.96克（完美组合）。

细致标准加上员工对标准的严格执行，造就了麦当劳的产品品质与企业形象。

2. 做好本职工作

做好本职工作，要求每位员工掌握应知应会的技能。做好自身岗位的品质控制，是对企业整体产品品质管控的直接贡献。

3. 掌握必要的检验方法

缺乏检验方法，员工就无法判别产品缺陷。不同岗位对产品检验的要求不同，每个员工应掌握好自身岗位的产品检验要求与方法。

4. 真实填写各类报表

真实填写各类报表，属于对工作原则的遵守。倘若数据稀里糊涂地填写，或者造假，就会使报表失去分析的价值或意义，有些时候甚至会误导管理层的决策。

5. 积极汇报现场问题

质量问题，发现越早，处理越早，损失越小。不仅质量问题，应该说各类问题，都应该及时发现、及时处理。

员工遇到无法处理的问题时，应该积极汇报，使得相关人员能够进入现场，解决问题。

6. 参与到改善中来

“参与到改善中来”也是质量意识提升的一个途径，大家都参与改善，改善就容易形成成果。

7. 善于学习，不断提升自我

通过学习，个人能力会得到提升，而企业作为一个整体，其竞争力才会更强。若不学习，一个人想在质量方面做出更多贡献，只会心有余而力不足。学习，是个人成长的必经之路，技能提升会使人员对质量问题的处理更及时与有效。

8. 质量是全体人员的事务

“质量是全体人员的事务”是全面质量管理的基本理念，倡导“人人参与，全过程控制”。每个岗位都有相应的质量要求，每个人都能够对质量作出贡献。具备“质量是全体人员的事务”这个意识，员工才不会将质量的责任推托于某一部门，而是共同从自身视角承担起质量的责任。

任务1.1 Revit操作界面

Revit操作界面如图1-1所示。

应用程序菜单：提供对文件的常用操作，如“新建”“打开”和“保存”菜单；还允许使用更高级的工具（如“导出”和“发布”）来管理文件。

快速访问工具栏：提供常用命令的快速访问方式。

功能区：按功能将命令划分为多个选项卡，提供创建模型的常用命令，包含“建筑”“结构”“系统”“体量与场地”“视图”等多个选项卡。

属性栏：又叫实例属性，显示所选视图或图元的属性参数。

导航控制盘：用户可以多个角度查看各个图元以及围绕模型进行漫游和导航。

项目浏览器：可以查看楼层平面视图、立面视图、三维视图、明细表、图纸等。

视图控制栏：提供快速影响绘图区域的工具，如调整显示比例、详细程度、视觉样式以及选择临时隐藏/隔离图元等。

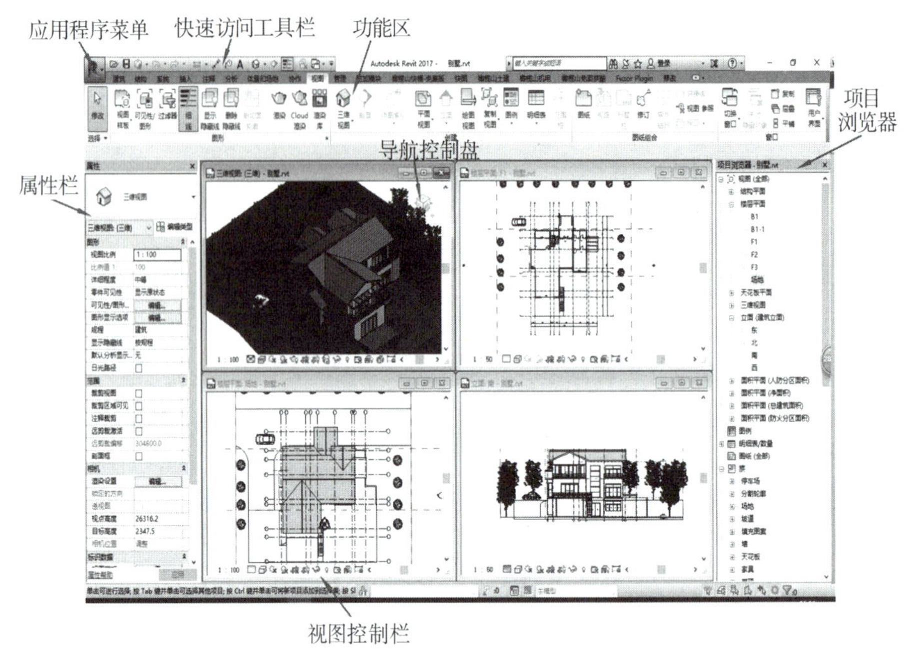

图 1-1

任务 1.2　视图范围

每个平面视图和天花板投影视图都具有“视图范围”属性。视图范围也称为可见范围，它控制视图中对象的可见性和外观的一组平面。在图 1-2 中，①为顶部平面，②为剖切面，③为底部平面，④为标高，⑤为主要范围，⑥为视图深度。

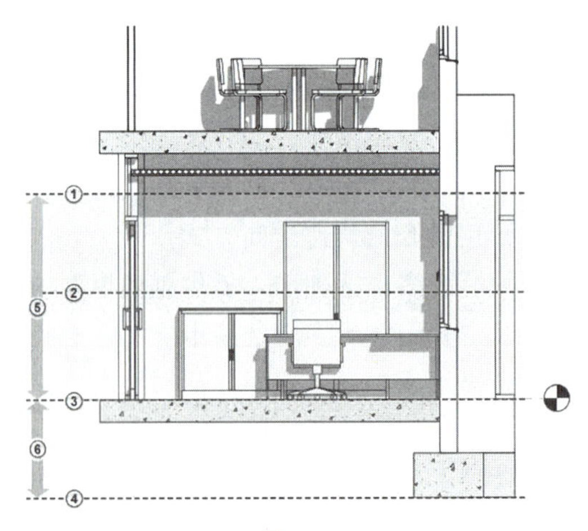

图 1-2

项目 2
标高和轴网

知识目标

①学会创建和编辑标高；
②学会创建和编辑轴网。

素养目标

①培养学习者的生产质量观及按国家规范完成生产任务的意识；
②逐步培养沟通交流、分工协作的团队意识；
③逐渐养成发现问题、分析问题、解决问题的良好工作习惯，形成认真细致、精益求精的工作作风。

着力培养担当民族复兴大任的时代新人

一、举旗定向，明确战略方位

2014 年 10 月 15 日，习近平总书记在文艺工作座谈会上指出，一个民族的复兴需要强大的物质力量，也需要强大的精神力量。中国式现代化是物质文明和精神文明相协调的现代化。强调办教育，就是要提高人民综合素质，促进人的全面发展，提升社会文明程度，坚定文化自信，增强全民族创造活力。习近平总书记的重要论述，深刻阐明了精神文明建设事关教育大局、发展全局，具有重大战略意义。

二、培养担当民族复兴大任的时代新人

登高望远明确目标任务。2020 年 9 月 22 日，习近平总书记在教育文化卫生体育领域专家代表座谈会上指出，紧紧围绕举旗帜、聚民心、育新人、兴文化、展形象的使命任务，加强社会主义精神文明建设。习近平总书记的重要论述，深刻阐明了教育系统开展精神文明建设的着力点，为我们指明了工作方向。

系统思维明确科学方法。习近平总书记强调："要审时度势、因势利导，创新内容和载体，改进方式和方法，使精神文明建设始终充满生机活力"①。习近平总书记的重要论述，深刻阐明了教育系统开展精神文明建设的方法论，需要我们在实践中贯彻落实。

为党育人、为国育才是教育的初心使命，加强教育系统精神文明建设，必须紧紧围绕这一初心使命，坚持立德的目的是育人，把精神文明建设落脚到时代新人培育上来。

挺立主心骨铸魂育人。扎实推进习近平新时代中国特色社会主义思想和党的二十大精神进教材、进课堂、进头脑，以党的创新理论武装学生、教育学生。通过大手拉小手、大学带中学的形式，围绕厚植家国情怀、涵养进取品格、激发挺膺担当，开展青春使命教育，组织"小我融入大我·青春献给祖国"主题社会实践，引导广大学生听党话、跟党走，立志担当大任。

对标好青年立德树人。以培养习近平总书记在党的二十大报告中指出的"有理想、敢担当、能吃苦、肯奋斗的新时代好青年"为目标，实施"时代新人铸魂工程"，围绕提高学生思想理论水平、心理健康品质、网络文明素养、文化品位等方面，实施十大专项行动，促进学生全面发展健康成长。大力发展素质教育，帮助学生提升精神境界、丰富精神世界。

---

① 《习近平在会见第四届全国文明城市、文明村镇、文明单位和未成年人思想道德建设工作先进代表时强调 人民有信仰民族有希望国家有力量 锲而不舍抓好社会主义精神文明建设》，《人民日报》2015 年 3 月 1 日。

弘扬新风尚润心化人。将社会主义核心价值观、中华优秀传统文化融入校园活动，融入学生日常。常态化开展文明校园创建，树立“最美教师”“最美辅导员”“最美大学生”等先进典型，形成良好校园风气，带动广大学生崇德向善、见贤思齐。

建立常态长效新机制。系统谋划教育系统精神文明建设，围绕习近平总书记对青年学生的殷切期望、时代新人培根铸魂的共性需要、新时代青年学生的群体特点，逐一梳理建立落实机制，明确各层级具体任务，切实把倡导性的理念转化为操作性的机制办法，推动精神文明教育常态化制度化。

构建多方联动新体系。建立完善大中小一体、家校社协同的教育系统精神文明建设工作体系，加强高校在大中小思想政治教育一体化建设中的牵引带动作用，不断汇聚学校家庭社会育人合力，共同推动青少年的体育、美育、劳动教育、心理健康教育协调发展，形成精神文明教育共同体。

塑造智慧赋能新格局。有效运用数字化手段推动教育系统精神文明建设，将国家智慧教育平台打造成重要的公共服务产品，为教师提供开展精神文明教育的“政策包”“工具箱”，为学生提供丰富优质的精神食粮。

标高用来定义楼层层高及生成平面视图，标高不一定是楼层层高；轴网用于图元定位，在 Revit 中轴网确定了一个不可见的工作平面。轴网编号以及标高符号样式均可定制修改。使用 Revit 可以绘制直线轴网和弧形轴网等。

任务 2.1　绘制标高

在 Revit 中，“标高”命令通常在立面视图和剖面视图中使用，因为这些视图能清晰地展示建筑的高度信息。在开始项目设计前，建议先打开一个立面视图或剖面视图来创建和管理标高，但也可以通过其他方式（如平面视图中的复制或阵列）来生成标高。

新建“建筑样板”，将其保存为“别墅 . rvt”文件，开始创建模型。

2.1.1　创建标高

（1）在项目浏览器中展开“立面（建筑立面）”项，双击视图名称“南”进入南立面视图。

（2）调整“标高 1”为“F1”，调整“标高 2”为“F2”，将一层与二层之间的层高修改为 3.3 米，如图 2-1 所示。

图 2-1

（3）绘制标高“F3”，调整其与F2的间隔，使间距为3000毫米，如图2-2所示。

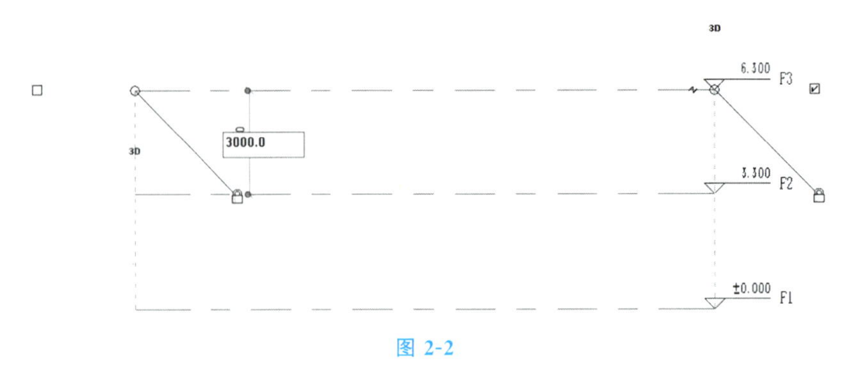

图 2-2

（4）利用“复制”命令，创建室外地坪和地下一层标高。选择标高“F2”，单击“修改｜标高”选项卡下“修改”面板中的“复制”命令，选项栏中勾选“约束”和“多个”，如图2-3所示。

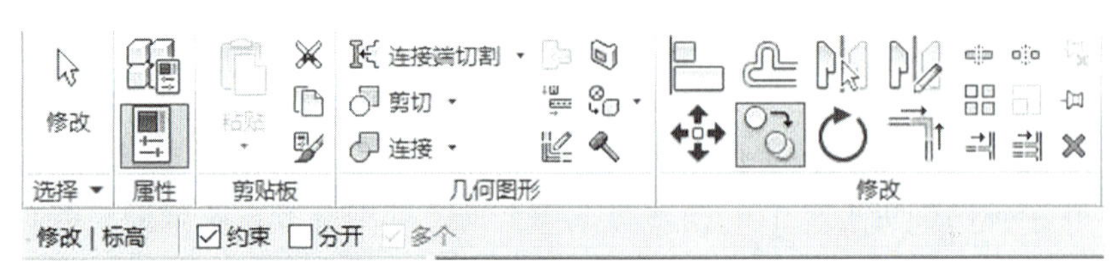

图 2-3

（5）移动光标在标高“F2”上单击捕捉一点作为复制参考点，然后垂直向下（或按下“Shift”键）移动光标，输入间距值3750后按“Enter”键确认，即复制新的标高，如图2-4所示。

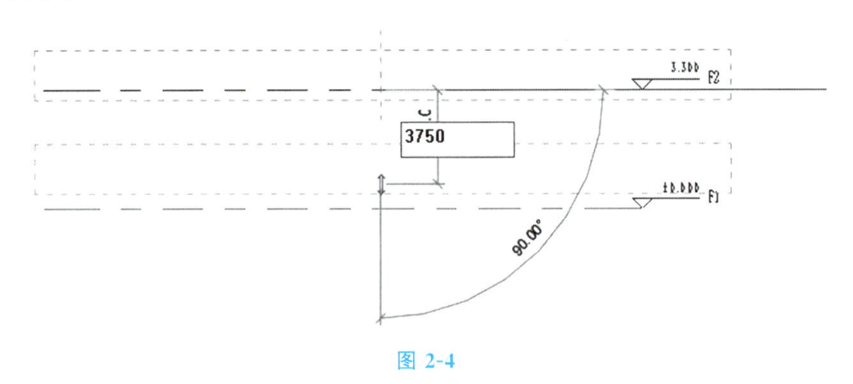

图 2-4

（6）继续向下移动光标，分别输入间距值2850、200。复制另外3条新的标高。

（7）分别选择新复制的3条标高，单击标头名称激活文本框，分别输入新的标高名称“室外地平”“B1”“B1-1”后按“Enter”键确认，结果如图2-5所示。

（8）建筑标高创建完成，保存文件。

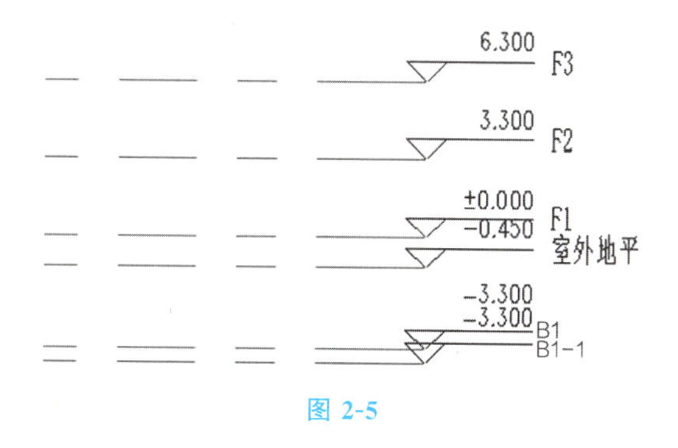

图 2-5

注意 Revit 中复制的标高为参照标高，标高标头是黑色，同时在项目浏览器中的“楼层平面”项下不会创建新的平面视图。

2.1.2 编辑标高

接上节练习完成下面的标高编辑。

(1) 按住“Ctrl”键单击拾取标高“室外地平”和“B1-1”，从属性面板类型选择器下拉列表中选择“标高：下标高”符号类型，两个标头自动向下翻转方向。(见图 2-6)

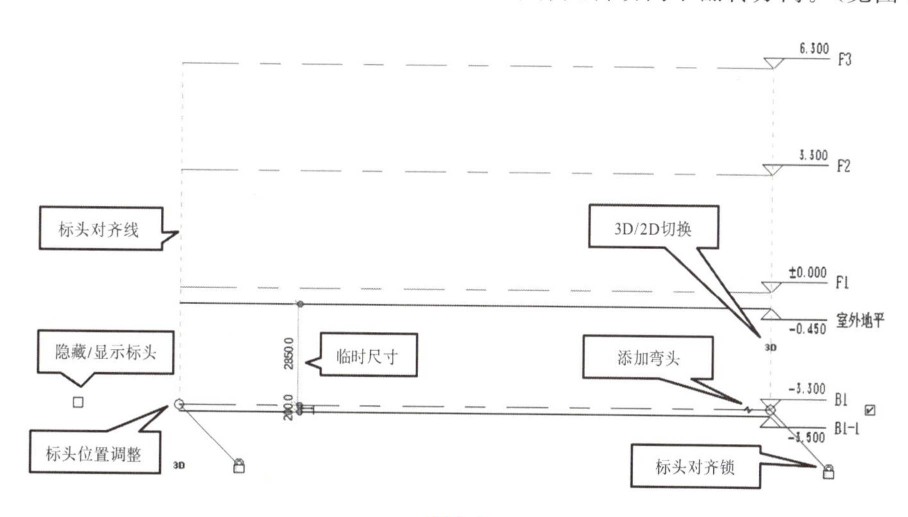

图 2-6

(2) 单击“视图”选项卡“创建”面板“平面视图”下拉列表中的“楼层平面”命令，打开“新建楼层平面”对话框，如图 2-7 所示。从下面列表中选择“B1”，单击“确定”后，在项目浏览器中创建了新的楼层平面“B1”，并自动打开“B1”作为当前视图。

(3) 在项目浏览器中打开“立面（建筑立面）”项下的“南”，回到南立面视图，发现标高“B1”标头变成蓝色显示，保存文件。

注意 标高的名称和样式可以通过修改标高标头族文件来设定。

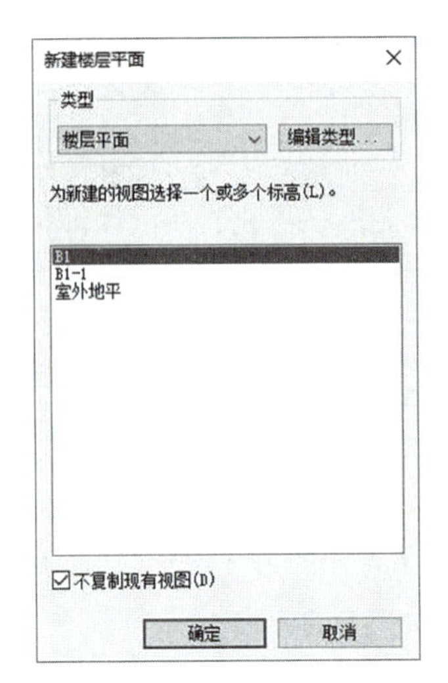

图 2-7

任务 2.2 绘制轴网

下面我们将在平面图中创建轴网。在 Revit 中轴网只需要在任意一个平面视图中绘制一次，其他平面和立面、剖面视图中都将自动显示。

2.2.1 创建轴网

接上节练习，在项目浏览器中双击“楼层平面”项下的“F1”视图，打开首层平面视图，即一层平面视图。

(1) 单击“建筑”选项卡“基准”面板“轴网”选项，绘制第一条垂直轴线，轴号为 1。选择 1 号轴线，单击“修改”面板“复制”命令（选项栏中勾选“约束”和“多个”），移动光标在 1 号轴线上单击捕捉一点作为复制参考点，然后水平向右移动光标，输入间距值 1200，按“Enter”键确认后复制 2 号轴线。保持光标位于新复制的轴线右侧，分别输入 4300、1100、1500、3900、3900、600、2400 后按“Enter”键确认，绘制 3～9 号轴线。

(2) 选择 8 号轴线，标头文字变为蓝色，单击文字输入“1/7”后按“Enter”键确认。选择后面的 9 号轴线，修改标头文字为“8”。完成后垂直轴线结果如图 2-8 所示。

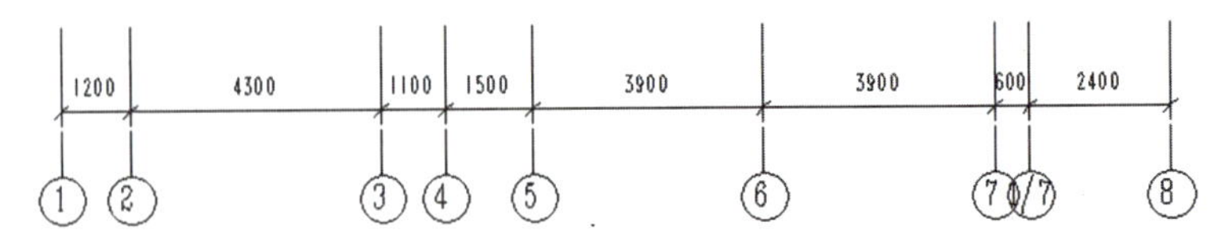

图 2-8

(3) 单击“建筑”选项卡“基准”面板“轴网”选项，移动光标到视图中1号轴线标头左上方位置，单击鼠标左键捕捉一点作为轴线起点。然后从左向右水平移动光标到8号轴线右侧一段距离后，再次单击鼠标左键，捕捉轴线终点，创建第一条水平轴线。

(4) 选择刚创建的水平轴线，修改标头文字为“A”，命名为A号轴线。

(5) 利用“复制”命令，创建B～I号轴线。移动光标在A号轴线上单击捕捉一点作为复制参考点，然后垂直向上移动光标，保持光标位于新复制的轴线右侧，分别输入4500、1500、4500、900、4500、2700、1800、3400后按“Enter”键确认，完成复制。

(6) 选择I号轴线，修改标头文字为“J”，创建J号轴线。

(7) 完成后的轴网如图2-9所示，保存文件。

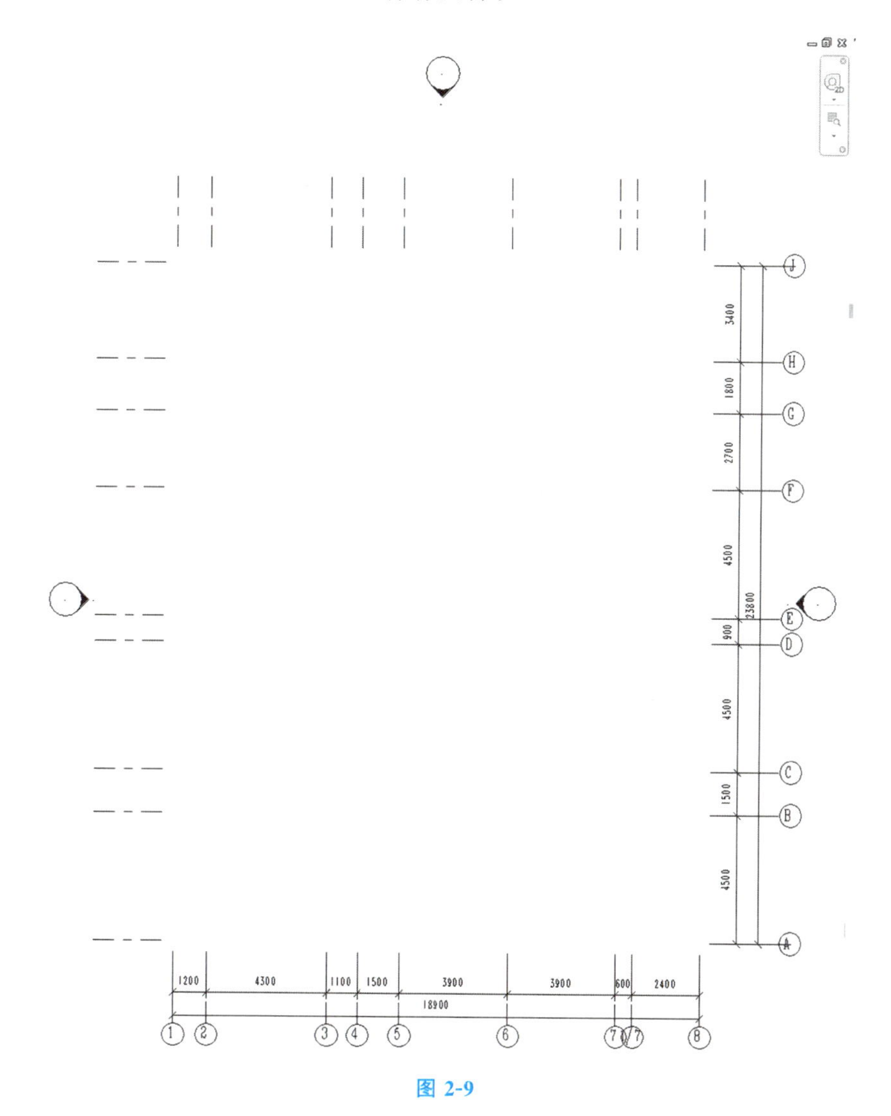

图 2-9

2.2.2 编辑轴网

（1）绘制完轴网后，选择“注释”选项卡“尺寸标注”面板“对齐尺寸标注”选项，标注两轴线的间距以及总长。分别选择1号轴线、A号轴线，将轴线中段的“轴线类型”调整为“连续”，勾选“平面视图轴号端点2（默认）”显示。

（2）在平面视图和立面视图中手动调整轴线标头位置，偏移D号轴线、1/7号轴线标头，如图2-10所示。

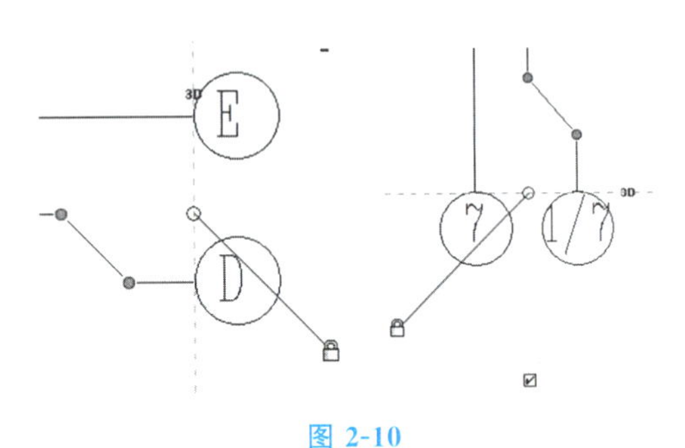

图 2-10

（3）标头位置调整：在“标头位置调整”符号上按住鼠标左键拖拽，可整体调整所有标头的位置；如果先单击打开“标头对齐锁”，然后再拖拽，那么可单独移动一根标头的位置。

（4）影响范围：在一个视图中按上述方法调整完轴线标头位置、轴号显示、轴号偏移等后，选择轴线，单击“基准”面板“影响范围”选项，在弹出的对话框中选择需要的平面视图或立面视图名称，可以将这些设置应用到其他视图。如果一层做了轴号的修改，而没有使用“影响范围”选项进行视图设置，则其他层就不会有任何变化，如图2-11所示。

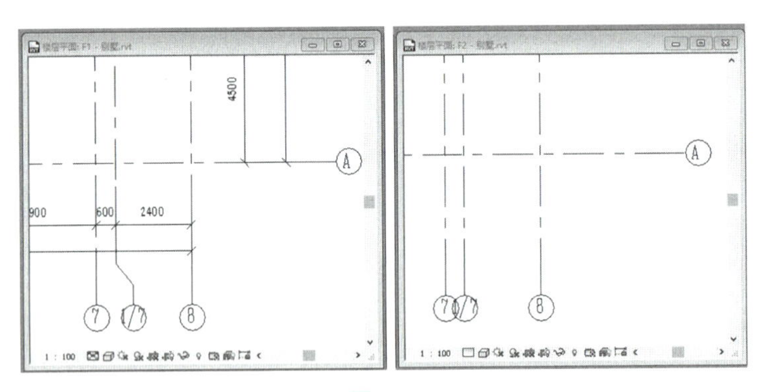

图 2-11

若想要使轴网的变化影响到所有标高层，可以先选中一个修改的轴网，此时自动激活“修改｜轴网”选项卡，单击“基准”面板“影响范围”选项，打开“影响基准范围”对话框，选择需要影响的视图，单击“确定”，所选视图都会自动修改轴网样式并与当前视图轴网保持一致，如图 2-12 所示。

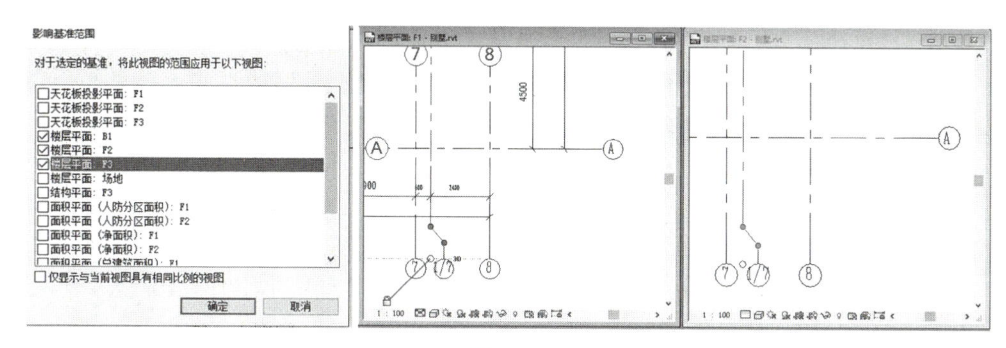

图 2-12

（5）至此标高和轴网创建完成，选中所有轴线并锁定，保存文件。（见图 2-13）

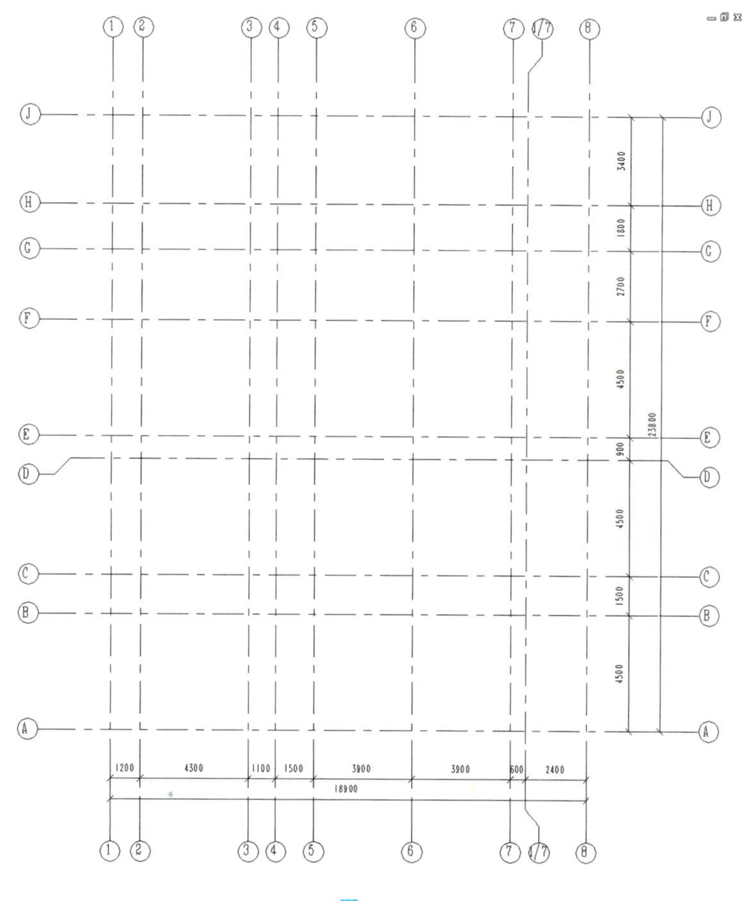

图 2-13

拓展练习与提高

请根据下列视图给出的尺寸，建立标高、轴网（标高、轴网的样式无要求）。请将完成模型以“标高轴网”为文件名保存到学生文件夹中。（见图 2-14）

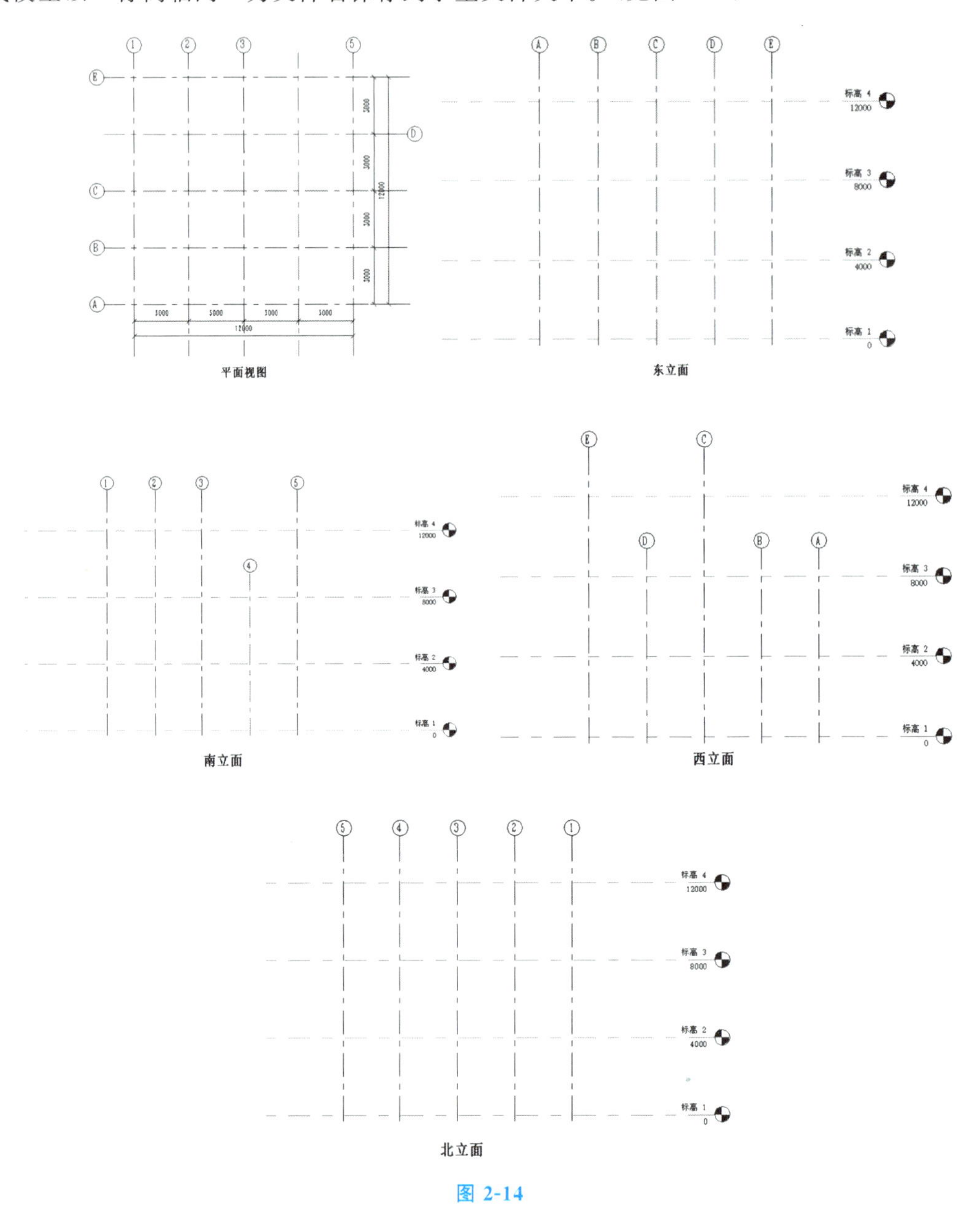

图 2-14

思考：先绘制标高再绘制轴网与先绘制轴网再绘制标高有区别吗？如何使用多段线绘制弧形轴网？如何进行标高标头符号的修改？

项目3 墙体

知识目标

①学会创建和编辑内墙；
②学会创建和编辑外墙。

素养目标

①培养学习者的生产质量观及按国家规范完成生产任务的意识；
②逐步培养沟通交流、分工协作的团队意识；
③逐渐养成发现问题、分析问题、解决问题的良好工作习惯，形成认真细致、精益求精的工作作风。

深刻领悟党的创新理论的强大力量

科学理论是对客观事物的本质及其规律性的深刻认识，是经过严密逻辑论证和实践反复检验的真理。习近平总书记指出："在人类思想史上，就科学性、真理性、影响力、传播面而言，没有一种思想理论能达到马克思主义的高度，也没有一种学说能像马克思主义那样对世界产生了如此巨大的影响。"[①] 马克思主义深刻揭示了自然界、人类社会、人类思维发展的普遍规律，反映了人类对理想社会的美好憧憬，为人类社会发展进步指明了方向，为人民指明了实现自由和解放的道路，具有强大的真理力量。

一、凝聚人民力量

科学理论为人民所掌握，就能迸发出无坚不摧的强大力量。在人类思想史上，马克思主义第一次站在人民的立场探求人类自由解放的道路。马克思、恩格斯在《共产党宣言》中指出："过去的一切运动都是少数人的或者为少数人谋利益的运动。无产阶级的运动是绝大多数人的、为绝大多数人谋利益的独立的运动。"历史和实践都充分表明，党的创新理论来自人民、为了人民、造福人民。在推进马克思主义中国化时代化的历史进程中，我们党始终坚持人民至上，站稳人民立场、把握人民愿望、尊重人民创造、集中人民智慧，形成为人民所喜爱、所认同、所拥有的理论，使之成为指导人民认识世界和改造世界的强大思想武器。

作为马克思主义中国化时代化的最新成果，"人民"二字在习近平新时代中国特色社会主义思想中具有基础性、根本性的地位和作用，人民至上是这一重要思想的理论基点、价值支点、实践原点。习近平新时代中国特色社会主义思想把一切为了人民作为执政兴国的根本价值取向，把一切依靠人民作为创造历史伟业的根本动力源泉，充分展现了"以百姓心为心"的真挚情怀和"依靠人民创造历史伟业"的博大境界。奋进新征程，要深刻领悟习近平新时代中国特色社会主义思想的人民立场，始终坚持人民至上，始终与人民风雨同舟、与人民心心相印，想人民之所想，行人民之所嘱，紧紧依靠人民推进历史伟业，不断把人民对美好生活的向往变为现实。

二、增强团结力量

科学理论是对事物发展规律的深刻揭示，是对社会发展趋势的精准把握，是对人民群众智慧的高度概括，是统一思想、统一意志、统一行动的有力武器，能够有效促进团

---

① 《致纪念马克思诞辰二百周年专题研讨会的贺信》，2018年5月28日。

结。马克思主义是我们立党立国、兴党兴国的根本指导思想，正是有了这一科学理论，中国人民才牢固树立起共同的理想信念，团结一致、共同奋斗。团结奋斗是一百多年来中国共产党人、中国人民、中华民族锤炼铸就的宝贵精神品质，是中国人民创造历史伟业的必由之路，是全面建成社会主义现代化强国的重要保证。习近平新时代中国特色社会主义思想是新时代中国共产党的思想旗帜和精神旗帜，指引我们党团结带领人民不懈奋斗。

团结奋斗离不开思想引领，统一思想才能团结一心、步调一致。新时代以来，全党全国各族人民紧密团结在以习近平同志为核心的党中央周围，以“比铁还硬，比钢还强”的团结之力，以“越是艰险越向前”的不懈奋斗，赢得彪炳史册的历史性胜利。实践充分证明，习近平新时代中国特色社会主义思想是团结奋斗的思想旗帜和精神旗帜。有了习近平新时代中国特色社会主义思想，全党全国各族人民思想上行动上就有了根本遵循，团结奋斗就有了思想根基和信心底气，就有了明确目标和行动指南。奋进新征程，要坚持不懈用习近平新时代中国特色社会主义思想引领团结奋斗的正确方向、激发团结奋斗的深层动力，让全党全国各族人民在党的旗帜下团结成“一块坚硬的钢铁”，心往一处想、劲往一处使，推动中华民族伟大复兴号巨轮乘风破浪、扬帆远航。

三、彰显实践力量

科学理论源于实践又引领实践，具有强大的实践力量。习近平总书记指出：“实践的观点、生活的观点是马克思主义认识论的基本观点，实践性是马克思主义理论区别于其他理论的显著特征。”[①] 马克思主义不是书斋里的学问，而是为了改变人民历史命运而创立的，是在人民求解放的实践中形成的，也是在人民求解放的实践中丰富和发展的。百余年来，我们党坚持把马克思主义基本原理同中国具体实际相结合、同中华优秀传统文化相结合，在创造性地解决中国革命、建设和改革的一系列重大实践问题中不断开辟马克思主义中国化时代化新境界。新时代，习近平新时代中国特色社会主义思想指引党和国家事业取得历史性成就、发生历史性变革，彰显强大实践力量。

辩证唯物主义认为，“全部社会生活在本质上是实践的”。习近平新时代中国特色社会主义思想科学回答了中国之问、世界之问、人民之问、时代之问，是从新时代中国特色社会主义伟大实践中产生的理论结晶，是经过实践检验、富有实践伟力的强大思想武器。习近平新时代中国特色社会主义思想是在研究问题、解决问题中丰富发展的，是在推动实践、指导实践中成熟完善的，具有强烈的问题意识、鲜明的实践导向，具有强大的现实解释力和实践引领力。奋进新征程，要深刻感悟习近平新时代中国特色社会主义思想的实践力量，善于运用科学理论解决实际问题，深刻把握中国式现代化的中国特色、本质要求、重大原则和需要处理好的重大关系，牢牢锚定全面建成社会主义现代化强国

① 《在纪念马克思诞辰二百周年大会上的讲话》，2018 年 5 月 4 日。

的奋斗目标，以中国式现代化全面推进强国建设、民族复兴伟业。

任务 3.1　绘制基本墙

项目 2 依据设计完成了标高和轴网等，本项目将从地下一层平面开始，分层逐步完成别墅三维模型的设计。打开“别墅.rvt”文件，双击“项目浏览”—“楼层平面”—“B1”，打开地下一层平面视图。利用编辑墙体类型中的复制方法，新建“基本墙：外墙饰面砖-240mm”墙类型，其构造层设置如图 3-1 所示。

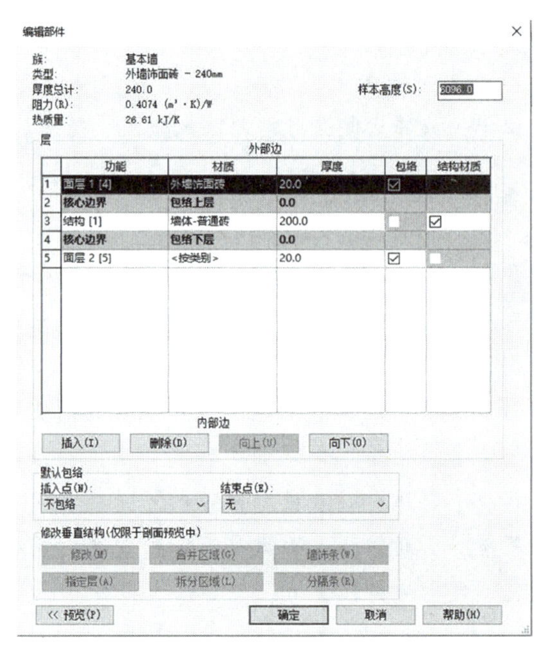

图 3-1

其余墙体，如“基本墙：剪力墙 200mm”“基本墙：内墙-普通砖-200mm”“基本墙：内墙-普通砖-100mm”的建立方法与“基本墙：外墙饰面砖-240mm”的建立方法相同。面层与结构层可根据需求设置。

任务 3.2　绘制地下一层外墙

接上节练习，单击“建筑”选项卡“构件”面板“墙”选项（也称命令）。

在“属性栏”面板选择器中选择“基本墙：剪力墙 200mm”类型，设置“底部约束”为“B1”，“顶部约束”为“直到标高：F1”，如图 3-2 所示。单击“应用”以确认设置。

选择“绘制”面板“直线”选项，移动光标，单击鼠标左键捕捉 E 轴和 2 轴交点为绘制墙体起点，然后顺时针单击捕捉 E 轴和 1 轴交点、F 轴和 1 轴交点、F 轴和 2 轴交点、H 轴和 2 轴交点、H 轴和 7 轴交点、D 轴和 7 轴交点，绘制上半部分墙体，如图 3-3 所示。

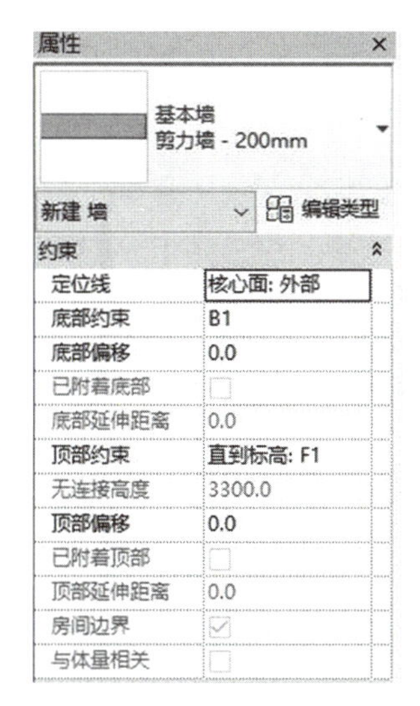

图 3-2

在“属性栏”类型选择器中选择“基本墙：外墙饰面砖-240mm”类型，在“属性”对话框中设置“底部约束”为“B1”，“顶部约束”为“直到标高：F1”，单击“应用”。

选择“绘制”面板下“直线”选项，移动光标，单击鼠标左键捕捉 D 轴和 7 轴交点为绘制墙体起点，继续捕捉 D 轴和 6 轴交点、E 轴和 6 轴交点、E 轴和 5 轴交点；然后光标垂直向下移动，从键盘输入“8280”后按“Enter”键确认，光标水平向左移动至 2 轴单击，捕捉 E 轴和 2 轴交点，完成下半部分外墙绘制，如图 3-4 所示。

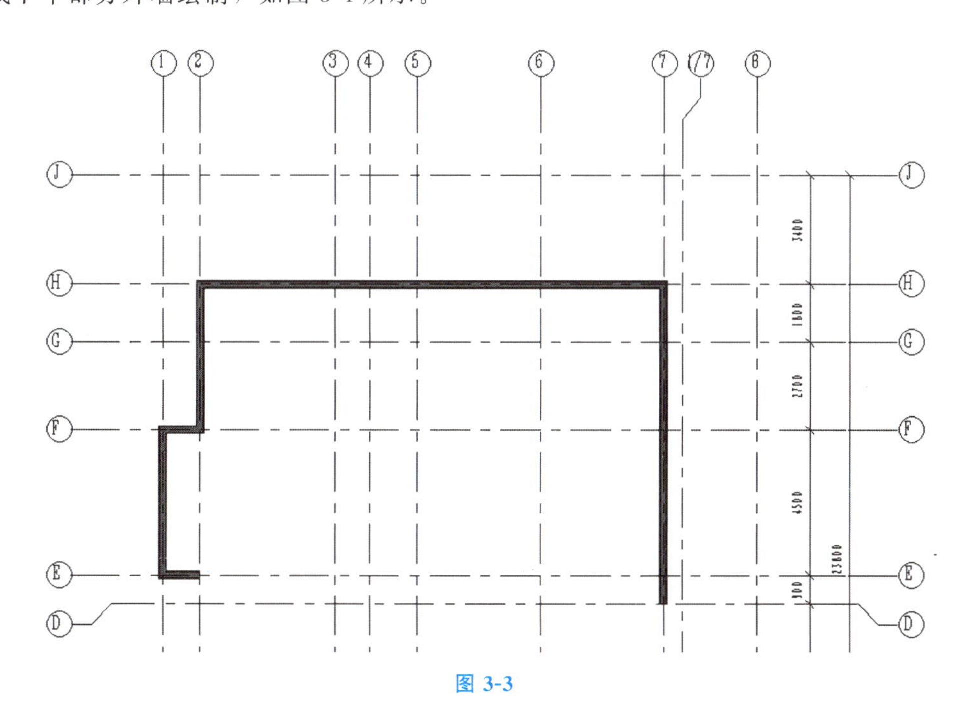

图 3-3

完成后的地下一层外墙如图 3-5 所示，保存文件。

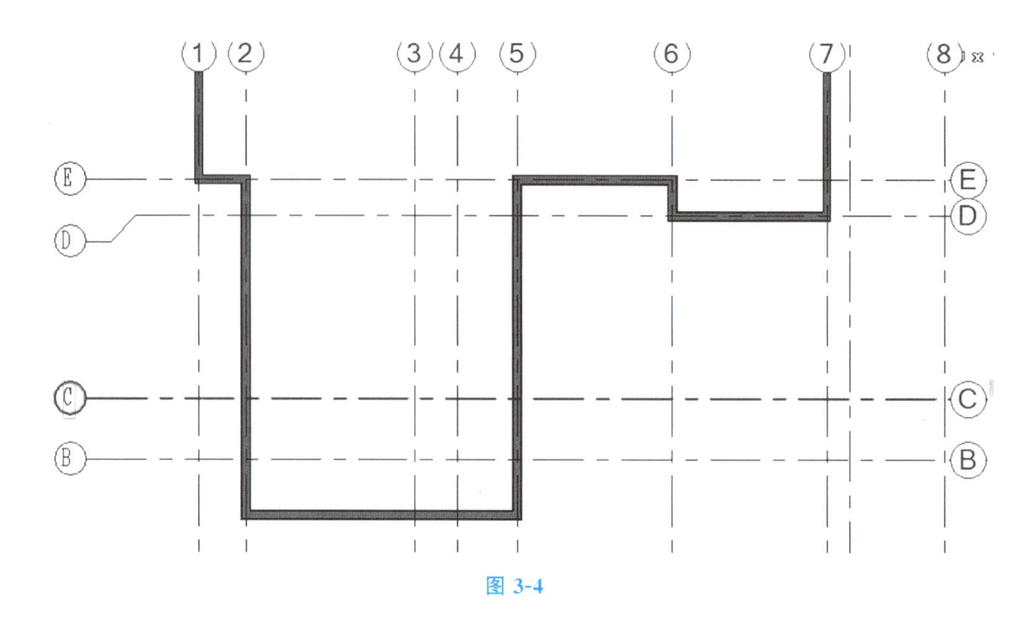

图 3-4

图 3-5

任务 3.3　绘制地下一层内墙

接上节练习，单击选项卡“建筑”—“构件”—“墙”命令，在类型选择器中选择“基本墙：内墙-普通砖-200mm”类型。

在“绘制”面板中选择“直线”命令，选项栏“定位线”选择“墙中心线”，在“属性”对话框中设置“底部约束”为“B1”，“顶部约束”为“直到标高：F1”，单击“应用”。按图 3-6 所示内墙位置捕捉轴线交点，绘制“内墙-普通砖-200mm”地下室内墙。

在类型选择器中选择“基本墙：内墙-普通砖-100mm”，“定位线”选择“核心面-外

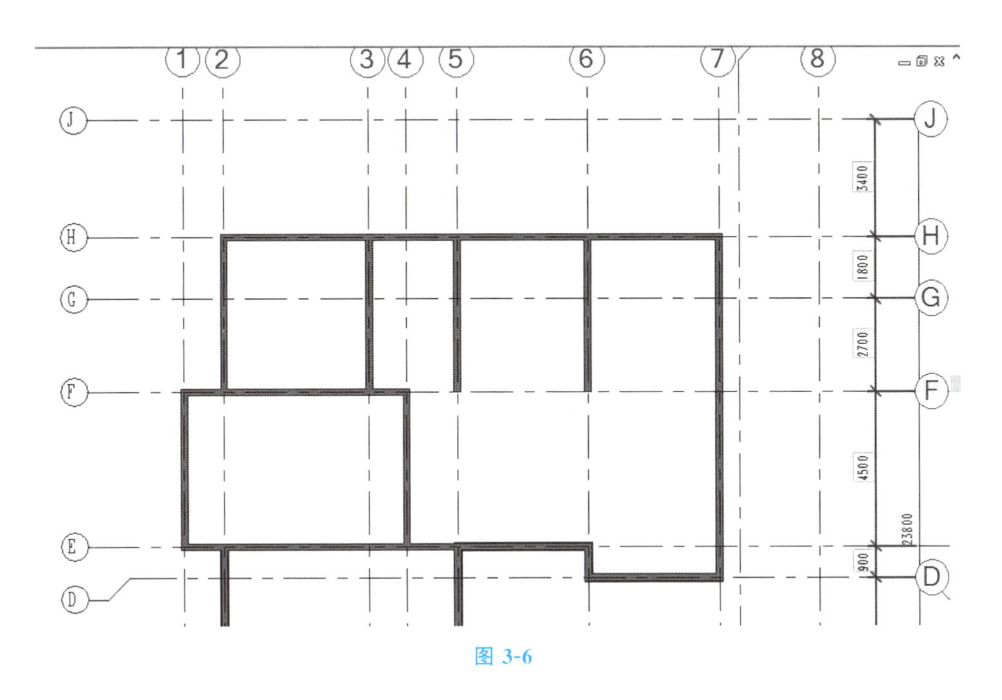

图 3-6

部”，在“属性”对话框中设置“底部约束”为“B1”，“顶部约束”为“直到标高：F1”，单击“应用”。

按图 3-7 所示内墙位置捕捉轴线交点，绘制“内墙-普通砖-100mm”地下室内墙。

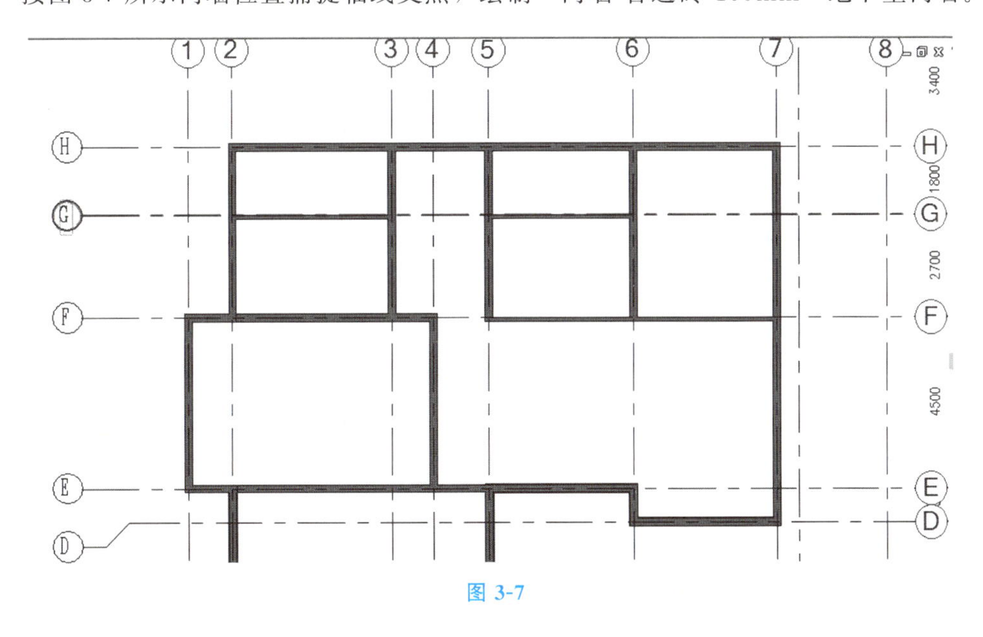

图 3-7

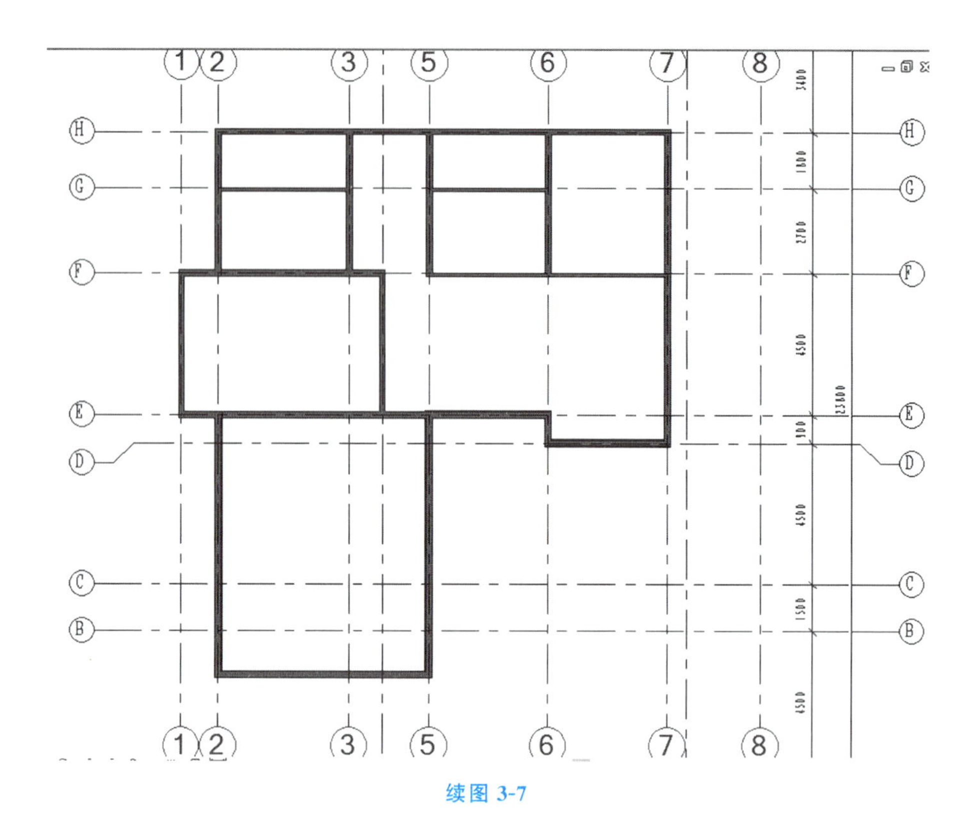

续图 3-7

完成后的地下一层墙体如图 3-8 所示，保存文件。

图 3-8

拓展练习与提高

按照图 3-9 所示，新建项目文件，创建如下墙体，并将其命名为“等级考试-外墙”。之后，以标高 1 到标高 2 为墙高，创建半径为 5000mm（以墙核心层内侧为基准）的圆形墙体。最终结果以“墙体”为文件名保存至学生文件夹中。

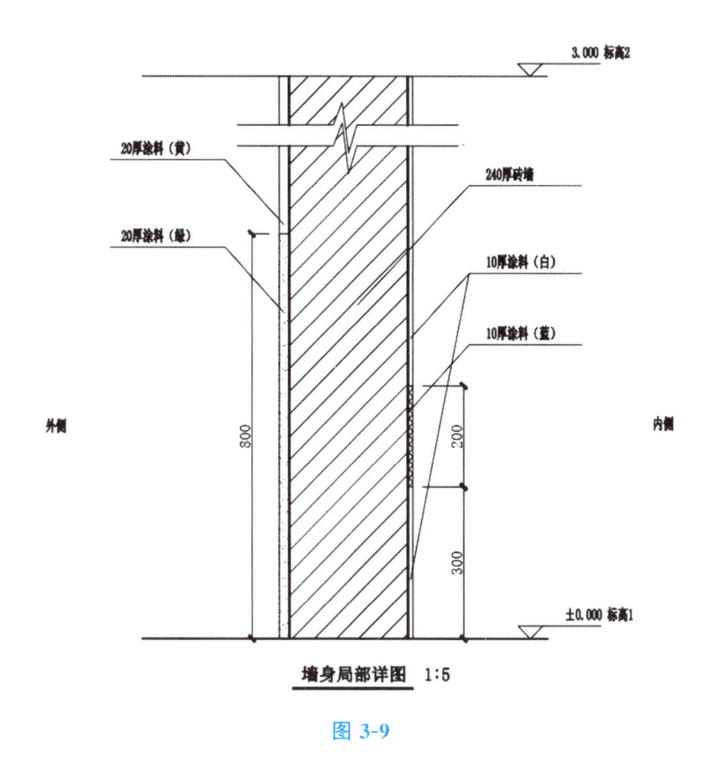

图 3-9

思考：如何绘制倾斜的墙体，并开垂直于墙面的洞口？

项目 4
门窗和楼板

知识目标

①学会创建、编辑和放置门；
②学会创建、编辑和放置窗；
③学会创建和编辑楼板；
④会进行墙连接。

素养目标

①培养学习者的生产质量观及按国家规范完成生产任务的意识；
②逐步培养沟通交流、分工协作的团队意识；
③逐渐养成发现问题、分析问题、解决问题的良好工作习惯，形成认真细致、精益求精的工作作风。

砌体结构质量事故分析与处理

砌体结构是我们常见的结构类型，它以砌体材料和砌筑砂浆来承受荷载。砌体结构的发展可谓历史悠久，我国素有“秦砖汉瓦”之美誉！在中国古建筑发展的历史长河中，砌体结构留下了浓墨重彩的一页。譬如，万里长城、赵州桥、云岩寺塔、徽派建筑、商丘古城墙等，这些古建筑无一不是中国古代劳动人民智慧的结晶。

一、生态文明建设与建设工程施工的融合

我国为应对城市快速发展过程中出现的环境污染、自然资源短缺、生态破坏等“城市病”，出现了低碳城市、智慧城市、海绵城市、韧性城市、无废城市、美丽城市等一系列城市建设和发展理念，从不同维度反映了国家宏观调控的方向及城市建设和管理的目标。2023 年 12 月 27 日，《中共中央　国务院关于全面推进美丽中国建设的意见》明确提出，“加快补齐城镇污水收集和处理设施短板，建设城市污水管网全覆盖样板区，加强污泥无害化处理和资源化利用，建设污水处理绿色低碳标杆厂”，“加快‘无废城市’建设”，“深化气候适应型城市建设”，“推进海绵城市建设”，“建设绿色发展城市典范”和“推进以绿色低碳、环境优美、生态宜居、安全健康、智慧高效为导向的美丽城市建设”，这些都是全面推进美丽中国建设的重点任务。

二、国际上提出的城市建设理念

近百年来，国际上陆续提出多种城市理念。最早的是英国学者于 19 世纪末提出的“花园城市”理念，建议城市建设要科学规划，减少工业城市的弊端，突出园林绿化。随后，“花园城市”理念影响了全世界的城市建设，如“绿色城市”“生态城市”“可持续城市”等理念。

“绿色城市”是法国建筑学家于 20 世纪 30 年代提出的，源于对环境危机的反思和对宜居环境的追求，从人与自然和谐发展的角度出发，以绿色空间生境指数为衡量标准，旨在建设环境友好、资源节约、城市与自然融合共生的城市。

“生态城市”是联合国教科文组织于 1971 年在“人与生物圈”计划中提出的，为绿色城市的高级形态，目标是建立一种人与自然、经济、社会等复合系统全面可持续发展的城市模式。

“可持续城市”源自 1980 年世界自然保护联盟、联合国环境规划署、野生动物基金会共同发表的《世界自然保护大纲》，是目前英文文献里出现频率最高的城市概念，也是在关键词共现图中和其他城市理念（“绿色城市”“生态城市”等）最密切相关的节点。近年来，“低碳城市”“零碳城市”“智慧城市”“韧性城市”等概念正在兴起，尤其是

"智慧城市"，已经成为很多城市现代化政策中的重要概念。

三、我国城市建设理念的推进和实践

我国政府在借鉴国外城市理念的同时也在不断创新，提出适合我国国情的城市建设理念。如原建设部1992年提出并组织开展"园林城市"创建工作，强调城市的园林绿化建设情况；2004年又提出"生态园林城市"，强调城市建设中不仅要关注园林绿化指标，还要注重城市的生态环境质量。同年，国家发展和改革委员会与原建设部联合提出"节水型城市"，目标是通过调整用水结构，加强用水管理，合理配置、开发、利用水资源等方法对城市的用水和节水做出科学规划，使城市水资源得到有效的保护。

2012年以来，国家相关部委陆续提出"智慧城市""海绵城市""无废城市"等建设理念，从信息化、城市雨水管理、固体废物源头减量和资源化利用等方面，切实推动城市建设。《中共中央 国务院关于全面推进美丽中国建设的意见》再次提出的"美丽城市"概念，可看作生态城市、低碳城市和韧性城市等概念的综合和升华，目标是以生态文明和可持续发展为核心，从环境、经济、政治、文化、社会等各方面建设以人为本、环境优良、人与自然和谐共处的美好城市。

四、不同城市建设理念的关联与协同实践

从生态文明视角来看，不同城市理念之间存在紧密的关联性和递进性。如我国1972年开始加入联合国的"人与生物圈"计划，我国的生态城市建设研究几乎与国际同步。倡导地区可持续发展的国际理事会2002年在联合国可持续发展全球峰会上将"韧性"引入城市建设与防灾减灾领域后，联合国可持续发展目标2015年将提升城市韧性作为全球可持续发展目标之一，中国地震局2017年相应地提出"韧性城乡"计划。2020年党的十九届五中全会提出"增强城市防洪排涝能力，建设海绵城市、韧性城市"，将"韧性城市"理念提升至国家战略层面。目前"韧性城市"理念已经写入我国《"十四五"规划和2035年远景目标纲要》(全称为《中华人民共和国国民经济和社会发展第十四个五年规划和2035年远景目标纲要》)。再比如，继英国政府2003年源于全球气候变暖和能源危机的反思在《能源白皮书》中提出"低碳城市"，我国住房和城乡建设部与世界自然基金会在2008年联合推出低碳城市建设。国家发展和改革委员会于2010年发布《关于开展低碳省区和低碳城市试点工作的通知》，进一步促进"低碳城市"和"零碳城市"建设。2014年国务院印发《国家新型城镇化规划（2014—2020年）》，从国家层面提出绿色城市的建设思想。2020年以来，我国提出多项"双碳""净零排放"等相关政策性文件，积极参与"低碳城市"和"零碳城市"建设。

纵观城市理念发展历程可以发现，我国现有城市理念的提出均起源于或借鉴于工业革命较早的欧洲，目的是解决工业革命造成的能源和环境危机。随着社会的发展，国家不同部门从生态文明的绿色、低碳和信息化等角度，不仅提出了符合自身发展的城市理念，也对国际上的城市理念有一定的延续和实践。尽管各种城市理念不同，但各种理念

的内涵却有一脉相承的关系，核心都是关注人与自然的关系、在经济生产和人民生活过程中减污降碳，从而实现城市可持续发展。

虽然不同城市理念的内涵和视角不同，但从不同维度反映了不同发展阶段国家、行业的发展方向和宏观调控策略，折射出我国不同时间段经济、社会和环境各方面的发展过程及核心关注要点，其核心内容又相互关联。随着城市可持续发展的进程，相信会从更多的视角出现更新的城市发展理念和计划，不同部门应时刻理解各种城市发展理念的关联性，协同推进海绵城市、韧性城市、无废城市、智慧城市等工作，助力美丽城市和美丽中国建设宏伟目标的实现。

任务 4.1　地下一层门窗和楼板的编辑

在三维模型中，门窗的模型与它们的平面表达并不是对应的剖切关系，这说明门窗模型与平立面表达可以相对独立。此外，门窗在项目中可以通过修改类型参数如门窗的宽和高以及材质等，形成新的门窗类型。门窗主体为墙体，它们对墙具有依附关系，删除墙体，门窗也随之被删除。

系统仅提供了单扇-与墙齐这一种类型的木门，其他类型的门需要在门编辑类型状态下载入系统或者直接打开门族文件载入系统。窗的使用方法与门相同。

4.1.1　放置地下一层的门

接上节练习，打开“B1”视图，单击选项卡“建筑”—“门”选项，在类型选择器中新建“装饰木门-M0921”类型。

在选项栏上选择“在放置时进行标记”，以便对门进行自动标记。要引入标记引线，选择“引线”并指定长度，如图 4-1 所示。

图 4-1

将光标移动到 3 轴“内墙-普通砖-200mm”的墙上，此时会出现门与周围墙体距离的蓝色相对尺寸，如图 4-2 所示，这样可以通过相对尺寸大致捕捉门的位置。在平面视图中放置门时，按空格键可以控制门的开启方向。

在墙上合适位置单击鼠标左键以放置门，调整临时尺寸标注蓝色的控制点，拖动蓝色控制点移动到 F 轴“内墙-普通砖-200mm”墙的上边缘，修改尺寸值为“100”，如图 4-3 所示。

“装饰木门-M0921”修改后的位置如图 4-3 所示。

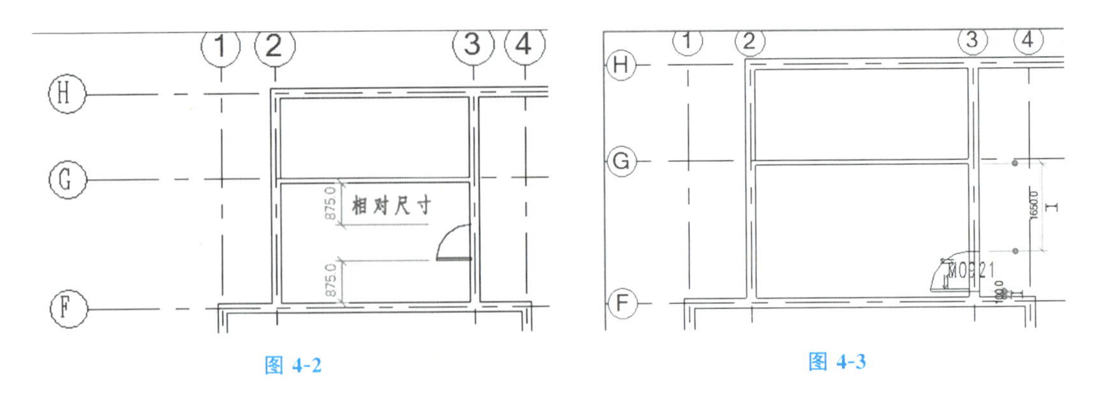

图 4-2　　　　图 4-3

同理，在类型选择器中分别选择“卷帘门：JLM5422”“装饰木门-M0921”“装饰木门-M0821”“推拉门-TLM2124”“推拉门-TLM1824”门类型，按图 4-4 所示位置将其插入地下一层墙上。

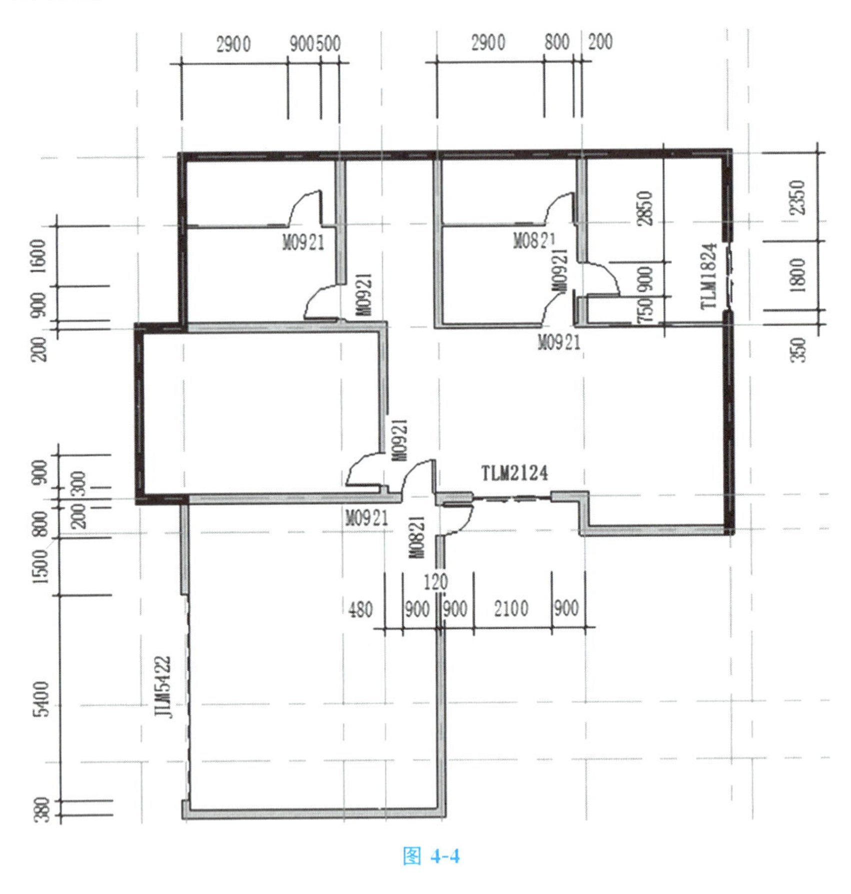

图 4-4

完成后保存文件。

4.1.2 放置地下一层的窗

接上节练习，打开“B1”视图，单击选项卡“建筑”—“窗”命令。

在类型选择器中分别选择“推拉窗 1206：TLC1206”“推拉窗 0823：TLC0823”“TLC3418”“推拉窗 0624：TLC0624”窗类型，按图 4-5 所示位置，在墙上单击，将窗放置在合适的位置。

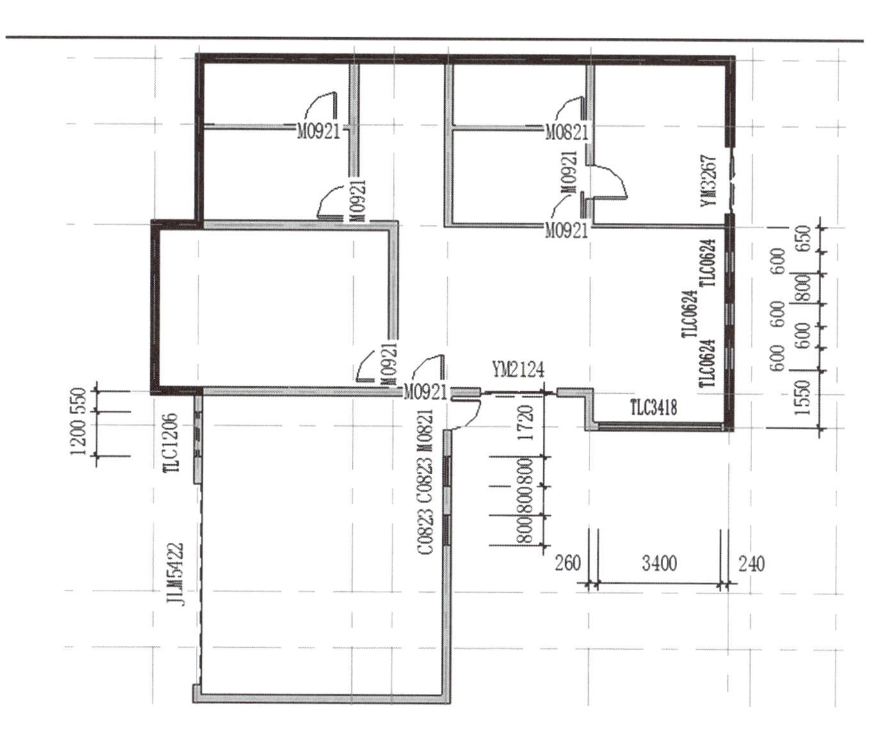

图 4-5

4.1.3 窗编辑——定义窗台高

本案例中窗台的底高度不完全一致，因此在插入窗后需要手动调整窗台高度。几个窗的底高度值分别为：TLC0624-250mm、TLC3418-900mm、TLC0823-400mm、TLC1206-1900mm。

调整方法如下：

方法一：在任意视图（平面、立面、三维、剖面等）中选择“上下拉窗 1：TLC0823”，修改底高度值为 400，如图 4-6 所示。单击“应用”完成设置。

方法二：切换至立面视图，选择窗，修改临时尺寸标注值。

进入项目浏览器，鼠标单击“立面（建筑立面）”，双击“东立面”，进入东立面视图。在东立面视图中按图 4-7 所示选择“上下拉窗 1：TLC0823”，修改临时尺寸标注值为“400”后按“Enter”键确认修改。

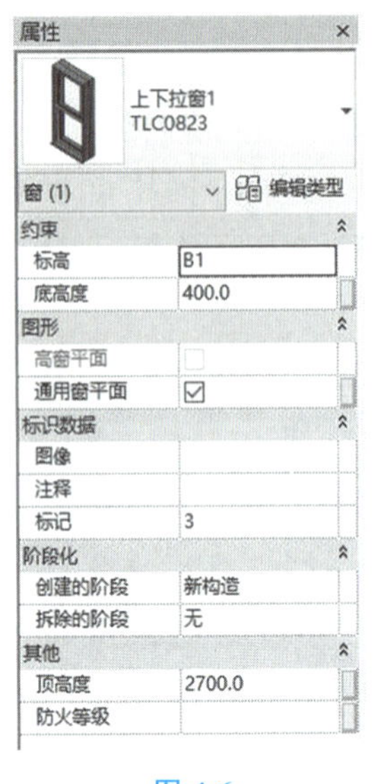

图 4-6

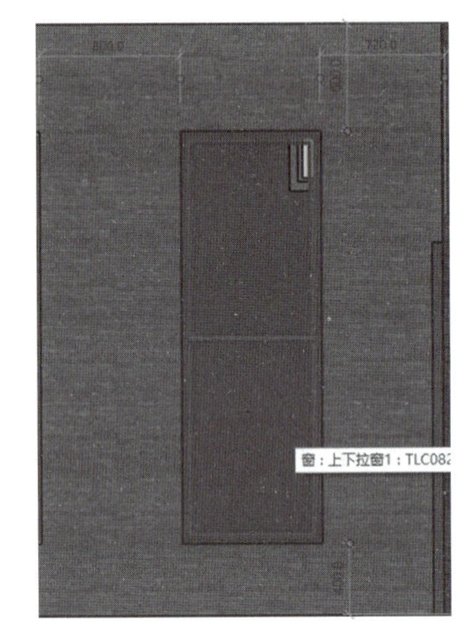

图 4-7

使用同样的方法，编辑其他窗的底高度。编辑完成后的地下一层窗如图 4-8 所示，保存文件。

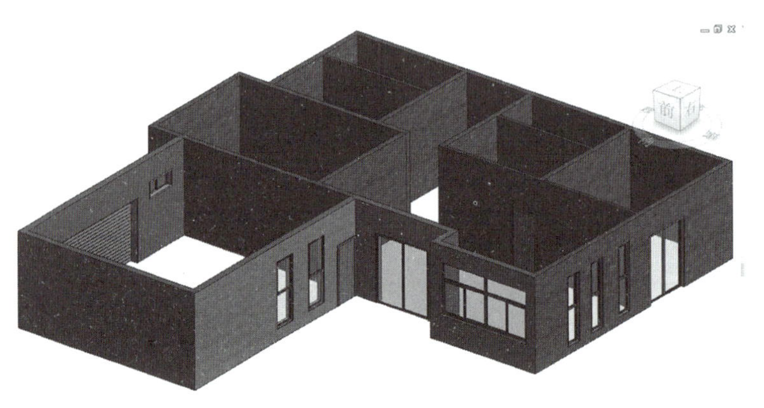

图 4-8

4.1.4 创建地下一层楼板

接上节练习，打开地下一层平面 B1。

单击选项卡“建筑”—“楼板”命令，进入楼板绘制模式。选择“绘制”面板，单击“拾取墙”命令，在图 4-9 所示的选项栏中设置偏移为“－20”，移动光标到外墙外边线上，依次单击，拾取外墙外边线，自动创建楼板轮廓线，如图 4-10 所示。拾取墙创建的轮廓线，自动和墙体保持关联关系。

单击属性栏，在类型选择器中选择“楼板常规-200mm”如图 4-11 所示。

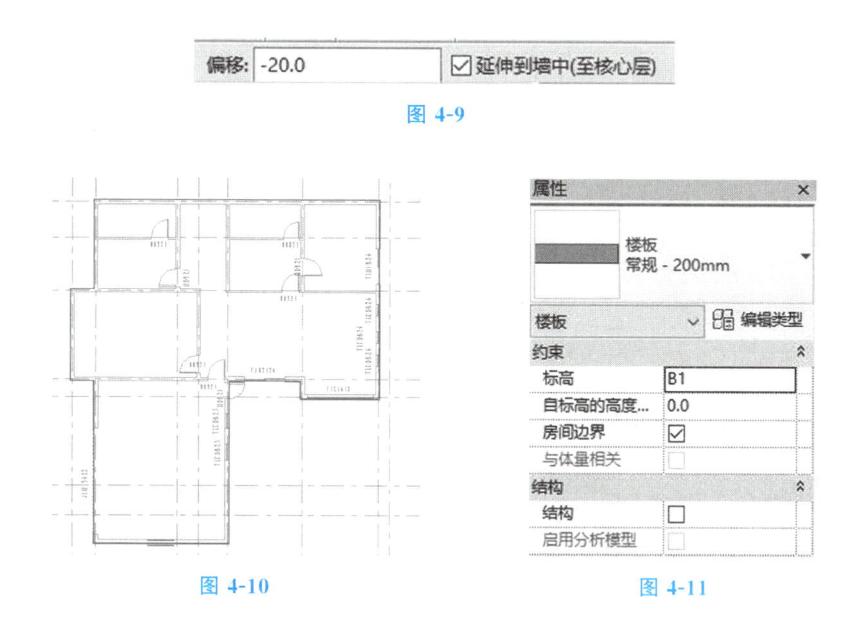

图 4-9

图 4-10

图 4-11

单击“应用”进行确认。单击“完成编辑模式”完成地下一层楼板创建。如图 4-12 所示，在弹出的对话框中选择“是”，楼板与墙相交的地方将自动剪切。

图 4-12

创建的地下一层楼板如图 4-13 所示。

图 4-13

至此，地下一层的构件都已经绘制完成。

拓展练习与提高

1. 请用基于墙的公制常规模型族模板，创建符合下列图纸要求的窗族，各尺寸通过参数控制。该窗窗框的断面尺寸为 60mm×60mm，窗扇边框断面尺寸为 40mm×40mm，玻璃厚度为 6mm，墙、窗框、窗扇边框、玻璃全部中心对齐，并创建窗的平、立面表达。请将模型文件以“双扇窗.rfa”为文件名保存到学生文件夹中。（见图 4-14）

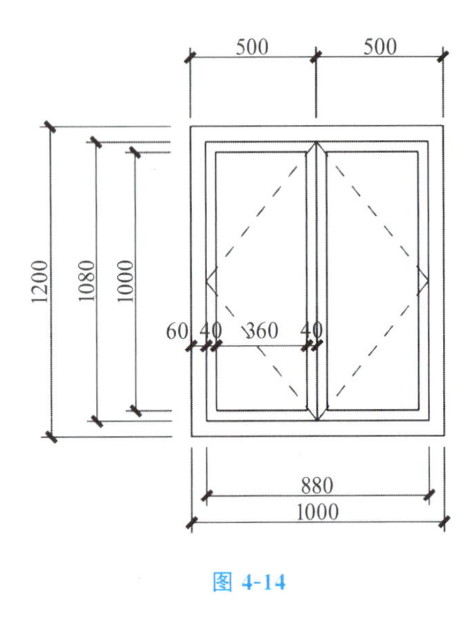

图 4-14

2. 根据图 4-15 中给定的尺寸及详图大样新建楼板，顶部所在的标高为±0.000，命名为“卫生间楼板”，构造层保持不变，水泥砂浆层进行放坡，并创建洞口。请将模型以“楼板”为文件名保存到学生文件夹中。

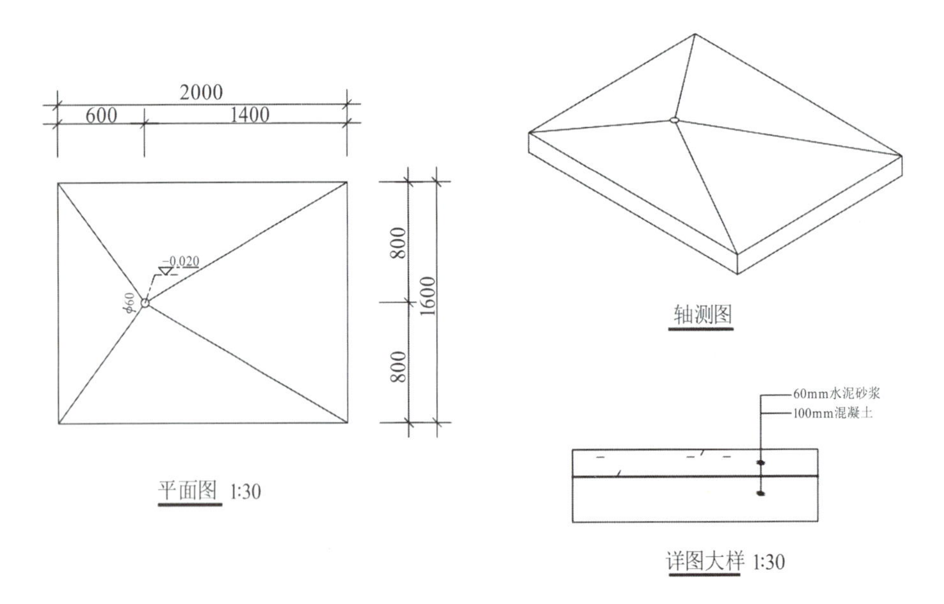

图 4-15

任务 4.2 一层门窗和楼板的编辑

这里的一层就是首层，即地上一层。

4.2.1 复制地下一层外墙

接上节练习，切换到三维视图，将光标放在地下一层的外墙上，高亮显示后按“Tab”键，所有外墙将全部高亮显示。单击鼠标左键，地下一层外墙将全部选中，构件蓝色亮显，如图 4-16 所示。

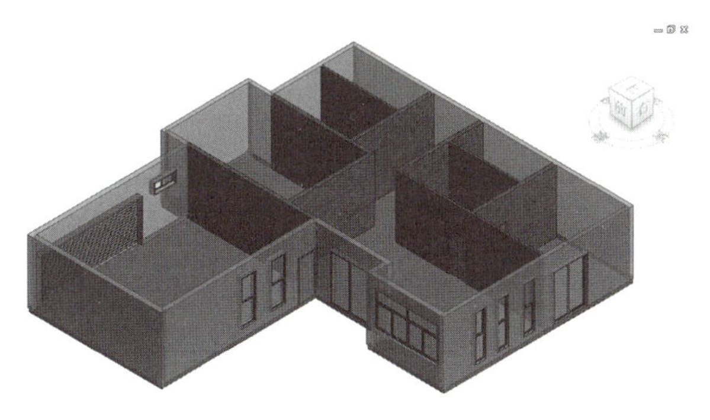

图 4-16

(1) 单击“剪贴板”—“复制到剪贴板”选项，将所选构件复制到剪贴板中备用。

(2) 单击“粘贴”—“与选定的标高对齐”命令，打开“选择标高”对话框，如图 4-17 所示。选择“F1”，单击“确定”按钮。

(3) 地下一层平面的外墙都被复制到首层平面，同时由于门窗默认是依附于墙体的构件，所以一并被复制，如图 4-18 所示。

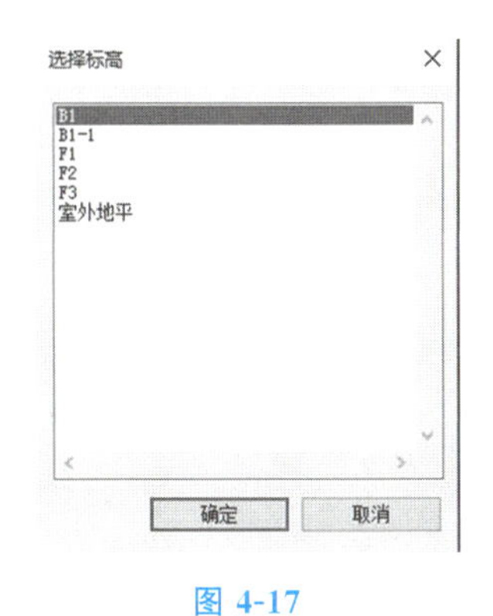

图 4-17

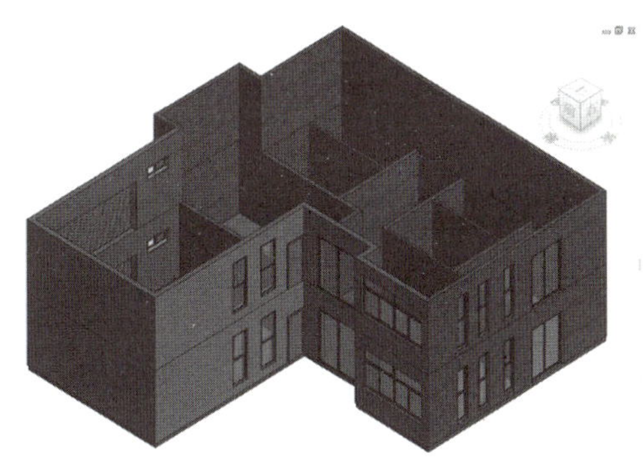

图 4-18

在项目浏览器中双击“楼层平面”项下的“F1”，打开一层平面视图。

(4) 如图 4-19 所示，框选所有构件，单击“修改 | 选择多个”选项卡“选择”面板

的“过滤器”选项，打开“过滤器”对话框，如图 4-20 所示，取消勾选“墙”，单击“确定”。所有门窗将被选定，按“Del”（Delete 删除）键，删除所选门窗。

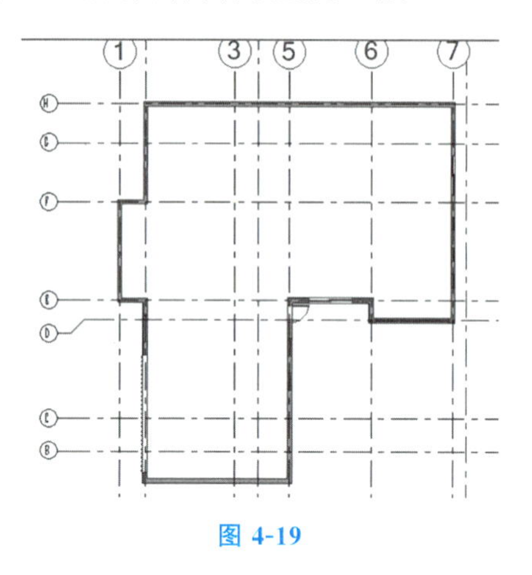

图 4-19

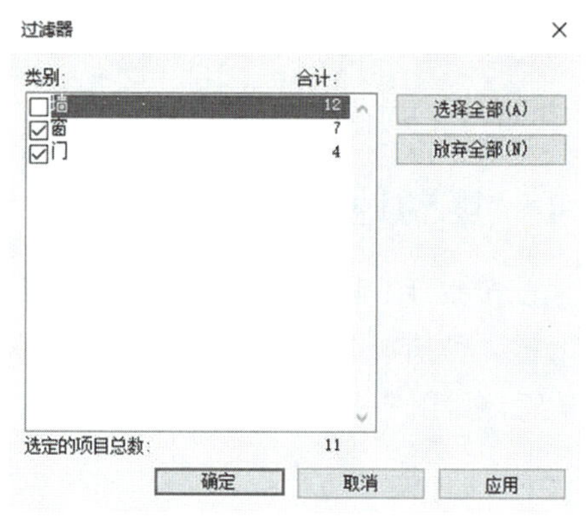

图 4-20

注意 （1）过滤选择集时，当类别很多、需要选择的很少时，可以先单击“放弃全部”，再勾选需要的类别；当需要选择的很多、不需要选择的相对较少时，可以先单击“选择全部”，再取消勾选不需要的类别，以提高选择效率。

（2）过滤器是按构件类别快速选择一类或几类构件最方便快捷的方法。

（3）“复制到剪贴板”工具可将一个或多个图元复制到剪贴板中，然后使用“从剪贴板中粘贴”工具或“对齐粘贴”工具将图元的副本粘贴到其他项目或图纸中。

（4）“复制到剪贴板”工具与“复制”工具不同。要复制某个选定图元并立即放置该图元时（例如，在同一个视图中），可使用“复制”工具。在某些情况下可使用“复制到剪贴板”工具，例如，需要在放置副本之前切换视图时。

（5）在 Revit 中创建图元没有严格的先后顺序，所以用户可以随时根据需要绘制或复制创建楼层平面视图。

4.2.2 编辑首层外墙

（1）调整外墙位置：单击“修改”面板“对齐”选项，移动光标，单击拾取 B 轴线作为对齐目标位置，再移动光标到 B 轴下方的墙上，按“Tab”键拾取墙的中心线位置，单击拾取移动墙的位置，使其中心线与 B 轴对齐，如图 4-21 所示。

①单击“建筑”—“墙”命令，在类型选择器中选择“外墙-花岗石墙面”类型。

②设置“底部约束”为“F1”，“顶部约束”为“直到标高：F2”，单击“应用”。

③选择“绘制”—“直线”命令，“定位线”选择“墙中心线”，移动光标，单击鼠

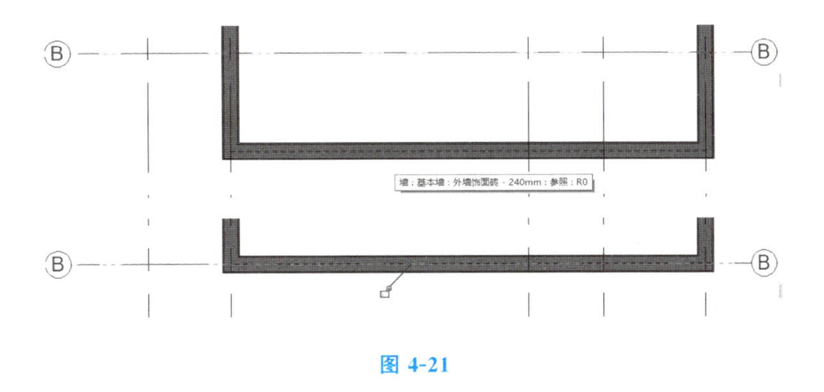

图 4-21

标左键捕捉 H 轴和 5 轴交点为绘制墙体起点，然后逆时针单击捕捉 G 轴与 5 轴交点、G 轴与 6 轴交点、H 轴与 6 轴交点，绘制 3 面墙体。

④用“对齐”命令，按前述方法，将 G 轴墙的外边线与 G 轴对齐，结果如图 4-22 所示。

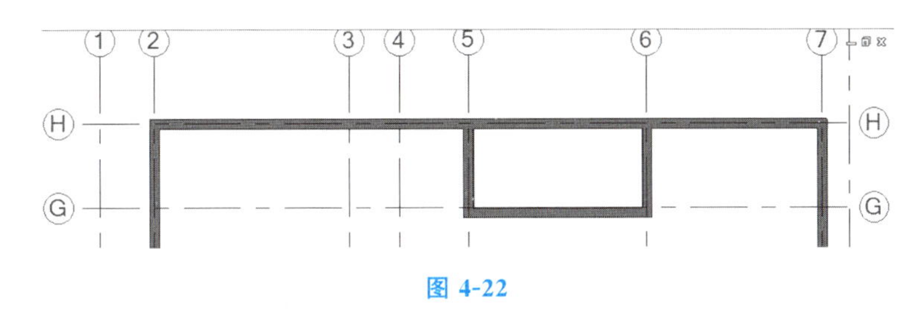

图 4-22

（2）单击“修改”—“拆分”选项，移动光标到 H 轴上的 5、6 轴之间任意位置，单击鼠标左键将墙拆分为两段。

（3）单击“修改”—“修剪”选项，移动光标到 H 轴与 5 轴左边的墙上单击，再移动光标到 5 轴的墙上单击，这样右侧多余的墙被修剪掉。同理，H 轴与 6 轴左边的墙也用此方法修剪，结果如图 4-23 所示。

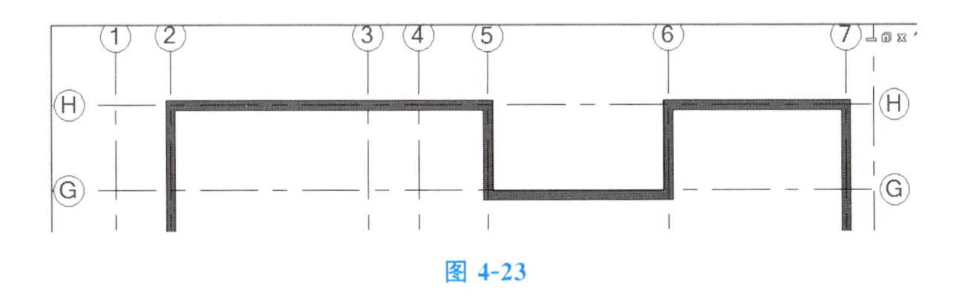

图 4-23

①移动光标到 F1 外墙上，按“Tab”键，当所有外墙高亮显示时单击鼠标选择所有外墙，从类型选择器下拉列表中选择“外墙-花岗石墙面”类型，更新所有外墙类型。（见图 4-24）

②一层平面外墙部分如图 4-25 所示，保存文件。

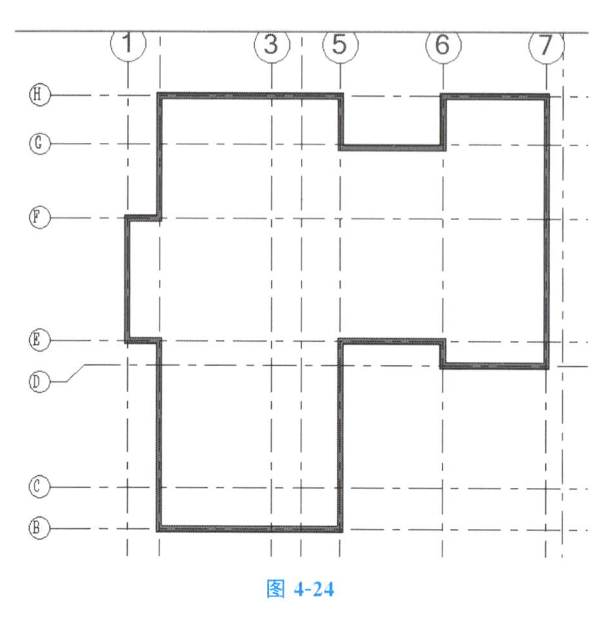

图 4-24

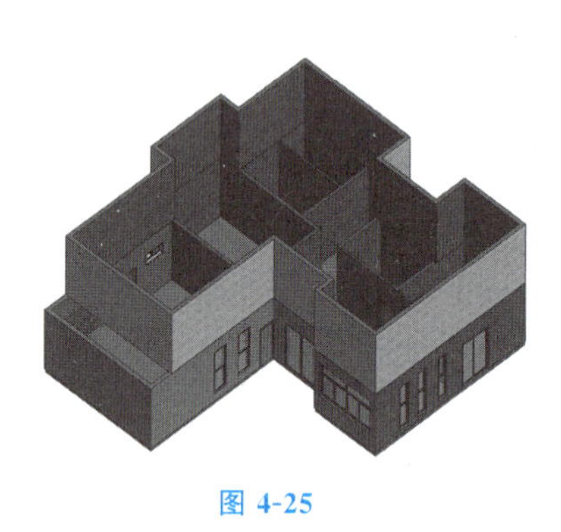
图 4-25

4.2.3 绘制首层内墙

接上节练习，继续绘制首层平面内墙。

(1) 单击“建筑”—“墙”命令，在类型选择器中选择“基本墙：内墙-普通砖-200mm”类型，选项栏选择“绘制”命令，“定位线”选择“墙中心线”。

(2) 在“属性”对话框中设置“底部约束”为“F1”，设置“顶部约束”为“直到标高：F2”，单击“应用”，按图 4-26 绘制 200mm 内墙。

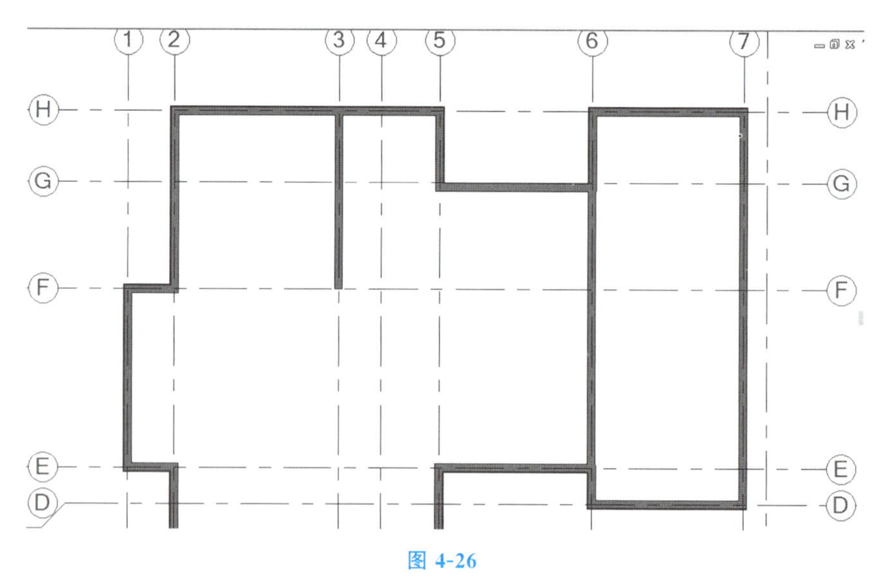

图 4-26

(3) 在类型选择器中选择“基本墙：内墙-普通砖-100mm”类型，选择“绘制”—“直线”命令。

(4) 在“属性”对话框中设置“底部约束”为“F1”，设置“顶部约束”为“直到标高：F2”，单击“应用”，按图 4-27 绘制 100mm 内墙。

(5) 完成后的首层墙体如图 4-28 所示，保存文件。

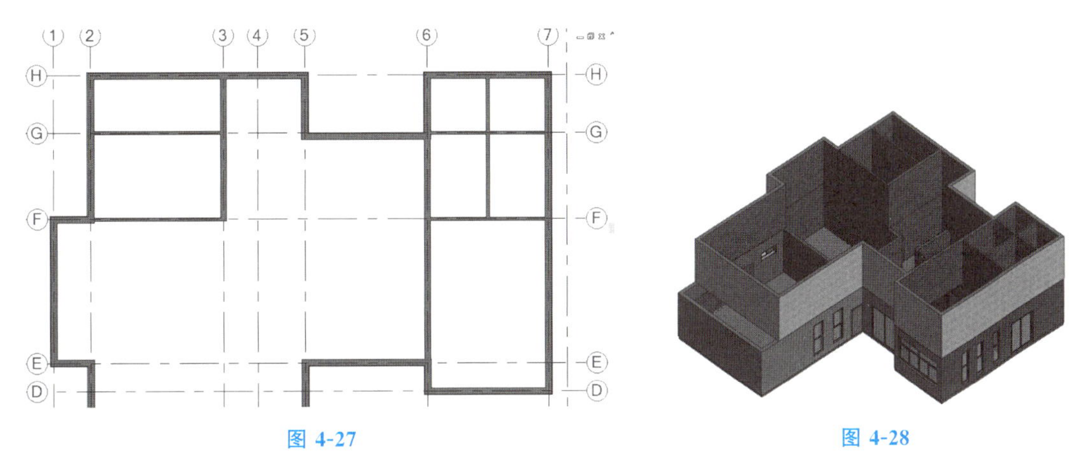

图 4-27　　图 4-28

4.2.4　编辑墙连接

当创建墙时，Revit 会自动处理相邻墙体的连接关系。也可以根据需要编辑墙连接，具体方法如下：

(1) 单击“几何图形”—“墙连接”命令。

(2) 移动光标到一个墙连接部位，当出现正方形范围框时单击鼠标左键。

(3) 在选项栏上，选择以下连接类型，改变墙连接方式：

平接：在墙之间创建对接，这是默认连接类型，如图 4-29 所示。在选项栏中单击“下一个”，可以切换两面墙的对接关系。

斜接：在墙之间创建斜接，所有小于 20°的墙连接都是斜接，如图 4-30 所示。

方接：对非垂直相交的墙体，可以使用本选项，使墙端头呈 90°，如图 4-31 所示。对于已连接为 90°的墙，此选项无效。在选项栏中单击“下一个”，可以切换两面墙的方接关系。

图 4-29　　图 4-30　　图 4-31

4.2.5 插入和编辑门窗

编辑完成首层平面内、外墙体后，即可创建首层门窗。门窗的插入和编辑方法同4.1.1小节和4.1.2小节，这里不再详述。

（1）接前面练习，在项目浏览器中双击“楼层平面”—“F1”，打开首层楼层平面。

（2）单击“建筑”—“门”命令，在类型选择器中分别选择门类型：“四扇推拉门：YM3624”“装饰木门：M0921”“装饰木门：M0821”“双面嵌板玻璃门：M1824”“双扇推拉门：M1521”。按图4-32所示位置移动光标到墙体上单击以放置门，并编辑临时尺寸按图4-32所示尺寸位置精确定位。

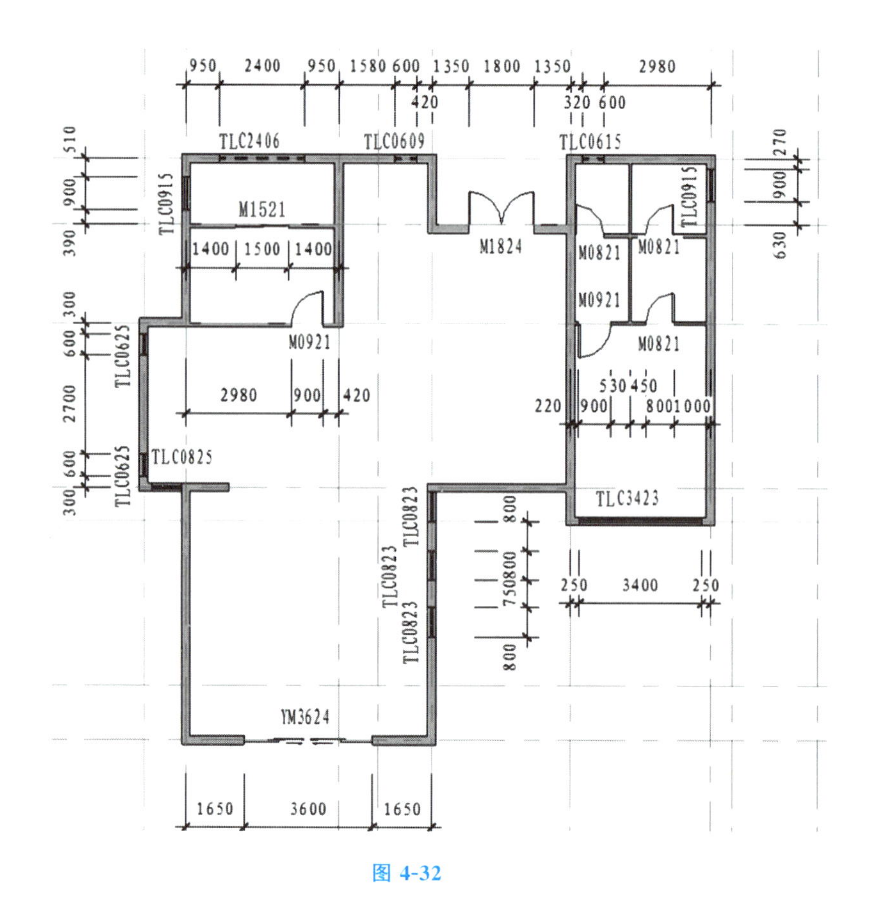

图 4-32

（3）单击“建筑”—“窗”命令，在类型选择器中选择窗类型：“推拉窗：TLC2406”“推拉窗：TLC0609”“TLC0615”“TLC0625”“TLC0823”“TLC0825”“TLC0915”“推拉窗：TLC3423”。按图4-32所示位置移动光标到墙体上单击以放置窗，并编辑临时尺寸按图4-32所示尺寸位置精确定位。

（4）编辑窗台高：在平面视图中选择窗，单击“属性”按钮打开“图元属性”对话框，设置参数“底高度”参数值，调整窗户的窗台高。各窗的窗台高为：TLC2406-1200mm、TLC0609-1400mm、TLC0615-900mm、TLC0915-900mm、TLC3423-100mm、TLC0823-100mm、TLC0825-150mm、TLC0625-300mm。

4.2.6 创建首层楼板

下面给别墅创建首层楼板。Revit 可以根据墙来创建楼板边界轮廓线以自动创建楼板，在楼板和墙体之间保持关联关系，当墙体位置改变后，楼板也会自动更新。

（1）打开首层平面 F1。单击“建筑”—“楼板”命令，进入楼板绘制模式。

（2）单击“拾取墙”命令，移动光标到外墙外边线上，依次单击拾取外墙外边线自动创建楼板轮廓线，如图 4-33 所示。拾取墙创建的轮廓线自动和墙体保持关联关系。

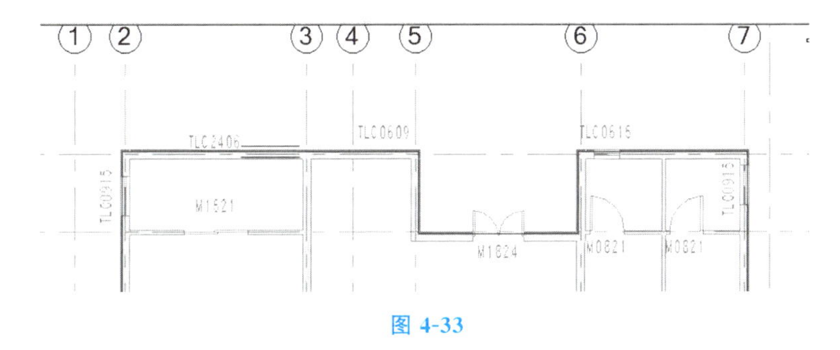

图 4-33

（3）检查确认轮廓线完全封闭。可以通过“修剪”命令修剪轮廓线使其封闭，也可以通过光标拖动迹线端点来实现（Revit 将会自动捕捉附近的其他轮廓线的端点）。当完成楼板绘制时，如果轮廓线没有封闭，系统会自动给出提示。

也可以单击绘制“边界线”命令，选择选项栏上需要的“线”“矩形”“圆弧”等绘制命令，绘制封闭楼板轮廓线。

（4）设置偏移：在“修改”面板选择“偏移”命令，选择“数值方式”，设置楼板边缘的“偏移”量为 20，取消勾选“复制”，如图 4-34 所示。

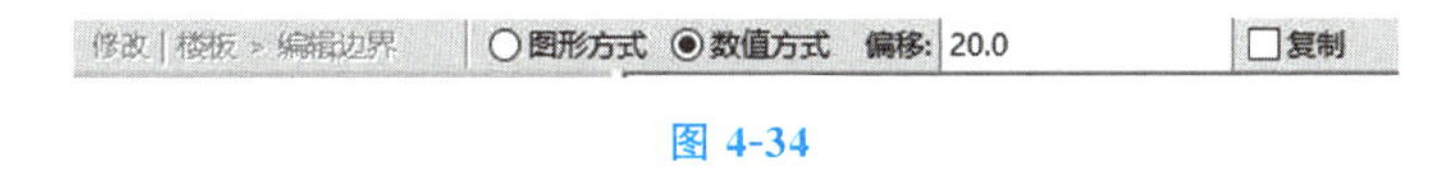

图 4-34

（6）移动光标到一条楼板轮廓线内侧，在轮廓线内侧出现一条绿色虚线后，按“Tab”键直到出现一圈绿色虚线，如图 4-35 所示。单击鼠标左键完成偏移。

图 4-35

楼板轮廓线如图 4-36 所示。

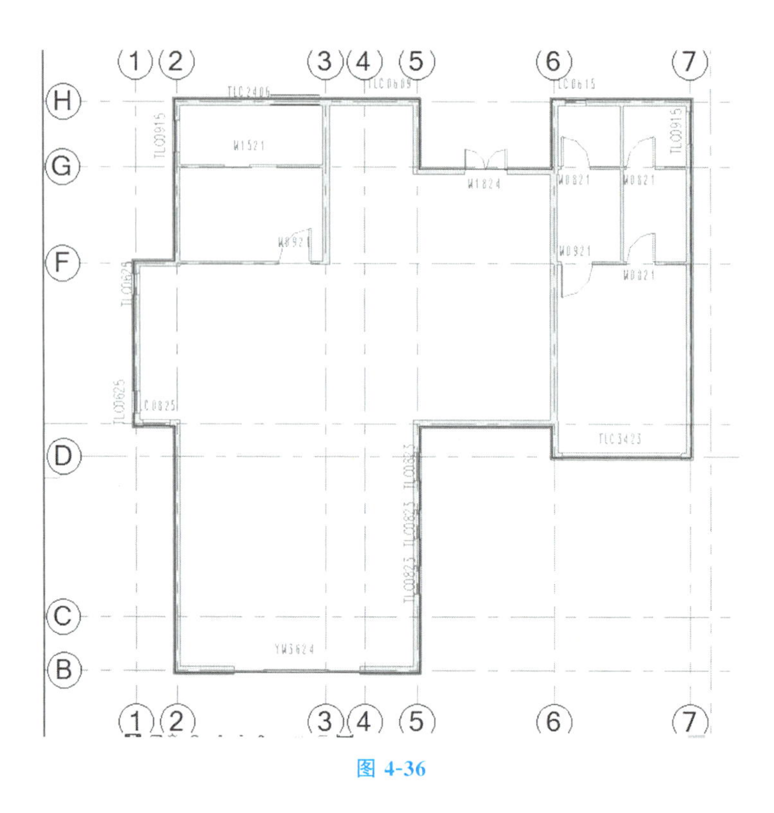

图 4-36

选择 B 轴下面的轮廓线，单击“修改”面板中的“移动”命令，光标垂直向下移动，输入 4450，如图 4-37 所示。

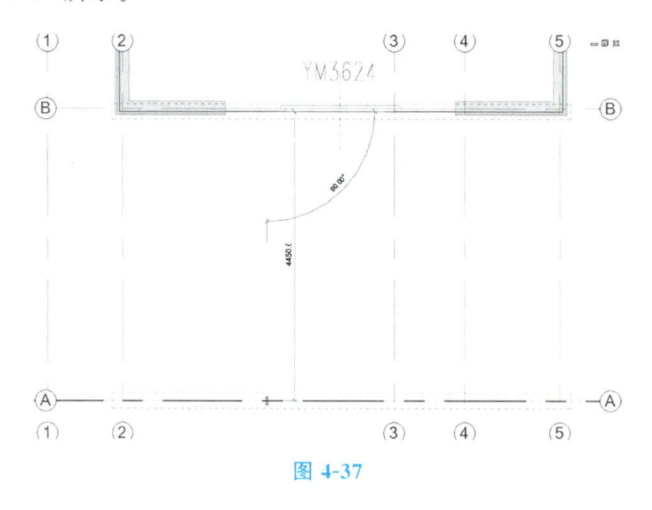

图 4-37

单击“绘制”—“线”命令，绘制图 4-38 所示的线。

单击“修改”—“修剪”命令，分别单击图 4-38 所示标注为 1 和 4 的线、2 和 3 的线。

完成后的楼板轮廓线草图如图 4-39 所示。

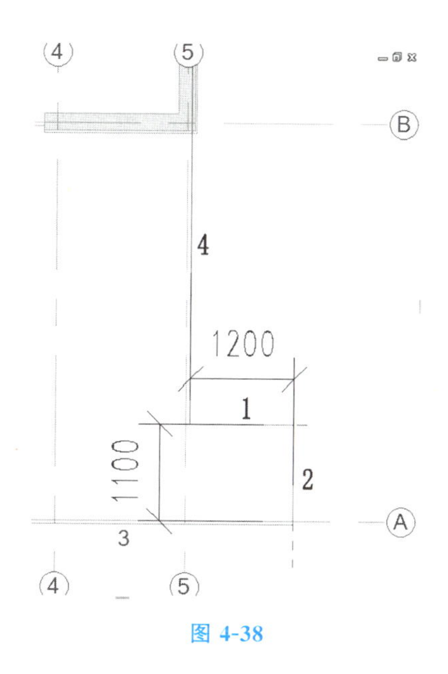

图 4-38

在属性栏、类型选择器中设置楼板类型为“常规-150mm”，选择“应用”。单击“完成编辑模式”完成首层楼板绘制，结果如图 4-40 所示。

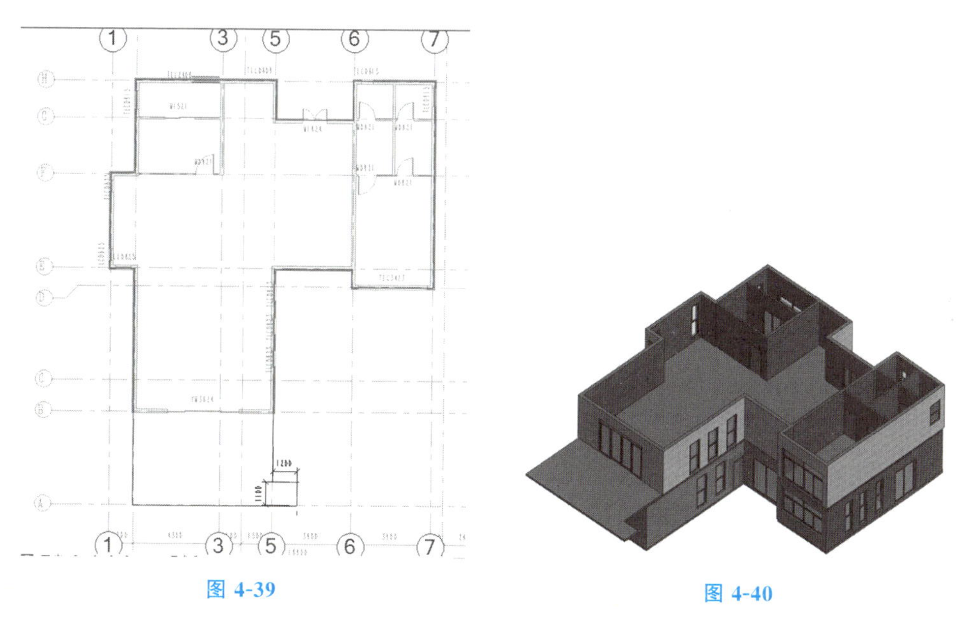

图 4-39

图 4-40

至此，一层平面的主体构件都已经绘制完成，保存文件。

注意 (1) 当使用拾取墙时，可以在选项栏勾选“延伸到墙中（至核心层）”，设置到墙体核心的“偏移”量参数值，然后单击拾取墙体，直接创建带偏移的楼板轮廓线。

(2) 连接几何图形并剪切重叠体积后，在剖面图上墙体和楼板的交接位置将自动处理。

本任务学习了整体复制、对齐粘贴及墙的常用编辑方法，复习了墙体的绘制方法和门窗的插入、编辑方法，学习了楼板的创建方法。从下一任务我们开始创建二层平面主体构件。

任务 4.3　二层门窗和楼板的编辑

接上节练习，在项目浏览器中双击“楼层平面”—“F2”，框选所有构件，如图 4-41 所示。

单击“过滤器”，打开“过滤器”对话框，仅勾选“墙”“窗”“门”，如图 4-42 所示。

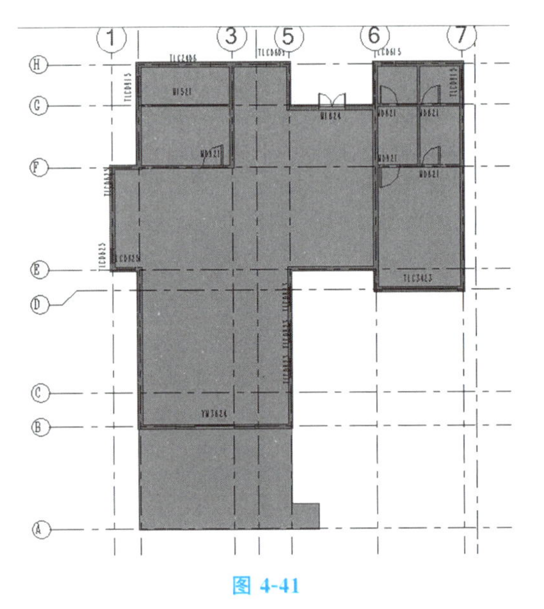

图 4-41

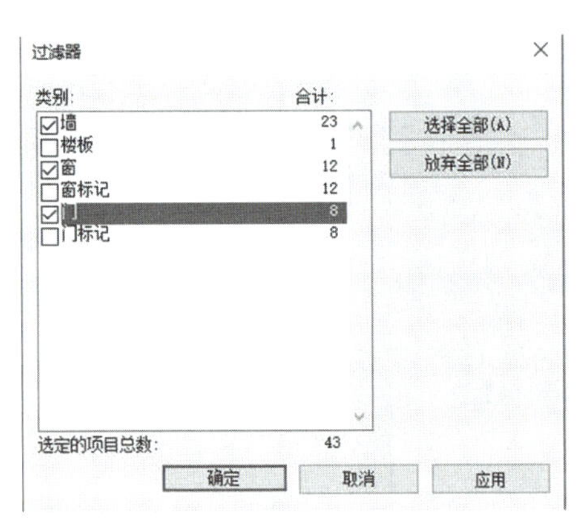

图 4-42

图 4-43

单击“剪贴板”—“复制到剪贴板”命令，将所选构件复制到剪贴板中备用。单击“粘贴”—“与选定的标高对齐”命令，打开“选择标高”对话框，单击选择“F2”，单击“确定”。完成效果图如图 4-43 所示。

单击“修改”—“对齐”命令，移动光标到 E 轴单击，再移动光标到 D 轴与 6、7 轴的墙中心线上单击，这样 D 轴与 6、7 轴间的墙会自动与 E 轴上的墙对齐，如图 4-44 所示。同理，用此方法使 5 轴与 B、E 轴间的墙与 4 轴对齐，B 轴与 2、3 轴间的墙与 C 轴对齐，1 轴与E、F轴间的墙与2轴对齐。

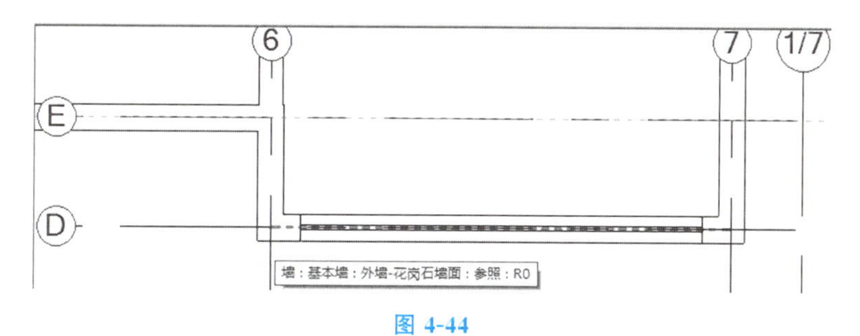

图 4-44

移动2轴TLC0915窗距离F轴的尺寸为450mm。删除G轴与2、3轴间的“内墙-普通砖-100mm”。使用“对齐”命令，将H轴与2、5轴间的墙与G轴与5、6轴间的墙对齐。

最终效果图如图4-45所示。

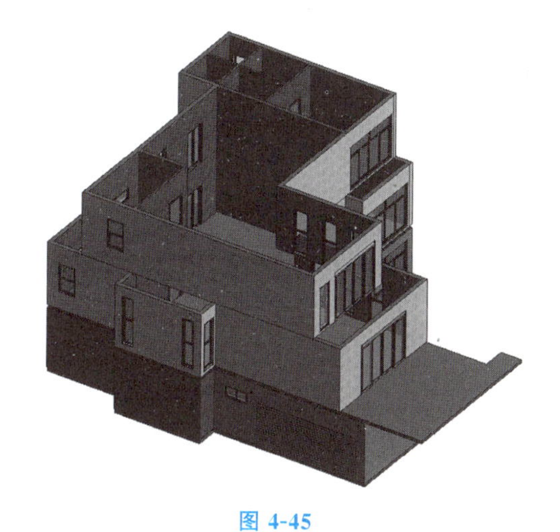

图 4-45

删除双面嵌板玻璃门M824，删除两扇TLC0625窗，将YM3624门更改为YM3324门，按图4-46所示，添加两个固定窗C0823。

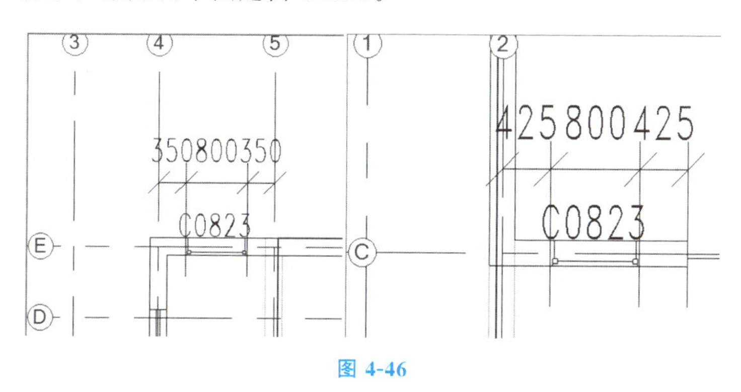

图 4-46

在三维状态选择一层顶板，单击“剪贴板”—“复制到剪贴板”命令，将所选楼板复制到剪贴板。单击“粘贴”—“与选定的标高对齐”命令，打开“选择标高”对话框，选择“F2”，单击“确定”。完成效果图如图 4-47 所示。

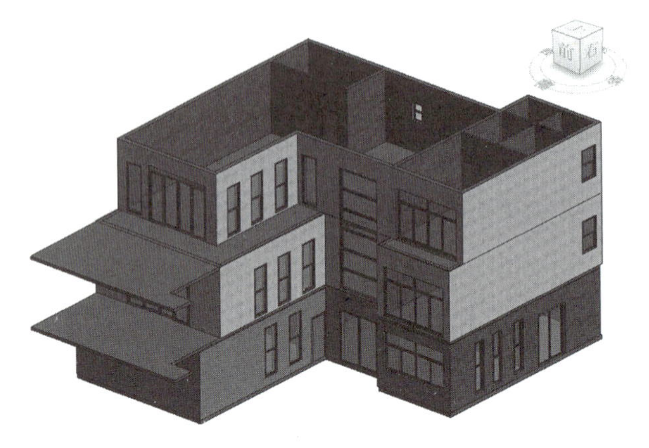

图 4-47

编辑楼板边界，如图 4-48 所示。

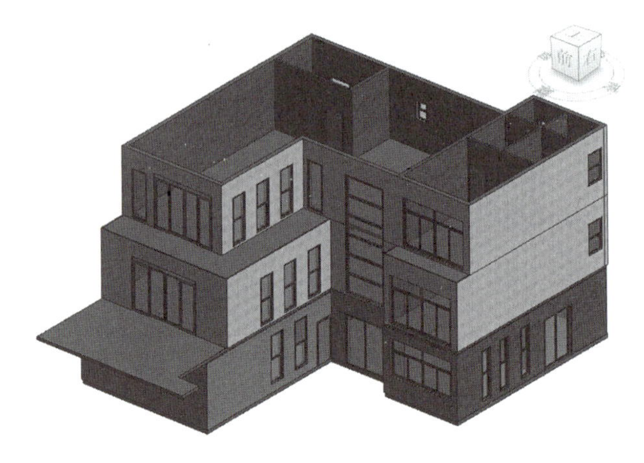

图 4-48

项目5 玻璃幕墙

知识目标

①了解玻璃幕墙的概念；
②学会创建和编辑玻璃幕墙。

素养目标

①培养学习者的生产质量观及按国家规范完成生产任务的意识；
②逐步培养沟通交流、分工协作的团队意识；
③逐渐养成发现问题、分析问题、解决问题的良好工作习惯，形成认真细致、精益求精的工作作风。

正确认识“工匠精神”

“工匠精神”是职业教育的灵魂，是学生应该树立的理想，却也是学校职业教育容易忽视的一个盲区，容易理解表浅化。为什么会有这样的问题呢？原因很多，关键是对“工匠精神”的理解缺乏理论上的拓展，缺乏理性的提升。

一、正确认识“工匠精神”

“工匠精神”应该从三个层次去理解和把握。

第一个层次，了解什么是工匠。工匠，是长期受到工业文明熏陶、训练、培育出来的一种专门人才。这种专门人才，是在整个专门、专业活动中掌握技能、技艺和技术的人才，要达到一定高度才能称之为工匠，一般的小手作、一般的简单熟练工，不能称之为工匠。也正因为这样，工匠一定是与工业文明的发展、熏陶和浸润联系在一起的。

第二个层次，了解工匠的精神境界。工匠的精神境界有着独特的界定。一般来说，跟工匠匹配的精神，首先，应该具备极强的专业性，在专业上专心致志、精益求精；其次，应该具备强烈的专业追求，把这种不懈的追求，贯穿自己的职业生涯，当作人生的一个目标；最后，应该具备坚定的专业操守，为了自己的专业坚持，舍得放弃诱惑，坚持企业忠诚，把自己的精神生活寄托在对专业的奉献上，这才是工匠具有的一种精神。

第三个层次，在技术理性和价值理性相统一的基础上，去看待“工匠精神”这一整体的概念和确切的内涵。真正的“工匠精神”应该是专业精神、职业态度、人文素养三者的统一。只有从专业性、职业性和人文性这三个特征来把握“工匠精神”，才能够对“工匠精神”有一种源于职业教育又高于职业教育、源于工业文明又进入后工业文明、源于教育又跳出教育去看待的教育的理想境界和形而上的追求。

“工匠精神”应该成为职业教育的灵魂，成为每一个接受职业教育的学生所努力向往的一种境界。对“工匠精神”要有一个系统的把握和理解，片面的、庸俗化、表浅化的理解，会对职业教育产生极大的误导。首先，工匠自身的技能、技艺和技术是他们的物质载体和最根本的职业生涯的追求；其次，他们与之相称的独特精神表现为他们对自己专业独特的职业态度，没有这种职业态度，他们就不能够将自己的专业变成自己生命存在的方式；最后，也是更重要的，工匠要有可持续发展能力，要有创新能力，要有最终的社会人文关怀。工匠应该有更高的要求，就是人文素养的培育，如果没有人文素养，就不可能有职业态度的端正和专业技能的提升，就不可能有可持续的发展能力和专业上不懈的创新动力。

二、“工匠精神”的社会价值和教育意义

“工匠精神”的社会价值和教育意义，包括以下几点。

第一，它是工业文明高度发展的精神成果。这是对该成果的一种技术理性和价值理性相统一的具体化理解。只有从这个角度去把握，我们对工业文明的精神成果才能够有正确的认识，而我们对职业教育的认识，也就有了一个与世界文明接轨的桥梁和纽带。职业教育是以服务为根本、以就业为导向的教育，所以，职业教育在本质上，就应该以这种精神成果为自己的价值根本和导向。

第二，它是现代职业教育的精神标杆。只有这样去理解“工匠精神”，才能够为职业教育树立一个志存高远的工作标杆，使得职业教育免于陷入培育、生产“机器人”的尴尬地位，才能走出终极教育、次等教育的认识误区。而且，职业教育确立这样的标杆，会给职业教育带来全新的、本质性的改造，即让它不仅见技术、见技能，也能见人的素质素养，见人的全面持续发展。

第三，它是职业教育“立德树人”的特征和灵魂。只有这样去理解“工匠精神”，才能既将教育的根本任务落到实处，又使职业教育有自己独特的判断和选择。教育的根本任务是立德树人，具体到职业教育，要有自己的规律和特点，有自己独特的表现形式，有独特的精神内涵，有独特的灵魂。职业教育坚持立德树人为根本任务，就必须高度重视“工匠精神”的培育，并落到实处。只有这样，才能给职业教育灌注丰富的思想内容，才能提升职业教育真正的人文价值；也只有这样，才能给职业教育带来思想政治教育的特质和亮点。职业教育要培养“德艺双馨”的人才，它的“德”，就应该包含着“工匠精神”。

第四，它是职业教育内涵发展的指导思想。坚持这样理解“工匠精神”，并作为职业教育的重要内容和学校教育的指导思想之一，必然会给职业教育带来革命性的变革。因为，只见物而不见人，只见技能、技艺和技术，而不见精神，这条路走不下去。因此，必须在人才培养模式上、在专业课程教材的建设上、在教育方法的创新上有一系列的变革，从而使教育教学的全过程具有极强的人文性、价值性和思想性。企业在录用职业院校毕业生时更重视“德”，这实际上表明了人才的生命力之所在。所以，对“工匠精神”的正确理解，以及对它的适应与培育，将成为学校教育教学改革的一个重要方向和指导思想。

第五，它是职业教育文化软实力的象征。将“工匠精神”的正确理解引入职业教育，并向社会广泛宣传，对于改变职业教育的形象，对于调整职业教育的社会评价，具有十分重要的意义。只有这样，才能够让社会真正认识到劳动光荣、技能宝贵、创造伟大。因此，我们不能小看“工匠精神”的培育以及向社会宣传的意义和价值，它能够跟劳动、技能和创造紧密地结合起来。

幕墙是现代建筑设计中被广泛应用的一种建筑构件，由幕墙网格、竖梃和幕墙嵌板组成。在 Revit 中，根据幕墙的复杂程度，幕墙分为常规幕墙、规则幕墙和面幕墙，有三种创建幕墙的方法。常规幕墙是墙体的一种特殊类型，其绘制方法和常规墙体相同，并具有常规墙体的各种属性，可以像编辑常规墙体一样用“附着”“编辑立面轮廓”等命令编辑常规幕墙。

接上节练习，下面开始学习绘制玻璃幕墙。在项目浏览器中双击“楼层平面”项下的“F1”，打开一层平面视图。创建新的幕墙类型，输入新的名称“C2156”。在“属性”对话框中，如图 5-1 所示，设置“底部约束”为“F1”，“底部偏移”为 100，“顶部约束”为“未连接”，“无连接高度”为 5600。在“类型属性”对话框中勾选幕墙族类型自动嵌入功能，如图 5-2 所示。

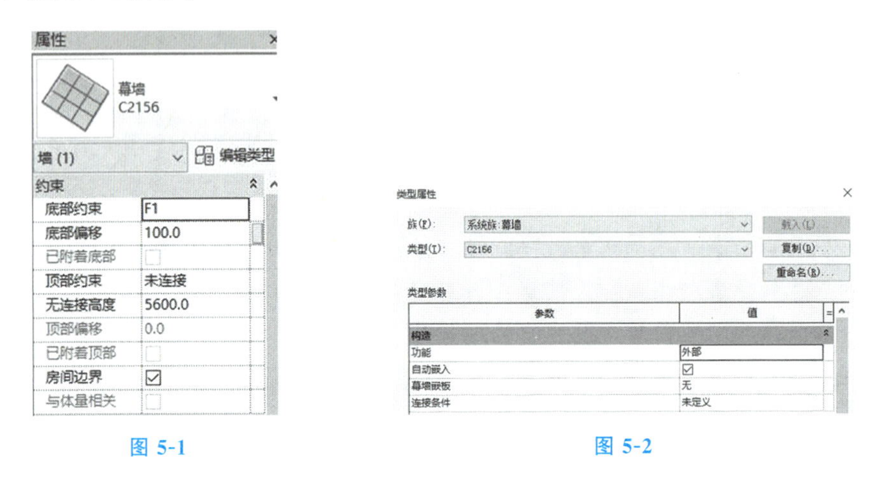

图 5-1　　　　图 5-2

本案例中的幕墙分割与竖梃是通过参数设置自动完成的，下面按图 5-3 所示在幕墙 C2156 的“类型属性”对话框中设置有关参数。

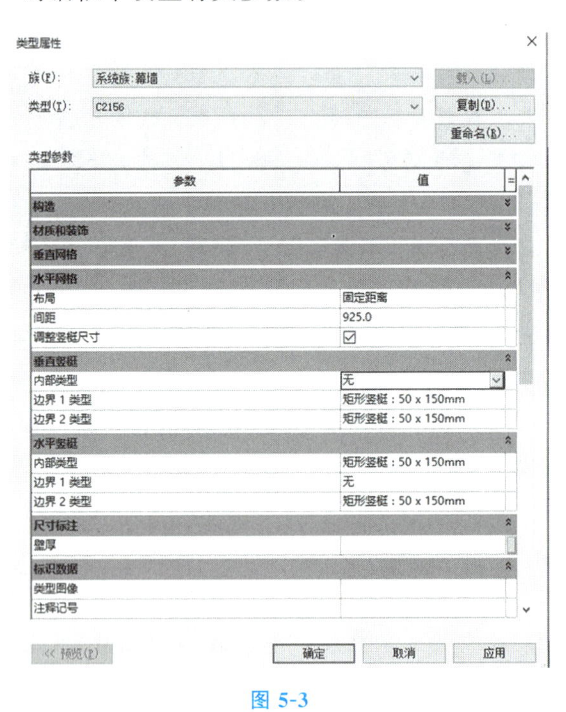

图 5-3

幕墙分割线设置：将垂直网格样式的“布局”参数选择“无”；水平网格样式的“布

局”选择“固定距离”，“间距”设置为925，勾选“调整竖梃尺寸”参数。

幕墙竖梃设置：将“垂直竖梃”栏中的“内部类型”选择“无”，“边界1类型”和“边界2类型”选择为“矩形竖梃：50×150mm”；“水平竖梃”栏中的“内部类型”“边界2类型”选择为“矩形竖梃：50×150mm”，“边界1类型”选择“无”。

设置完上述参数后，单击“确定”关闭对话框。按照绘制墙一样的方法在E轴与5轴和6轴处的墙上单击捕捉两点绘制幕墙，位置如图5-4所示。

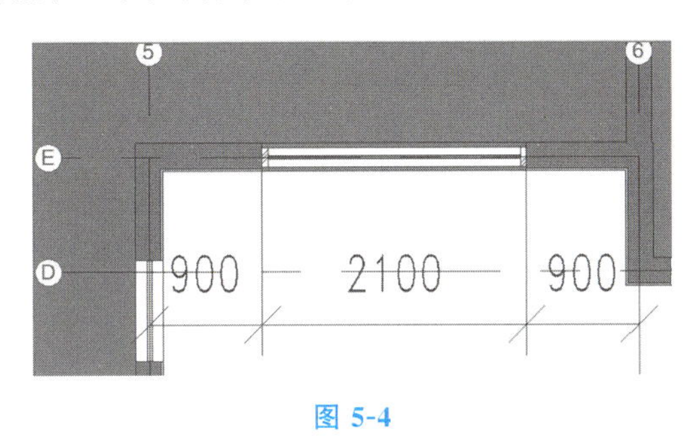

图 5-4

完成后的幕墙如图5-5、图5-6所示。

图 5-5

图 5-6

拓展练习与提高

根据图 5-7，创建墙体与幕墙，墙体构造与幕墙竖梃连接方式如图 5-7 所示，竖梃尺寸为 100mm×50mm。请将模型以“幕墙”为文件名保存到学生文件夹中。

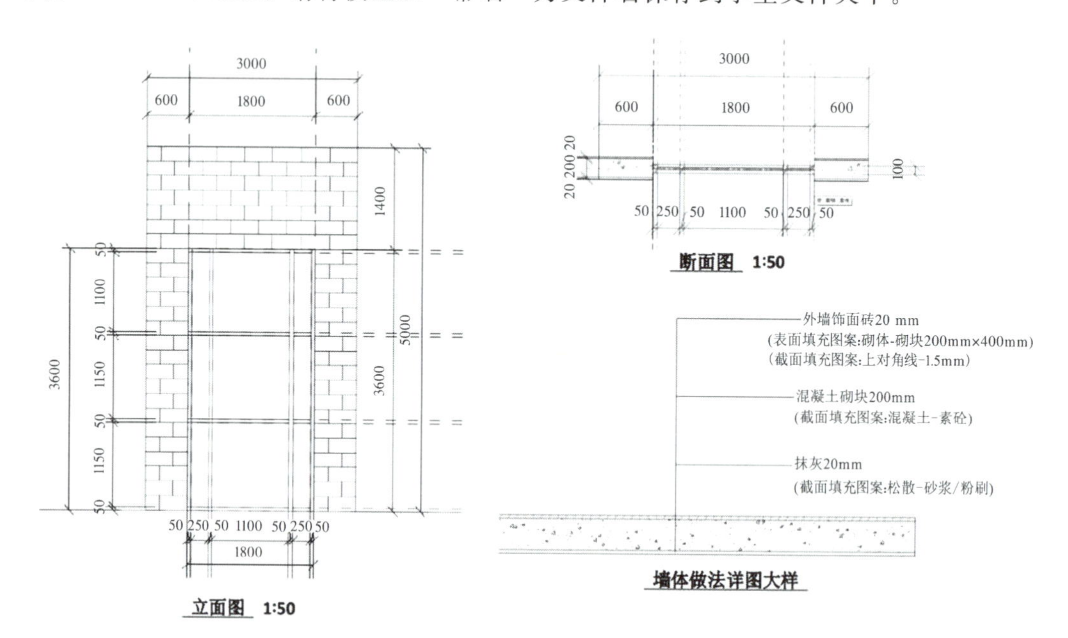

图 5-7

项目 6 屋顶

知识目标

①了解屋顶建模；
②学会创建屋顶；
③学会修改屋顶；
④学会附着屋顶。

素养目标

①培养学习者的生产质量观及按国家规范完成生产任务的意识；
②逐步培养沟通交流、分工协作的团队意识；
③逐渐养成发现问题、分析问题、解决问题的良好工作习惯，形成认真细致、精益求精的工作作风。

BIM 工程师就是“数字工匠”

当前建筑业和房地产业的转型升级，对具有建筑传统优势的技工院校而言，既是挑战，也是机遇。只有紧随产业发展，提前调整发展定位和布局，才能在未来的产业人才供给端占据有利地位，同时从真正意义上改变行业和大众对于职业院校毕业生的职业定位，让他们有机会成长为有技术、有作为、有尊严、有未来的技能人才——BIM 工程师，也就是“数字工匠”。

“数字工匠”培育的独特性给传统职业技能培训体系带来挑战，要强化对数字技能的基础研究，打造开放性的数字技能形成平台，以构建适合的技能形成体系。

当前，数字技术已经成为经济增长的新引擎，实施国家大数据战略、建设“数字中国”也成为中国式现代化的重要驱动力。数字技术的发展创新了劳动场景，催生了新的就业方式，创造了新的就业岗位，拓展了劳动者的收入渠道。

同时，数字技术的渗透与应用也对人们的工作方式和行为模式产生了广泛而深刻的影响。自动化、数字化和人工智能等技术的大规模应用创造了新的劳动力组合，如人与机器，并在公司、员工与客户间形成了新的互动模式。这些变化重塑了数字经济产业链条上的既有技能结构，对技能种类和数量提出了更高要求，在淘汰部分过时技能的同时加剧了高技能人才的短缺。

从技术变迁历史来看，每一次新技术应用都会重组工业流程并催生新的技能需求。“数字工匠”本质上是由数字技术在工业应用过程中的技能需求驱动所产生的，是产业技术升级的结果。与传统工业技术升级不同的是，数字技术驱动的工业产业技术升级要实现从大规模标准化生产向多元化高质量生产、灵活的适应性生产体制跃迁。在升级路径上通常包括两个具体方向：一是依托技术创新将工艺流程标准化，推进规模生产流程的精细化和高质量，进行组合生产；二是大规模定制化，依托柔性专业化实现灵活生产。这两种生产模式都能够成为企业的竞争优势，形成核心竞争力。在数字技术的工业应用过程中，无论是组合生产还是柔性灵活生产，都需要对工艺流程进行革新和再造，故工业生产过程中的数字积累、应用、处理、优化等方面的能力尤为关键。从这个意义上说，“数字工匠”既是推动数字技术工业应用的实践者，也是数字技术本身迭代升级的参与者。因此，在数字经济发展过程中，“数字工匠”与数字工具、数字产品一起构成了数字劳动过程的三大核心要素，成为衡量甚至决定数据生产力水平的重要依据。

不过，“数字工匠”的培育依然存在着诸多与传统工匠不同的地方。

从技能构成来看，传统工匠主要掌握的是学习及应用工业机器的能力，通过学习理论知识，在使用生产工具的劳动实践中逐步积累相应的技能。因此，传统工匠的技能多以实践为出发点，是慢慢积累在人体感觉与肌肉记忆中的一种能力。而“数字工匠”的技能则主要集中于数据的挖掘、编程、人工智能以及机器学习等方面，通过应用这些数字技能，他们将数字技术知识转化为数字产品并创造数字劳动价值。比较而言，“数字工匠”的技能构成对身体默会和肌肉记忆的依赖程度小很多，反而更需要能够在数字工具与数字产品之间搭建起关系结构的思维能力与组织能力。因此，“数字工匠”的技能养成更多依赖体外化的机器学习与逻辑创新。

从技能作用的环节来看，传统工匠主要作用于工业产品的直接生产环节，通过精湛的技能生产高质量的产品，并解决其中可能遇到的技术问题。传统工匠的劳动过程需要顺应工业生产的逻辑顺序，遵从“概念”与“执行”相分离的分工原则。而数字技术介入，通过数据处理和参数化设计打通了“概念”与“执行”之间的区隔，重新定义了工业生产的逻辑，使“数字工匠”与数字工具之间形成了一种参数化人机协作关系结构。所以，“数字工匠”通常需要熟悉数字工业生产的全流程知识，其技能的领域跨度更大，要求也更高。

从技能半衰期来看，在传统工业模式中，生产流程和工艺上的技术革新通常具有较强的延续性和累积性，因此传统工匠的技能衰退期相对较长。而数字技术在工业生产领域的推广应用，大大缩短了技能衰退期。数字技术主要通过以下几个方面加快数字技能的更新速度：一是数字技术重组了生产流程，在海量数据处理基础上，提高了生产组织的灵活性，对“数字工匠”技能更新也提出更高要求；二是数字技术推动了工作方式的自动化和智能化，使企业能够更好地依据市场环境变动对产能和员工进行高效调配，这强化了“数字工匠”的即时响应能力要求；三是随着数据积累和深度学习算法的进步，数字技术自身迭代的速度不断加快，数字技术应用所依赖的基础设施更新也随之加速，缩短了数字工匠技能的衰退期。

屋顶是建筑的重要组成部分。Revit 提供了多种建模工具，如迹线屋顶、拉伸屋顶、面屋顶、玻璃斜窗等创建屋顶的常规工具。此外，对于一些特殊造型的屋顶，可以使用内建模型的工具来创建。

任务 6.1　创建拉伸屋顶

本任务以首层左侧凸出部分墙体的双坡屋顶为例，详细讲解“拉伸屋顶”命令的使用方法。

接上节练习文件，在项目浏览器中双击“楼层平面”项下的“F2”，打开二层平面视图。在视图属性栏，如图 6-1 所示，设置参数“基线”的“范围：底部标高”为“F1”。

单击“建筑”选项卡“工作平面”面板“参照平面”命令，如图 6-2 所示，在 F 轴和 E 轴向外 800mm 处各绘制一个参照平面，在 1 轴向左 500mm 处绘制一个参照平面。

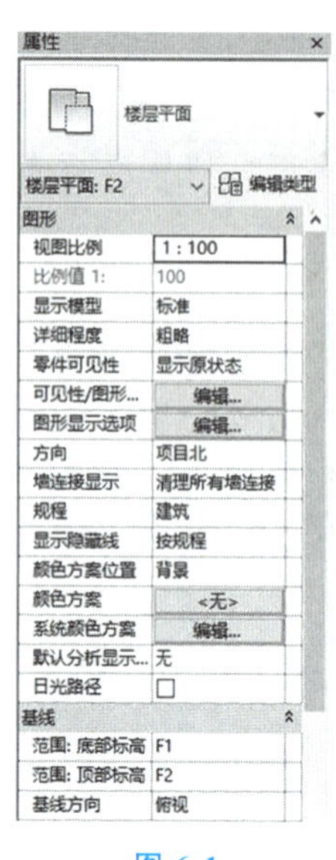

图 6-1

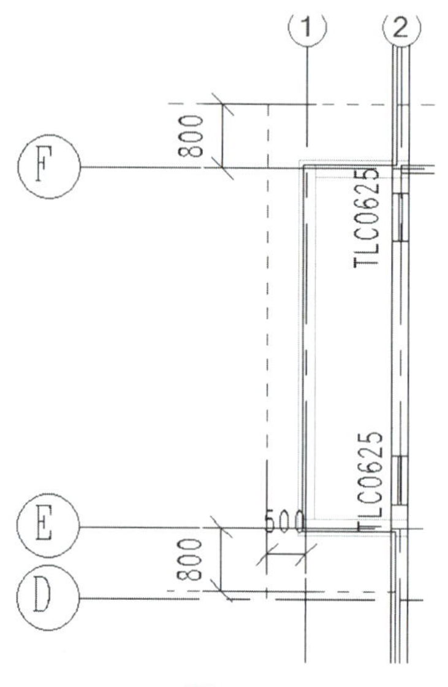

图 6-2

单击“构建”选项卡“屋顶”下拉按钮，在下拉列表中选择“拉伸屋顶”命令，如图 6-3 所示，系统会弹出“工作平面”对话框，提示设置工作平面。

在“工作平面”对话框中选择“拾取一个平面”，单击“确定”关闭对话框。移动光标，单击拾取刚绘制的垂直参照平面，打开“转到视图”对话框，如图 6-4 所示。

在上面的列表中单击选择“立面-西”，单击“确定”关闭对话框，进入“西立面”视图。

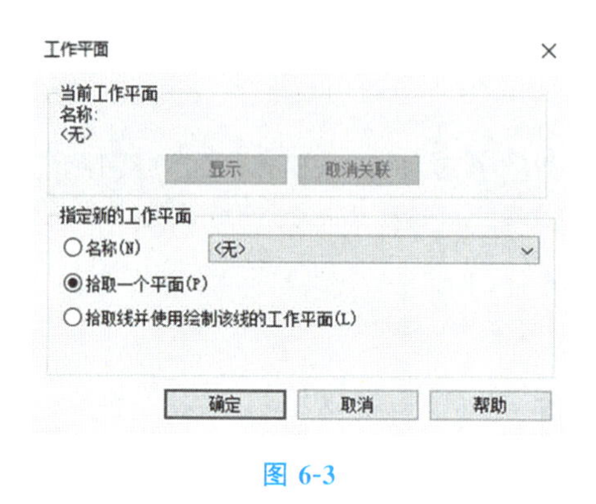

图 6-3

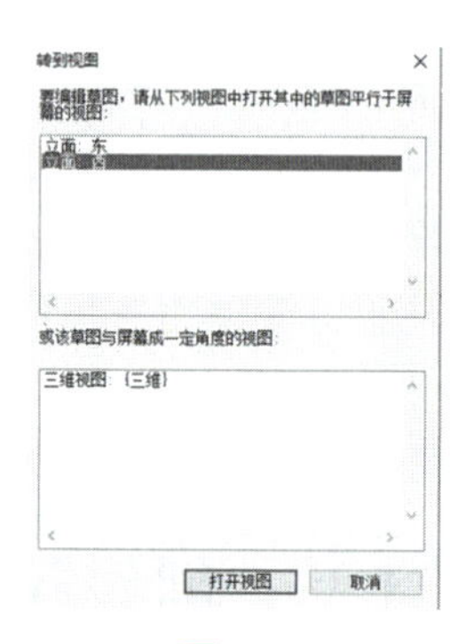

图 6-4

在“西立面”视图中间墙体两侧可以看到两个竖向的参照平面，这是刚才在 F2 视图中绘制的两个水平参照平面在西立面的投影，用来创建屋顶时精确定位。

单击“工作平面”面板“参照平面”，在 F2 标高 162mm 处画一个参照平面；在两个参照平面间画一个垂直的参照平面，单击“注释”—“尺寸标注”—“对齐”命令进行标注。如图 6-5 所示，单击 EQ 进行均分，此参照线即为屋顶中线。单击“绘制”面板的“直线”命令，按图 6-5 所示尺寸绘制拉伸屋顶截面形状线。在属性对类型选择框中选择

“常规-200mm”，单击“完成编辑模式”。

完成创建拉伸屋顶，结果如图 6-6 所示，保存文件。

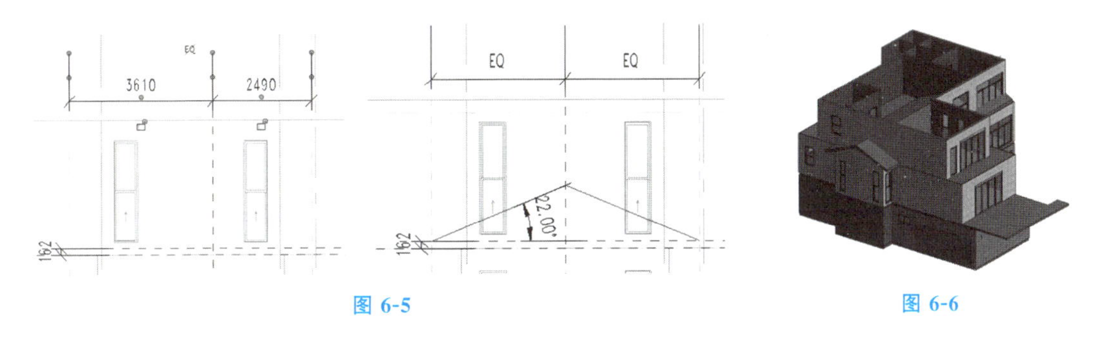

图 6-5　　　图 6-6

任务 6.2　修改屋顶

在三维视图中观察任务 6.1 创建的拉伸屋顶，可以看到屋顶长度过长，延伸到了二层屋内，同时屋顶下面没有山墙。下面将逐一完善这些细节。

（1）连接屋顶：打开三维视图，在“修改”选项卡“几何图形”面板中单击“连接/取消连接屋顶”命令。先单击拾取延伸到二层屋内的屋顶边缘线，如图 6-7 所示；再单击拾取左侧二层外墙墙面，即可自动调整屋顶长度使其端面和二层外墙墙面对齐。

注意 在三维视图中，单击屋顶直接拖拽屋顶板控制柄至外墙墙面也可实现屋顶连接。最后结果如图 6-8 所示。

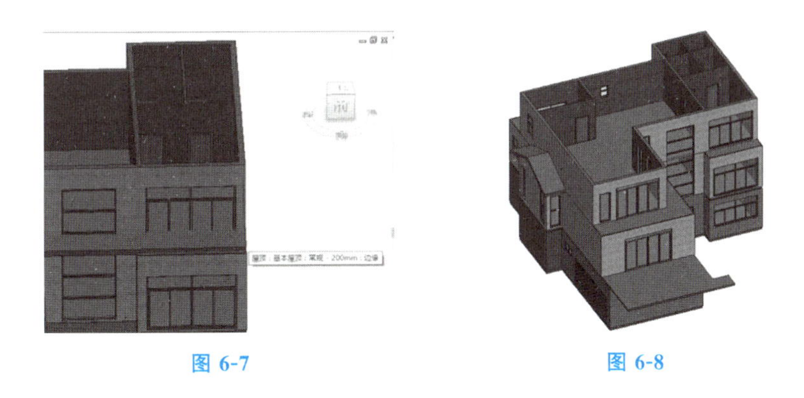

图 6-7　　　图 6-8

（2）附着墙：按住“Ctrl”键连续单击选择屋顶下面的三面墙，在“修改墙”面板中单击“附着顶部/底部”命令，然后选择屋顶为被附着的目标，则墙体自动将其顶部附着到屋顶下面，如图 6-9 所示，这样在墙体和屋顶之间就创建了关联关系。

（3）创建屋脊：单击“结构”选项卡“结构”面板“梁”命令，从类型选择器下拉列表中选择梁类型为“屋脊-屋脊线”，勾选“三维捕捉”，在三维视图 3D 中捕捉屋脊线两个端点创建屋脊。调整屋脊起点标高偏移、终点标高偏移为 1600。

（4）连接屋顶和屋脊：单击“修改”选项卡“几何图形”面板“连接几何图形”命令，先选择要连接的第一个几何图形屋顶，再选择要与第一个几何图形连接的第二个几何图形屋脊，系统自动将二者连接在一起，如图 6-10 所示。按“Esc”键结束连接命令。

图 6-9

图 6-10

保存文件，继续下面的练习。

任务 6.3　创建二层多坡屋顶

下面使用“迹线屋顶”命令创建项目北侧二层的多坡屋顶。

接上节练习，在项目浏览器中双击“楼层平面”项下的“F2”，打开二层平面视图。

单击“建筑”—“构建”—“屋顶”，在下拉菜单中选择“迹线屋顶”命令，进入绘制屋顶轮廓迹线草图模式。

选择“绘制”面板的“直线”命令，如图 6-11 所示，绘制屋顶轮廓迹线，轮廓线沿相应轴网向外偏移 800mm。

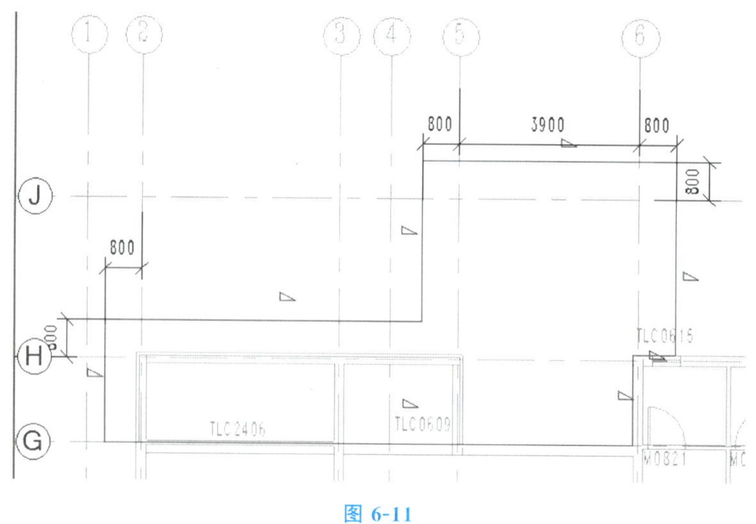

图 6-11

单击属性栏，打开“属性”对话框，在“类型”下拉列表中选择“青灰色琉璃筒瓦-200mm”。

修改屋顶坡度：设置“坡度”参数为 22°，如图 6-12 所示，单击“应用”后所有屋顶迹线的坡度值自动调整为 22°。

按住“Ctrl”键连续单击选择最上面、最下面和右侧最短的那条水平迹线，以及下方左、右两条垂直迹线，在选项栏中取消勾选“定义坡度”选项，即取消这些边的坡度，如图 6-13 所示。

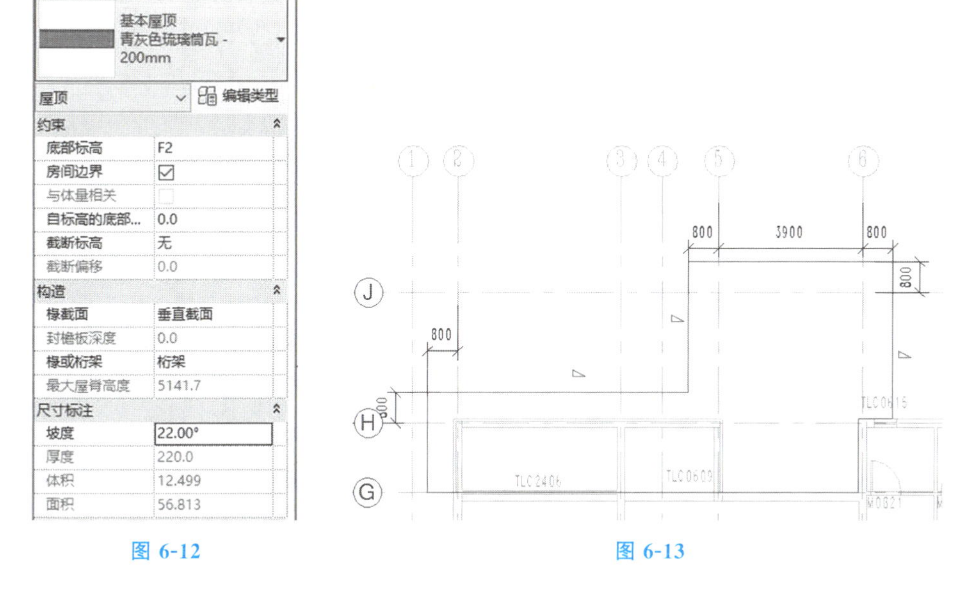

图 6-12　　　　图 6-13

单击“完成编辑模式”命令，就完成了二层多坡屋顶的创建。

同前所述，选择屋顶下的墙体，选择“附着”命令，拾取刚创建的屋顶，将墙体附着到屋顶下。

同前所述，使用“结构”面板“梁”命令，创建屋顶屋脊，如图 6-14 所示。保存文件。

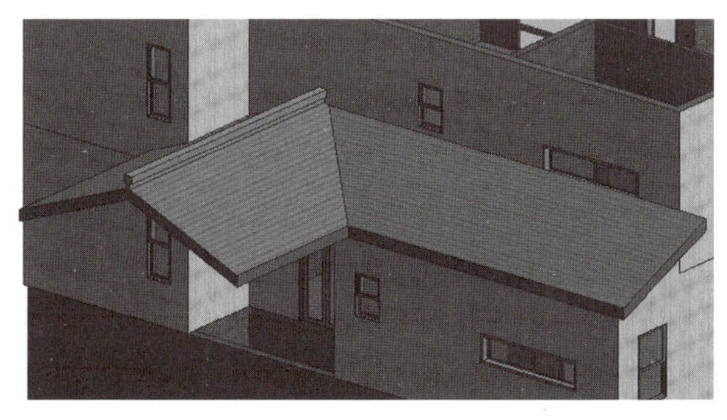

图 6-14

任务 6.4　创建三层多坡屋顶

三层多坡屋顶的创建方法同二层多坡屋顶。

接上节练习，在项目浏览器中双击“楼层平面”项下的“F3”。

单击“建筑”—“构建”—“屋顶”下拉菜单，选择“迹线屋顶”命令，进入绘制屋顶迹线草图模式。

选择“绘制”面板的“直线”命令，如图 6-15 所示，将相应的轴线向外偏移 800mm，绘制出屋顶的轮廓。

单击“屋顶属性”命令，设置屋顶的“坡度”参数为 22°。

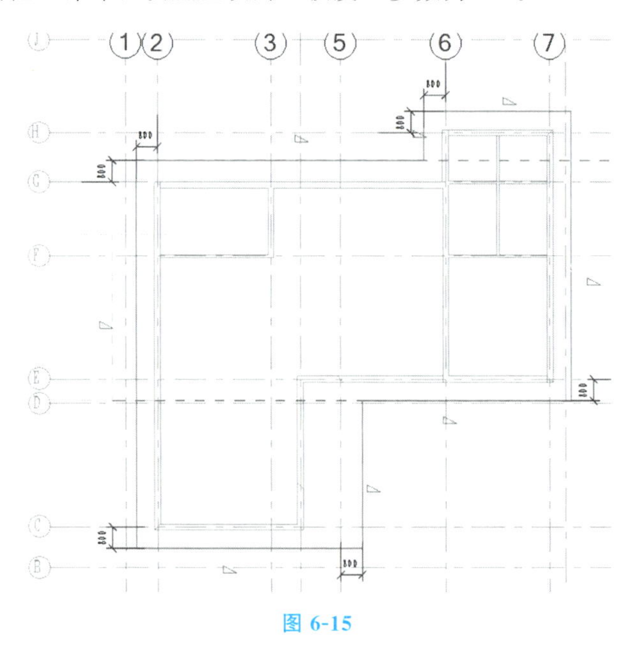

图 6-15

单击“工作平面”面板“参照平面”命令，绘制两个参照平面并使其和中间两条水平迹线平齐，和左、右最外侧的两条垂直迹线相交。

单击工具栏上的“拆分”命令，移动光标到参照平面和左、右最外侧的两条垂直迹线交点位置，分别单击鼠标左键，将两条垂直迹线拆分成上、下两段。

按住“Ctrl”键单击选择最左侧迹线拆分后的上半段和最右侧迹线拆分后的下半段，选项栏中取消勾选“定义坡度”选项，取消坡度。

完成后的屋顶迹线轮廓如图 6-15 所示。单击“完成编辑模式”就创建了三层多坡屋顶。

选择三层墙体，用“附着”命令将墙顶部附着到屋顶下面。用“梁”命令捕捉三条屋脊线创建屋脊，完成后的结果如图 6-16 所示。保存文件。

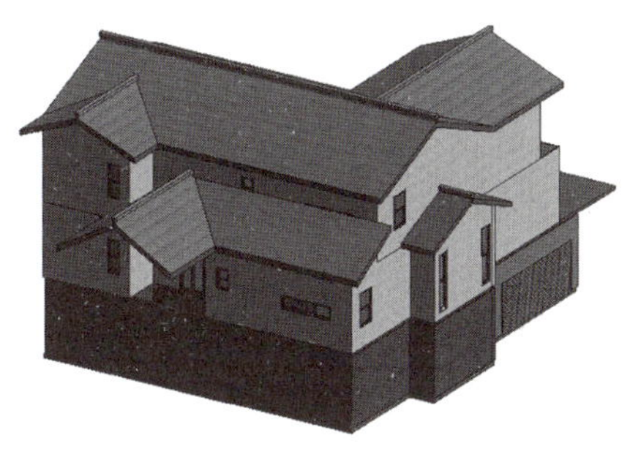

图 6-16

拓展练习与提高

根据图 6-17 给定数据创建屋顶，i 表示屋面坡度，请将模型以“圆形屋顶”为文件名保存到学生文件夹中。

解析：本道题的屋顶可以看作两个屋顶的拼合，下部是一个开了洞的圆锥屋顶，上部是一个以洞口直径为底部直径的圆锥屋顶。

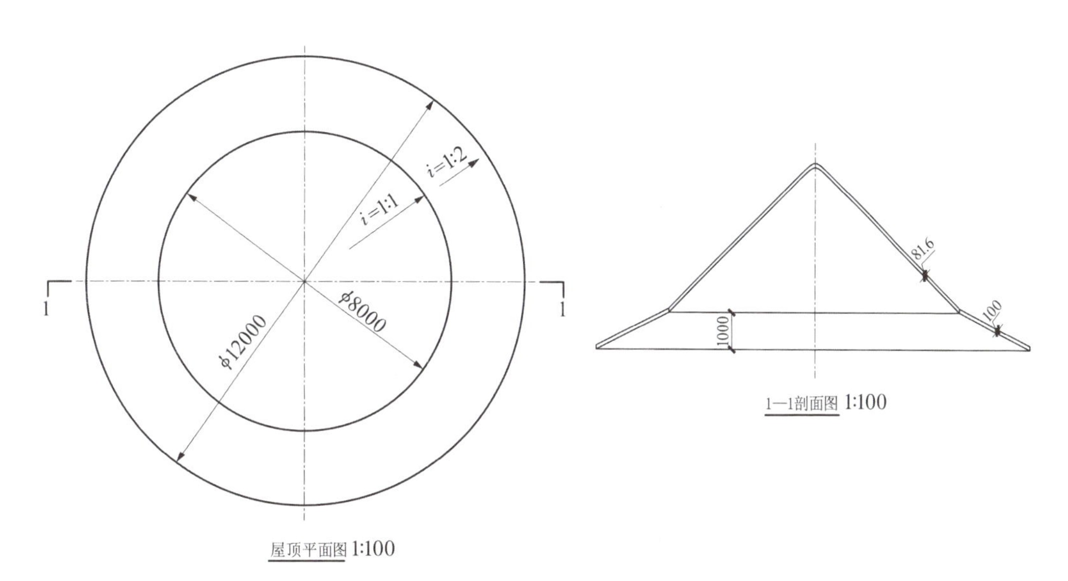

图 6-17

项目 7

楼梯、坡道和台阶

知识目标

①学会创建和编辑楼梯；
②学会创建和编辑坡道；
③学会创建和编辑台阶。

素养目标

①培养学习者生产质量观及按国家规范完成生产任务的意识；
②逐步培养沟通交流、分工协作的团队意识；
③逐渐养成发现问题、分析问题、解决问题的良好工作习惯，形成认真细致、精益求精的工作作风。

"数字工匠"技能形成和培育

"数字工匠"培育的独特性给传统职业技能培训体系带来挑战，要强化对数字技能的基础研究，打造开放性的数字技能形成平台等，以构建适合的技能形成体系。"数字工匠"技能形成的独特性要求人们重新梳理传统的职业技能培训系统，以构建适合的技能形成体系。数字技能形成与"数字工匠"培育，要在对既有数字技能的职业教育和培训体系进行创新的基础上，做到如下几点。

首先，强化对数字技能的基础研究。政府相关部门要推动职业学校、科研院所、数字企业和行业协会联合，持续对数字技能展开基础研究，建立数字技能理论分析框架，定义其中的技能构成谱系，明确关键技能、技能形成路径等，既可以为"数字工匠"的培育奠定理论指引，也可以为其评价提供科学依据。

其次，建设和积累数字技能数据库。在数字技能画像基础上，利用数字技术打造数字技能数据库，并在机器学习等 AI 技术支持下推进技能数据库形成自主性、自动化、互动性的运作模式。在类型上，建议考虑建设数字技能公共数据库和私有数据库，前者具有公益性和共享性，后者则需要通过市场购买才能享用。不同类型的数字技能数据库可以服务不同行业和产业的多元化需求，更好匹配数字技能特征，提高"数字工匠"培育的针对性。

再次，打造开放性的数字技能形成平台。"数字工匠"的技能衰退期更短，技能更新需求也更为迫切。因此，政府应鼓励相关行业企业联合数字技术领域的专家建立共享性的数字技能形成平台。针对数字技能养成的特点，该平台需要具备如下特点：一是结构层级性，依据数字技能构成搭建层级化的数字技能形成平台，通过层级性培训课程安排，形成较为系统的培训架构；二是行业企业分类施行，建立行业层面和企业内部两种类型的数字技能形成平台，前者是行业共享并对职业培训相关机构有条件开放的，后者则对企业内部所有员工开放并激励其使用和参与平台的建设；三是社交性学习，将学习者、同行以及领域专家等资源整合到一起，开展互动交流，共享数字技能经验，从而在数字行业和企业内部培养数字技能形成生态。

最后，建构贯通数字技能学习和职业发展的一体化技能形成机制。政府相关部门要出台保障措施，推动数字技能职业培训机构与数字企业在人才培养上实现深度融合，保障数字技能人才在数字知识转化收益上的分配权，提升其技能资本的获得感。通过内生动力的激发，帮助数字技能人才不断进行技能更新，更好地依据自身技能水平选择职业类型并规划职业发展路径。从技能形成角度来看，技能学习环节与职业发展环节的贯通能够强化数字技术知识学习与应用之间的互动反馈，进而提高数字技能职业培训的适切性，为国家培养更多高质量的"数字工匠"。

任务 7.1 楼梯的建模

7.1.1 创建室外楼梯

接上节练习文件，在项目浏览器中双击“楼层平面”项下的“B1”，打开地下一层平面视图。

（1）单击“建筑”—“楼梯坡道”—“楼梯”命令，进入绘制草图模式。

（2）在“属性”对话框中选择楼梯类型为“室外楼梯”，设置楼梯的“底部标高”为B1，“顶部标高”为F1，“宽度”为1150，“所需踢面数”为18，“实际踏板深度”为250，如图7-1所示。

（3）单击“绘制”面板“梯段”命令，选择“直线”绘图模式，在建筑外单击一点作为第一跑起点，垂直向下移动光标，直到显示“创建了10个踢面，剩余10个”时，单击鼠标。

（4）左键捕捉该点作为第一跑终点，创建第一跑草图。按“Esc”键结束绘制命令。

（5）单击“建筑”选项卡“工作平面”面板“参照平面”命令，在草图下方绘制一水平参照平面作为辅助线，改变临时尺寸距离为1000，如图7-2所示。

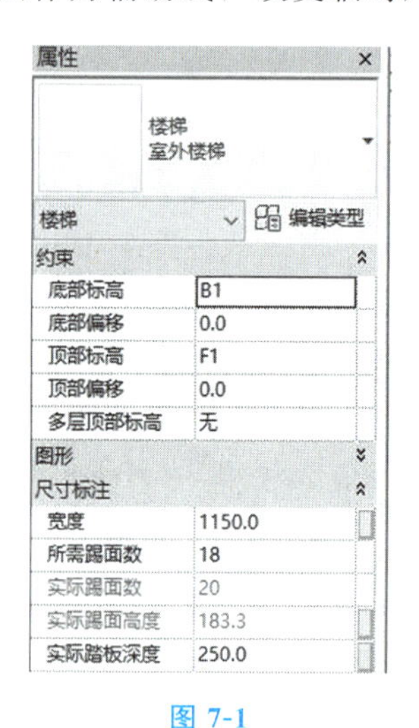

图 7-1

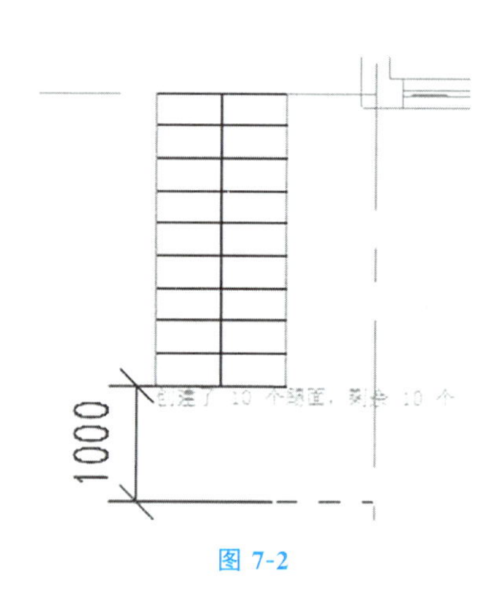

图 7-2

（6）继续选择“梯段”命令，移动光标至水平参照平面上与梯段中心线延伸相交位置，当参照平面亮显并提示“交点”时，单击捕捉交点作为第二跑起点位置，向下垂直移动光标到矩形预览框之外单击鼠标左键，创建剩余的踏步，结果如图7-3所示。

（7）框选刚绘制的楼梯梯段草图，单击“修改”“移动”命令，将草图移动到5轴“外墙-饰面砖”外边缘位置，如图7-4、图7-5所示。

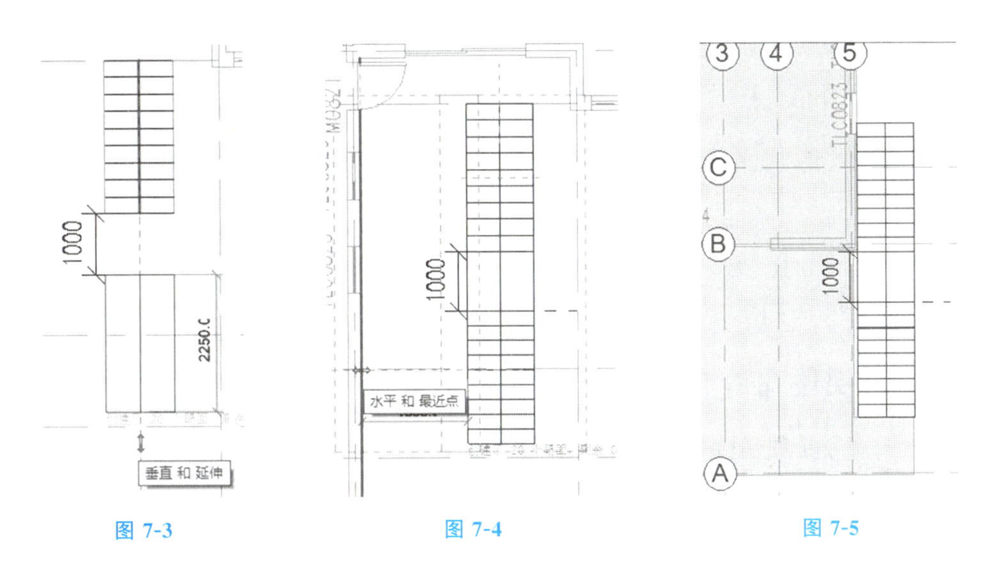

图 7-3　　图 7-4　　图 7-5

（8）单击“完成编辑模式”就创建了室外楼梯，结果如图 7-6、图 7-7 所示。

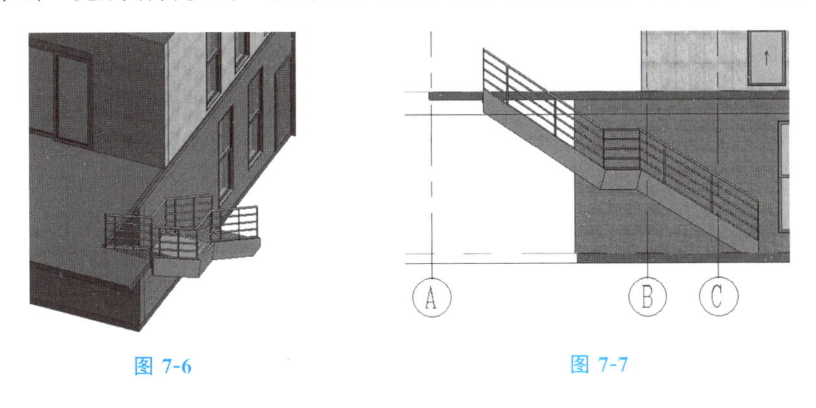

图 7-6　　图 7-7

（9）在项目浏览器中双击“楼层平面”项下的“F1”，打开一层平面视图。单击“建筑”—“楼梯坡道”—“栏杆扶手”命令，进入绘制草图模式。设置偏移量为－20，沿楼板边缘顺时针绘制直线。单击编辑模式，如图 7-8 所示。

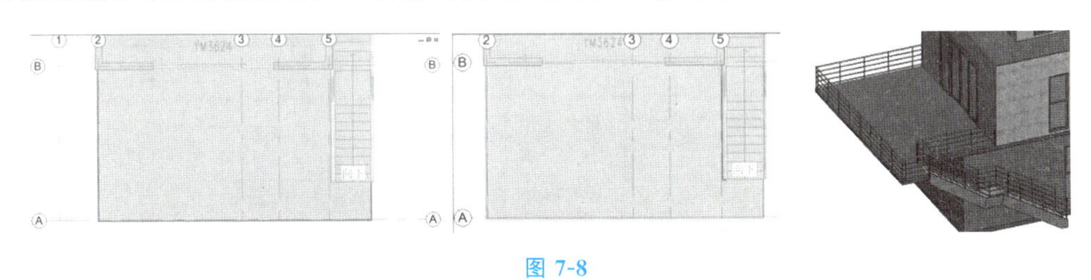

图 7-8

（10）双击“楼层平面”项下的“F2”，打开二层平面视图。单击“栏杆扶手”命令，设置偏移量为“－100”，沿楼板边缘顺时针绘制直线。整体完成效果如图 7-9 所示。

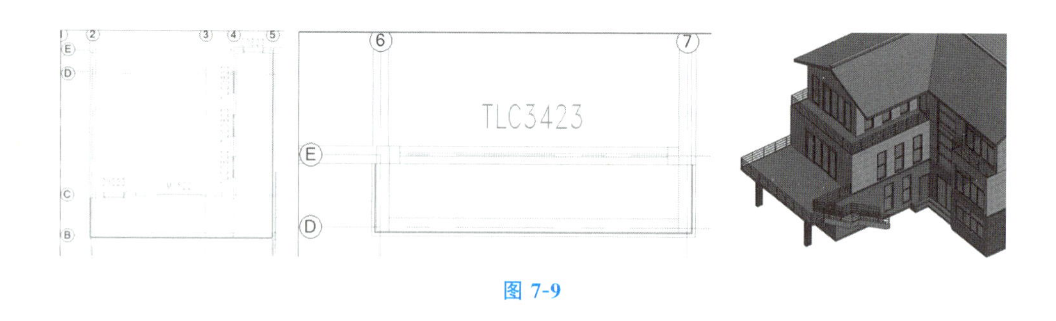

图 7-9

7.1.2 用梯段命令创建楼梯

“梯段”命令是创建楼梯最常用的方法，这里以绘制 U 形楼梯为例，详细介绍楼梯的创建方法。

按上节练习，在项目浏览器中双击“楼层平面”项下的“B1”，打开地下一层平面视图。

（1）单击“建筑”—“楼梯坡道”—“楼梯”命令，进入绘制草图模式。

（2）绘制参照平面：单击“工作平面”—“参照平面”命令，如图 7-10 所示，在地下一层楼梯间绘制四个参照平面，并用临时尺寸精确定位参照平面与墙边线的距离。其中左、右两个垂直参照平面到墙边线的距离 575mm，是楼梯梯段宽度的一半；下面水平参照平面到 F 轴线的距离为 1380mm，为第一跑起跑位置；上面水平参照平面距离下面参照平面的距离为 1820mm。

（3）楼梯实例参数设置：在“属性”对话框中选择楼梯类型为“整体浇筑楼梯”，设置楼梯的“底部标高”为 B1，“顶部标高”为 F1，梯段“宽度”为 1150，“所需踢面数”为 19，“实际踏板深度”为 260，如图 7-11 所示。

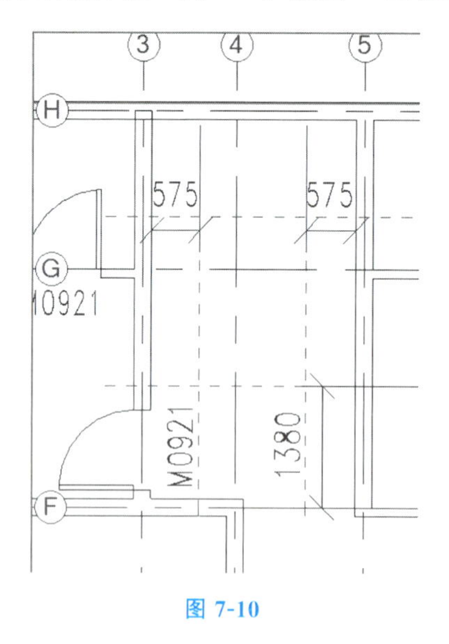

图 7-10

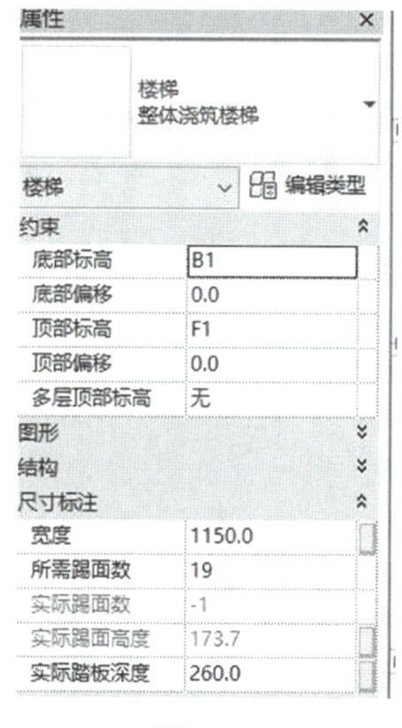

图 7-11

（4）楼梯类型参数设置：单击“编辑类型”按钮打开“类型属性”对话框，在“梯边梁”项中设置参数“楼梯踏步梁高度”为 80，“平台斜梁高度”为 100，如图 7-12 所示。在“材质和装饰”项中设置楼梯的“整体式材质”参数为“钢筋混凝土”，如图 7-13 所示。设置完成后单击“确定”关闭所有对话框。

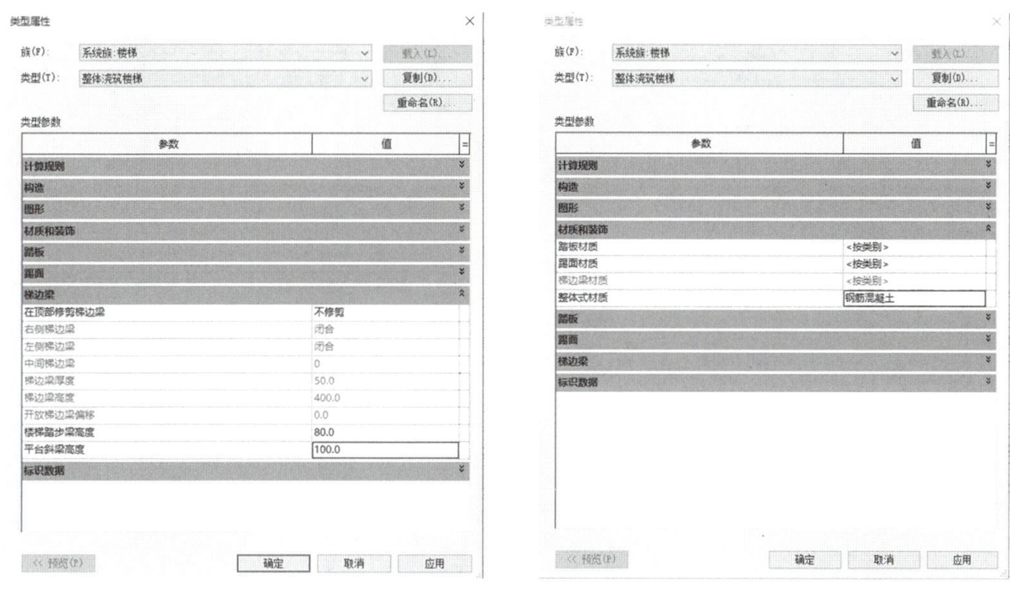

图 7-12　　　　图 7-13

（5）单击“梯段”命令，选择“直线”绘图模式，移动光标至参照平面右下角交点位置，两个参照平面亮显，同时系统提示“交点”时，单击捕捉该交点作为第一跑起始位置。

（6）向上垂直移动光标至右上角参照平面交点位置，同时在起跑点下方出现以灰色显示的“创建了 7 个踢面，剩余 12 个”的提示字样和蓝色的临时尺寸，表示从起点到光标所在尺寸位置创建了 7 个踢面，还剩余 12 个。单击捕捉该交点作为第一跑终点位置，自动绘制第一跑踢面和边界草图。

（7）移动光标到左上角参照平面交点位置，单击捕捉，将其作为第二跑起点位置。向下垂直移动光标到矩形预览图形之外单击捕捉一点，系统会自动创建休息平台和第二跑梯段草图，如图 7-14 所示。

（8）单击选择楼梯顶部的绿色边界线，鼠标拖拽其和顶部墙体内边界重合。

（9）单击“完成楼梯”命令就创建了图 7-15 所示的地下一层跑一层的 U 形不等跑楼梯。删除靠墙侧扶手。

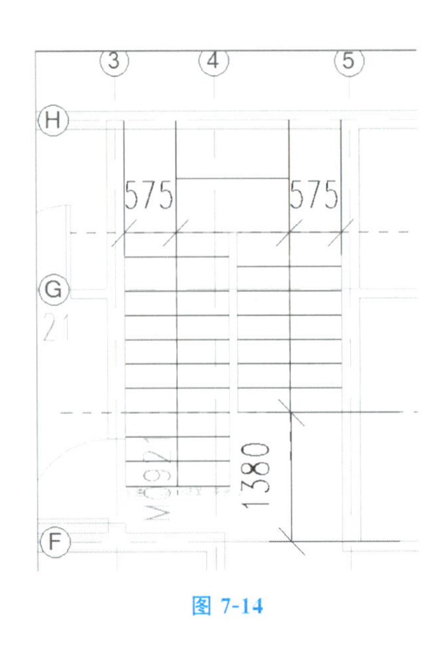

图 7-14

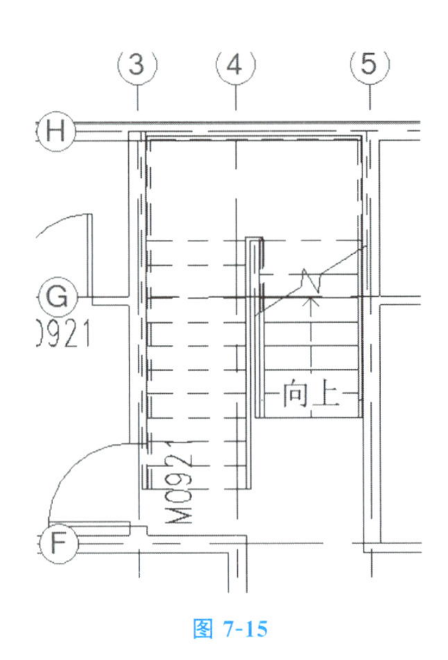

图 7-15

注意 楼梯完成绘制后，发现楼梯间楼板没有开洞，无法出入。单击“建筑”—“洞口”—“竖井”命令，进入绘制草图模式。在项目浏览器中双击“楼层平面”项下的“B1”，打开地下一层平面视图。按照楼梯轮廓绘制洞口边界线，结果如图 7-16 所示。单击“完成编辑模式”后效果如图 7-17 所示。

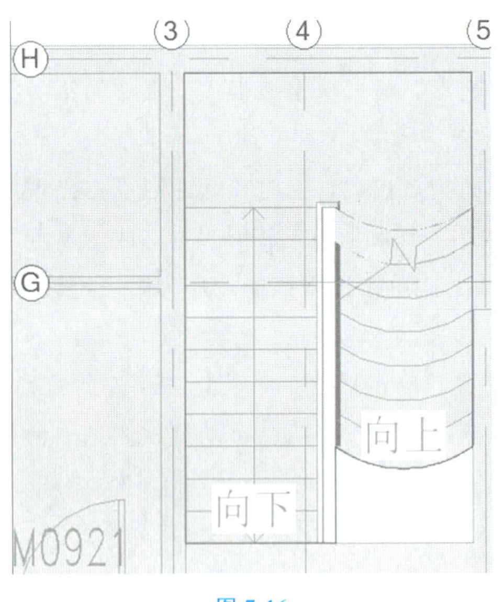

图 7-16

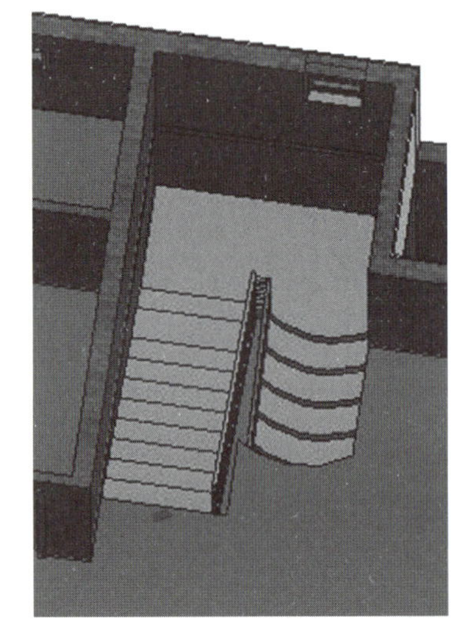
图 7-17

鼠标移动至楼梯边缘，使用“Tab”键切换选择楼梯洞口，如图 7-18（a）所示，调整竖井洞口“顶部约束”为“直到标高：F2”，完成效果如图 7-18（b）所示。

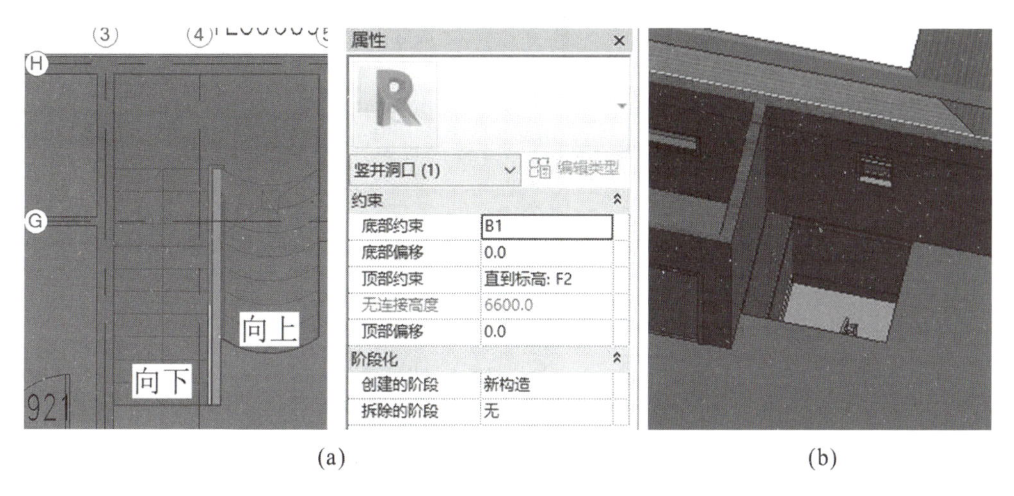

(a) (b)

图 7-18

7.1.3 编辑踢面和边界线

接上节练习，单击选择上节绘制的楼梯，在选项栏中单击“编辑”命令，重新回到绘制楼梯边界和踢面草图模式。

选择右侧第一跑的踢面线，按“Delete”键删除。

单击“绘制”面板“踢面”命令，选择“三点画弧”命令，单击捕捉下面水平参照平面左、右两边踢面线端点，再捕捉弧线中间一个端点绘制一段圆弧。如图 7-19 所示，复制 7 条该圆弧踢面。

在设计栏中单击“完成楼梯”命令，即可创建圆弧踢面楼梯，如图 7-20、图 7-21 所示。

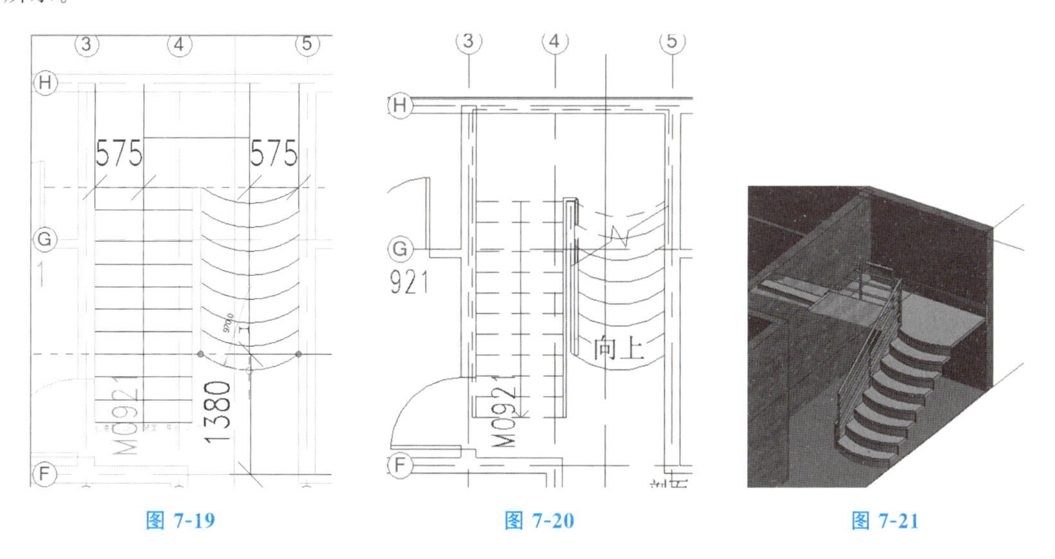

图 7-19　　图 7-20　　图 7-21

7.1.4 创建多层楼梯

接上节练习，在项目浏览器中双击“楼层平面”项下的“B1”，打开地下一层平面视图。选择地下一层的楼梯，如图 7-22 所示，设置“属性”对话框中“多层顶部标高”为“F2”。

单击“确定”后即可自动创建其余楼层楼梯和扶手，如图 7-23 所示。保存文件。

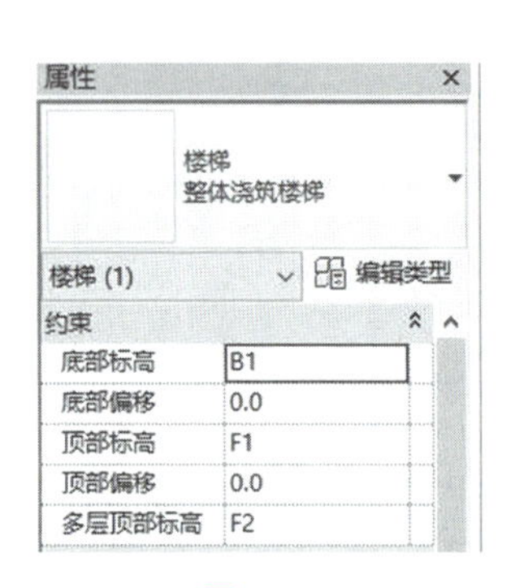

图 7-22

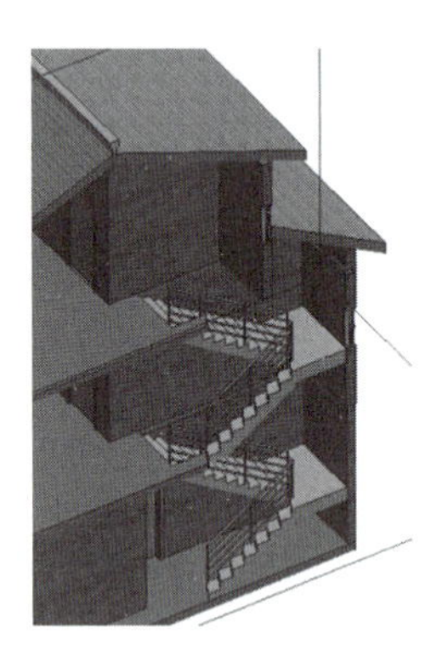

图 7-23

任务 7.2 坡道的建模

7.2.1 创建坡道

Revit 的“坡道”创建方法和“楼梯”命令非常相似，本节简要讲解。

接上节练习，在项目浏览器中双击“楼层平面”项下的“B1”，打开“B1”平面视图。

（1）单击“建筑”—“楼梯坡道”—“坡道”命令，进入绘制模式。

（2）在坡道“属性”对话框中设置参数“底部标高”和“顶部标高”都为“B1”，“顶部偏移”为 200，“宽度”为 2500，如图 7-24 所示。

（3）单击“编辑类型”按钮打开坡道“类型属性”对话框，设置参数“最大斜坡长度”为 6000，“坡道最大坡度（1/x）”为 2，“造型”为“实体”，如图 7-25 所示。设置完成后单击“确定”关闭“类型属性”对话框。

（4）单击“工具”面板“栏杆扶手”命令，设置“栏杆扶手”参数为“无”，单击“确定”。

（5）单击“绘制”面板“梯段”命令，选择选项栏中的“直线”工具，移动光标到绘图区域中，从右向左拖曳光标绘制坡道梯段，如图 7-26 所示（可框选所有草图线，将其移动到图示位置）。

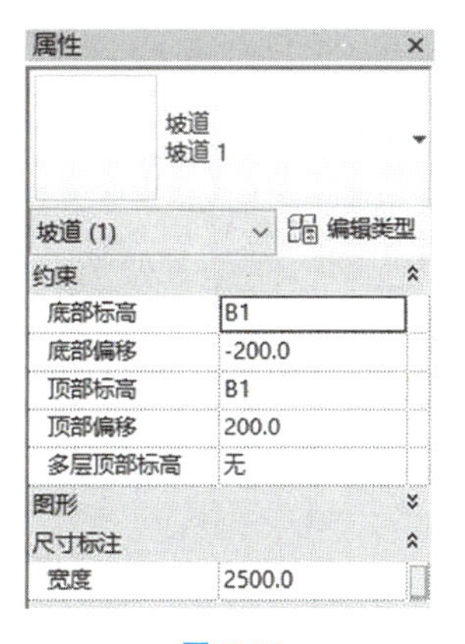

图 7-24

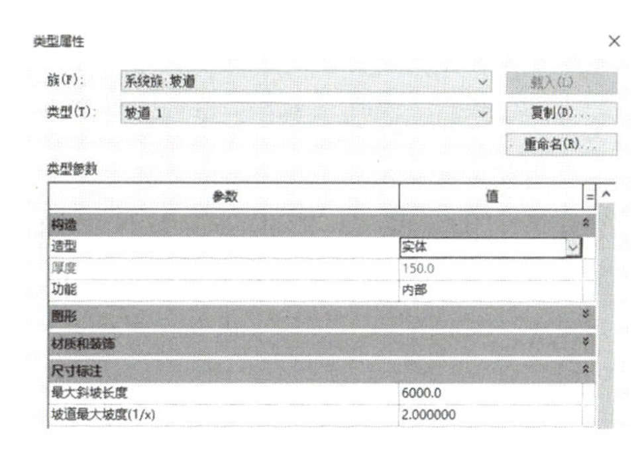

图 7-25

（6）单击“完成坡道”命令，创建的坡道如图 7-27 所示，保存文件。

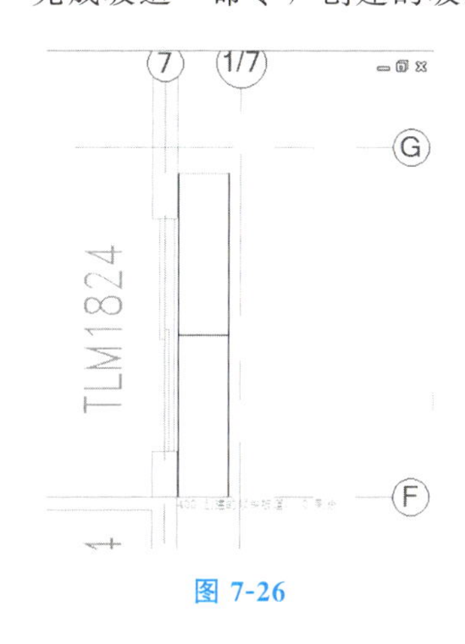

图 7-26

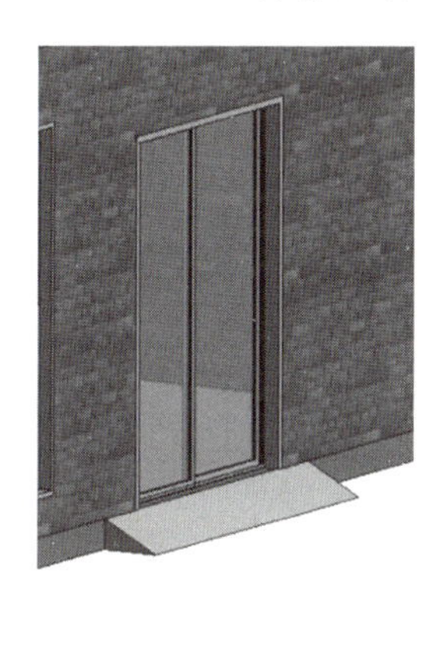

图 7-27

7.2.2 创建带边坡的坡道

前述“坡道”命令不能创建两侧带边坡的坡道，这里推荐使用“楼板”命令来创建。

接上节练习，在项目浏览器中双击“楼层平面”项下的“B1”，打开“B1”平面视图。

单击“楼板”命令，选择“直线”工具，在右下角入口处绘制图 7-28 所示楼板的轮廓。

单击楼板“编辑类型”命令，打开楼板“类型属性”对话框，设置楼板类型为“边坡坡道”。

单击“确定”关闭对话框。单击“完成编辑模式”命令创建平楼板。

选择刚绘制的平楼板，“形状编辑”面板显示几个形状编辑工具：

（1）“修改子图元”工具：拖曳点或分割线以修改其位置或相对高程。

（2）“添加点”工具 添加点：用于将新造型的点添加到选定的屋顶和楼板几何图形

中，每个点可设置不同的相对高程值。

（3）“添加分割线”工具 添加分割线：用于添加线性边缘，以便重新构造选定屋顶或楼板几何图形的形状。

（4）“拾取支座”工具 拾取支座：用于定义分割线，并在选择梁时为板创建恒定承重线。

选择选项栏中的“添加分割线”工具，楼板边界变成绿色虚线显示，如图 7-28 所示，在上、下角部位置各绘制一条蓝色分割线。

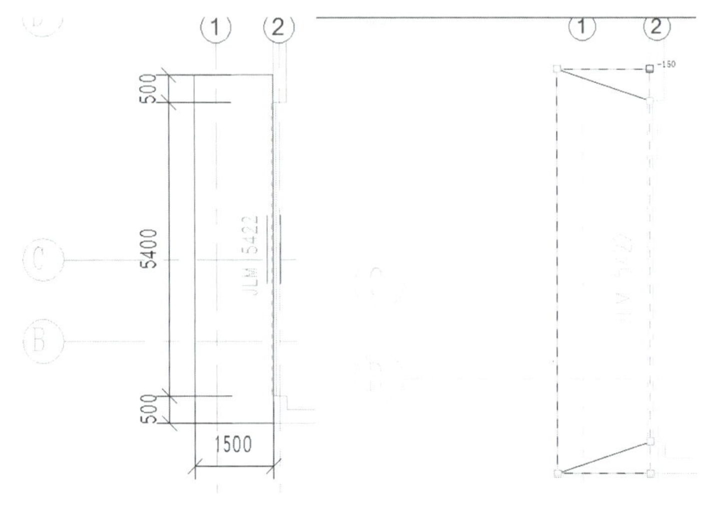

图 7-28

选择“修改子图元”工具，如图 7-29 所示，单击楼板边缘 4 点，出现蓝色临时相对高程值（默认为 0），单击文字输入“－150”后按“Enter”键，将该点相对平面降低 150mm。

完成后按“Esc”键结束编辑命令，平楼板变为带边坡的坡道，如图 7-30 所示。

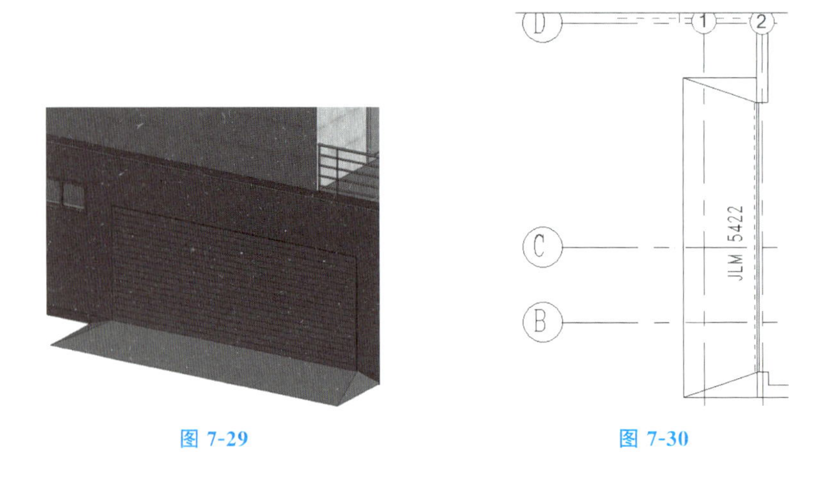

图 7-29　　图 7-30

任务 7.3　台阶的建模

7.3.1　创建主入口台阶

Revit 中没有专用的“台阶”命令，可以采用创建在位族、外部构件族、楼板边缘甚至楼梯等方式创建各种台阶模型。下面讲述用“楼板边缘”命令创建台阶的方法。

接上节练习，在项目浏览器中双击“楼层平面”项下的“F1”，打开“F1”平面视图。

(1) 绘制北侧主入口处的室外楼板。单击“楼板”用“直线”命令绘制图 7-31 所示的楼板轮廓。

(2) 单击“楼板属性”命令，打开楼板“属性”对话框，设置楼板类型为“常规-450mm”，单击“确定”关闭对话框。

(3) 单击“完成编辑模式”，完成后的室外楼板如图 7-32 所示。

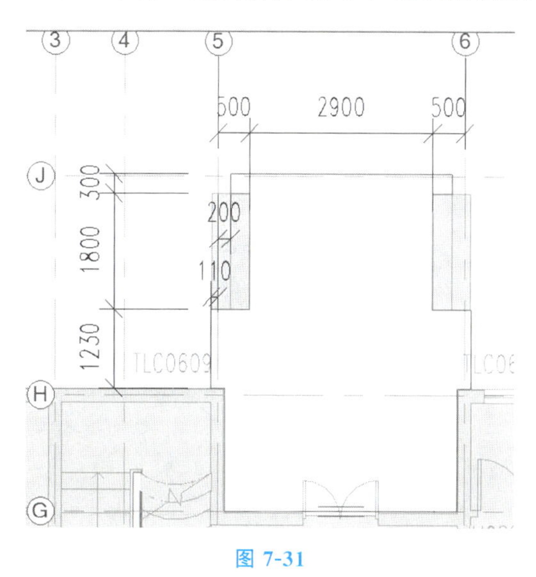

图 7-31

图 7-32

(4) 载入楼板边缘室外台阶族文件。打开三维视图，单击“建筑”—“楼板”—“楼板边缘”命令，在类型选择器中选择“楼板边缘-台阶”类型。

(5) 移动光标到楼板一侧凹进部位的水平上边缘，边线高亮显示时单击鼠标放置楼板边缘。单击边时，Revit 会将其作为一个连续的楼板边。如果楼板边的线段在角部相遇，它们会相互拼接。

(6) 用“楼板边缘”命令生成的台阶如图 7-33 所示。

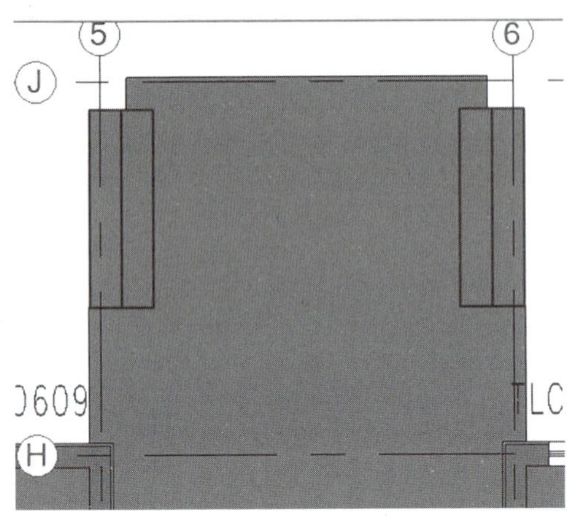

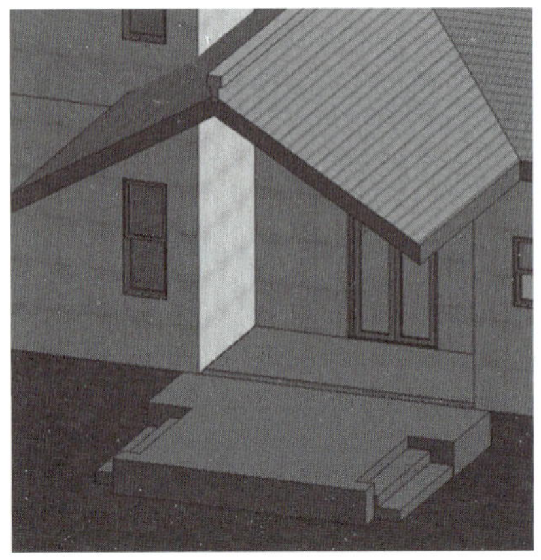

图 7-33

7.3.2 创建地下一层台阶

如图 7-34（a）所示，在地下一层南侧入口处绘制“外墙-台阶普通砖-100mm”的护墙，编辑墙轮廓。同理用“楼板边缘”命令添加台阶：在类型选择器中选择“地下一层台阶”，拾取楼板的上边缘单击放置台阶，调整楼板边缘长度，结果如图 7-34（b）所示。

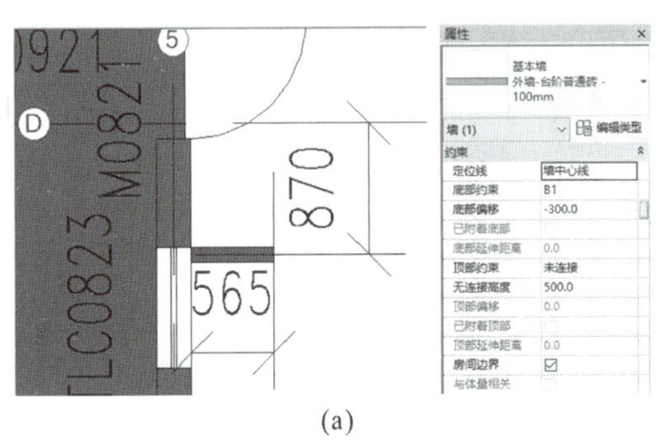

(a)

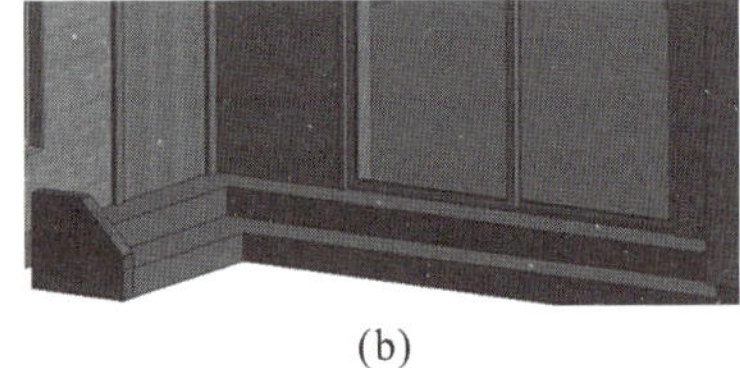

(b)

图 7-34

拓展练习与提高

根据图 7-35 给定数值创建楼梯与扶手，扶手截面为 50mm×50mm，高度为 900mm，栏杆截面为 20mm×20mm，栏杆间距为 280mm，未标明尺寸不作要求，楼梯整体材质为混凝土，请将模型以“楼梯扶手”为文件名保存到学生文件夹中。

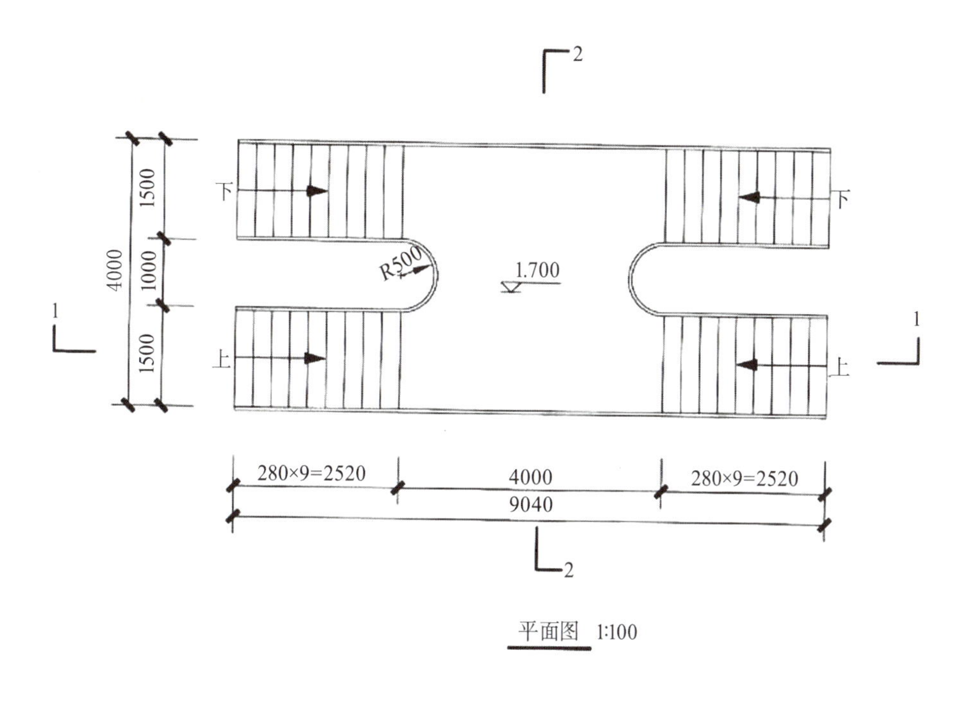
2
1500
1000
1500
4000
下
上
R500
1.700
1
280×9=2520
4000
280×9=2520
9040
2
平面图 1:100

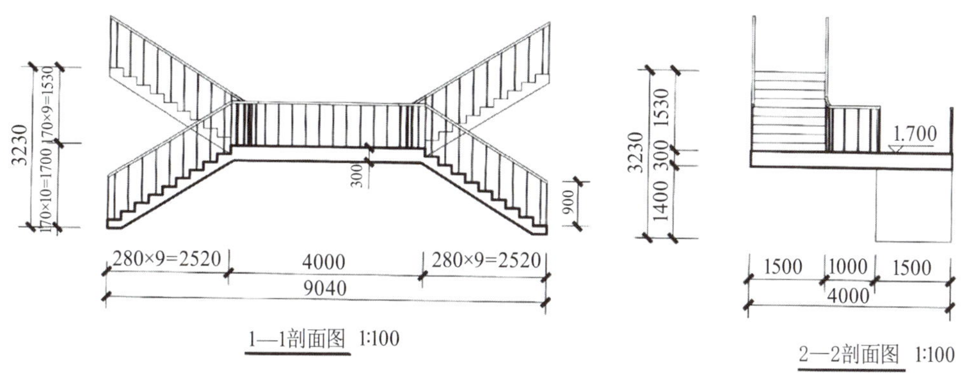
3230
170×9=1530
170×10=1700
300
900
280×9=2520
4000
280×9=2520
9040
1—1剖面图 1:100
3230
1530
300
1400
1.700
1500
1000
1500
4000
2—2剖面图 1:100

图 7-35

项目 8
柱

知识目标

①了解结构柱和建筑柱；
②学会创建和编辑结构柱；
③学会创建和编辑建筑柱。

素养目标

①培养学习者的生产质量观及按国家规范完成生产任务的意识；
②逐步培养沟通交流、分工协作的团队意识；
③逐渐养成发现问题、分析问题、解决问题的良好工作习惯，形成认真细致、精益求精的工作作风。

"建筑文化"之美

中华文化博大精深，是中华民族强大的精神支持，它深深地渗透在人们的社会观、价值观、人生观、世界观中，同时也影响着我们的建筑审美、城市建设、艺术创造，而中国古代建筑正是中国传统哲学、文化、技术的综合体现。建筑文化是中国传统文化的重要组成部分，了解和学习中国古建筑是学习民族精神、培养文化自信的重要途径。建筑不仅仅是砖石与水泥的堆砌，更是对文化的传承与展现。每一座建筑都蕴含着特定的历史背景、文化内涵和审美价值。将建筑文化融入思政教育，可为同学们提供一个生动、直观的学习平台。首先，通过参观古建筑、学习建筑历史，同学们可更加直观地感受历史变迁和文化传承，从而激发对历史的学习兴趣，提高对历史的认识和理解。其次，建筑不仅是一种物质形态，更是一种艺术表现形式。

一、挖掘建筑文化资源，丰富思政教育内容

其一，建筑物、构筑物、雕塑、建筑设备等建筑实体文化不仅体现了建筑技术、艺术和科学的发展水平，而且承载着丰富的历史和文化信息。思政教师可围绕故宫、颐和园等著名建筑物，让同学们充分体会中国古代建筑的文化特色和历史底蕴，深入了解中华文化的博大精深。

其二，建筑管理规章制度、相关政策法规等是建筑规范文化的重要内容，其保障了建筑活动的有序进行，也体现了社会的公平正义和法治精神，可作为思政教育的重要素材。思政教师可从建筑工程的质量管理规范入手，挖掘出其中有益于同学们思想价值观塑造的元素，将其融入教学过程。例如，"质量第一、预防为主"是建筑工程质量管理的核心原则，让同学们建立良好的前瞻性思维与风险意识，提前做好准备工作，预防风险隐患。施工过程中对施工材料、施工进度进行严格验收。教师可围绕建筑施工管理的这一规范进行生动讲解，引导同学们树立认真严谨的工作态度与职业精神，对待工作与学习一丝不苟，严格遵守规定或要求。

二、加强建筑文化宣传与推广，营造浓厚的文化氛围

其一，利用校园网站、微信公众号等校园文化平台，定期发布与建筑文化相关的文章、图片和视频等资料，宣传建筑文化的价值和意义，让同学们直观地了解建筑文化魅力，增强文化自信和文化自觉。

其二，定期举办建筑文化展览和讲座，邀请建筑专家或学者为同学们讲解建筑文化的历史、艺术和科学价值，增强他们对建筑文化的兴趣和热爱。

其三，鼓励同学们参与校园建筑的设计、建造和维护工作，使其在实践中深入了解

建筑文化，锻炼良好的实践能力和团队合作精神；开展建筑设计竞赛、建筑摄影比赛等，让同学们在实践中感受建筑文化的魅力。

任务 8.1　结构柱的建模

8.1.1　地下一层平面结构柱

（1）在项目浏览器中双击“楼层平面”项下的“B1”，打开“B1”平面视图。

（2）单击“建筑”—“柱”—“结构柱”命令，在类型选择器中选择柱类型“钢筋混凝土 250×450mm”，“底部标高”为“B1”，“顶部标高”为“F1”，如图 8-1 所示，在结构柱的中心点相对于 2 轴 600mm、A 轴 1100mm 的位置单击放置结构柱（可先放置结构柱，然后编辑临时尺寸调整其位置）。在 2 轴与 5 轴间画一条参照线，使用尺寸标准命令进行均分，利用镜像命令镜像结构柱。

（3）打开三维视图，选择刚绘制的结构柱，在选项栏中单击“附着”命令，再单击拾取一层楼板，将柱的顶部附着到楼板下面，如图 8-2 所示。保存文件。

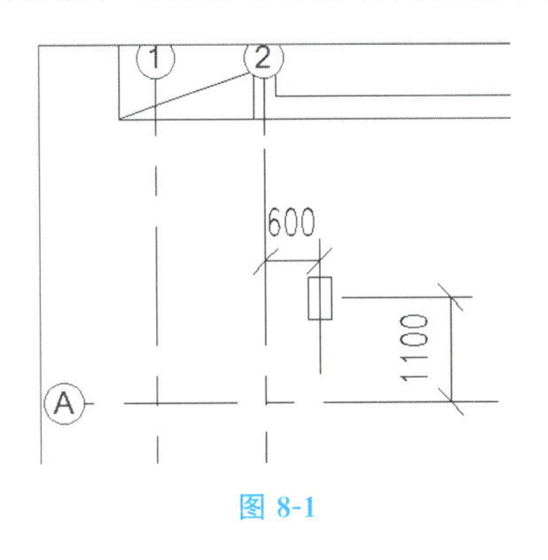

图 8-1

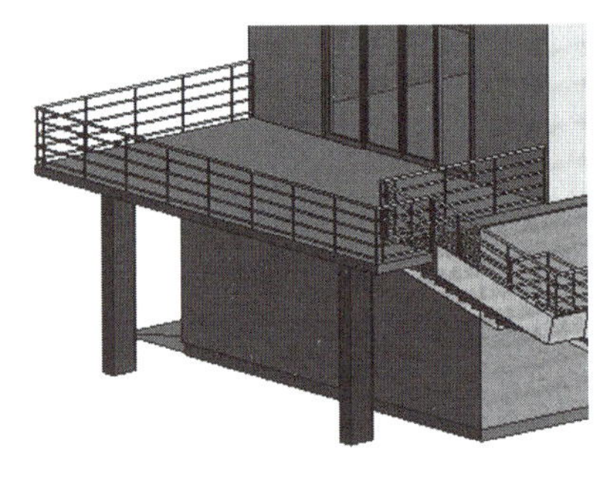

图 8-2

8.1.2　一层平面结构柱

接上节练习，在项目浏览器中双击“楼层平面”项下的“F1”，打开一层平面视图，创建一层平面结构柱。

（1）单击“建筑”—“柱”—“结构柱”命令，在类型选择器中选择柱类型“钢筋混凝土 300×300mm”，如图 8-3 所示，在主入口上方单击放置两个结构柱。

（2）从左下向右上方向框选刚绘制的结构柱，设置“属性”对话框中参数“底部标高”为“室外地平”，“顶部标高”为“F1”，“顶部偏移”为 2800，单击“应用”修改结构柱高度。

（3）单击“建筑”—“柱”—“建筑柱”命令，在类型选择器中选择柱类型“矩形柱 250×250mm”，设置“底部偏移”为 2800，单击“应用”。

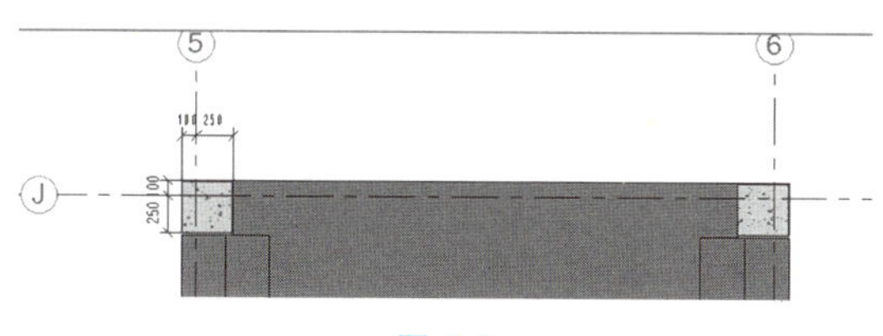

图 8-3

(4) 这时“矩形柱 250×250mm”底部正好在“钢筋混凝土 300×300mm”结构柱的顶部位置。单击捕捉两个结构柱的中心位置，在结构柱上方放置两个建筑柱。

(5) 打开三维视图，选择两个矩形柱，单击“附着”命令，“附着对正”选项选择“最大相交”，如图 8-4 所示。再单击拾取上面的屋顶，将矩形柱附着于屋顶下面。

图 8-4

(6) 完成后的主入口柱子如图 8-5 所示。保存文件。

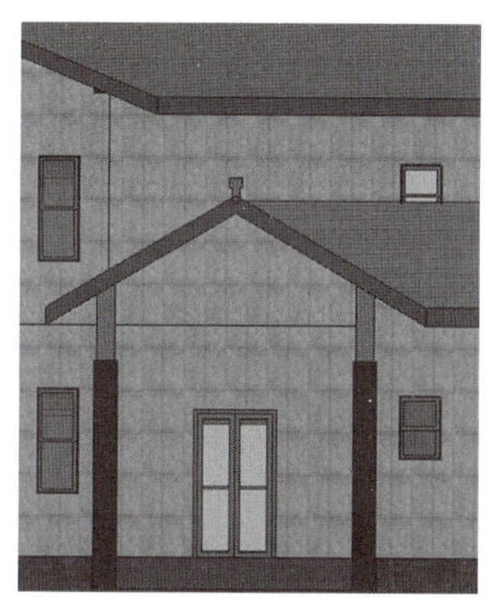

图 8-5

任务 8.2　二层平面建筑柱的建模

接上节练习，在项目浏览器中双击“楼层平面”项下的“F2”，打开二层平面视图，创建二层平面建筑柱。

(1) 单击“建筑”选项卡“构建”面板“柱”命令下拉菜单，选择“建筑柱”命令，在类型选择器中选择柱类型“矩形柱 300×200mm”。

(2) 移动光标捕捉 B 轴与 4 轴的交点单击放置建筑柱。移动光标捕捉 C 轴与 5 轴的交点，先按空格键调整柱的方向，再单击鼠标左键放置建筑柱。结果如图 8-6 所示，右下角有两个建筑柱。

（3）选择刚创建的B轴上的柱，单击工具栏中的“复制”命令，在4轴上单击捕捉一点作为复制的基点，水平向左移动光标，输入“4000”后按“Enter”键，在左侧4000mm处复制一个建筑柱，即图8-6左下角所示的柱。

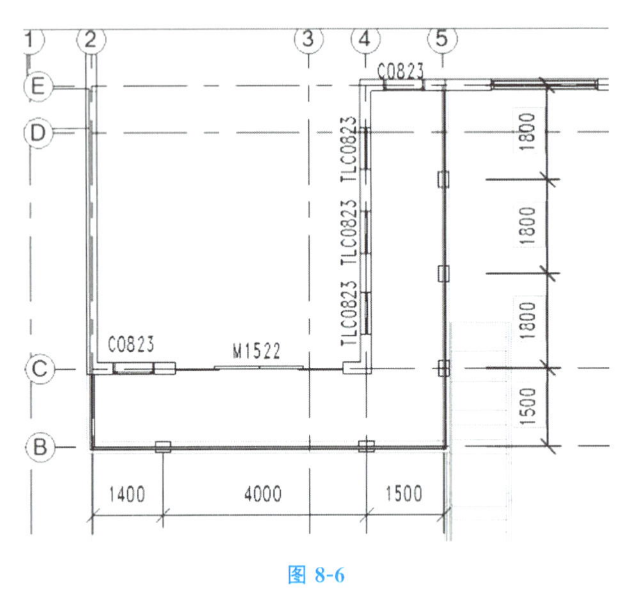

图 8-6

（4）选择刚创建的C轴上的柱，单击工具栏中的“复制”命令，在选项栏中勾选“多个”连续复制，在C轴上单击捕捉一点作为复制的基点，垂直向上移动光标，连续两次输入“1800”后按“Enter”键，在上侧复制两个建筑柱，如图8-6所示。

（5）选择5轴上的三根建筑柱，修改使其附着屋顶。完成后的模型如图8-7所示，保存文件。

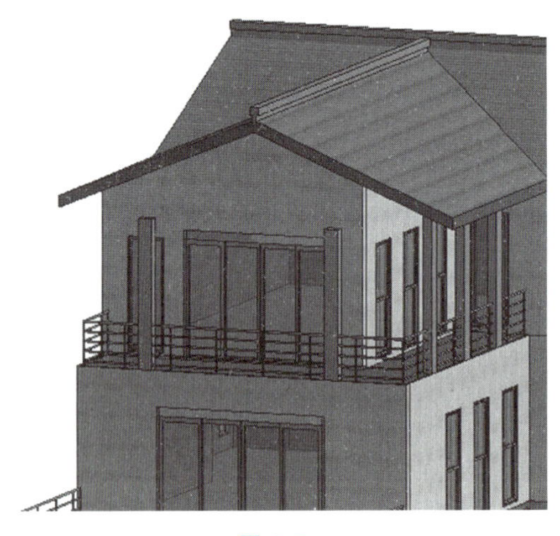

图 8-7

拓展练习与提高

根据图 8-8 所示的给定尺寸，用体量方式创建模型，整体材质为混凝土，请将模型以“柱脚”为文件名保存到学生文件夹中。

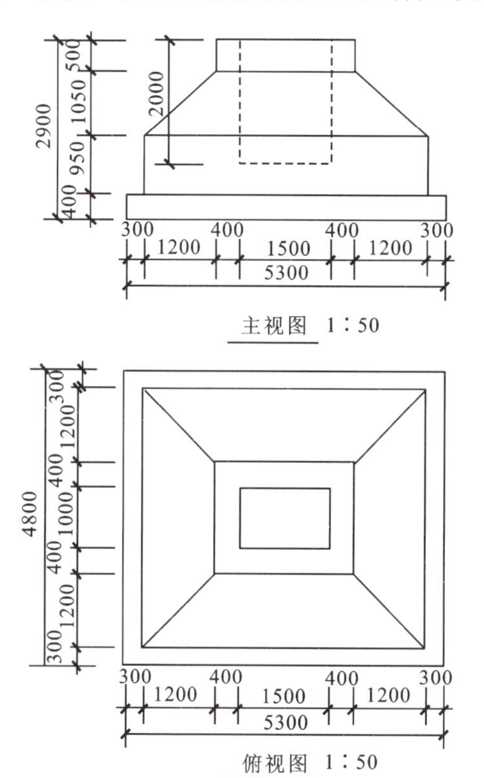

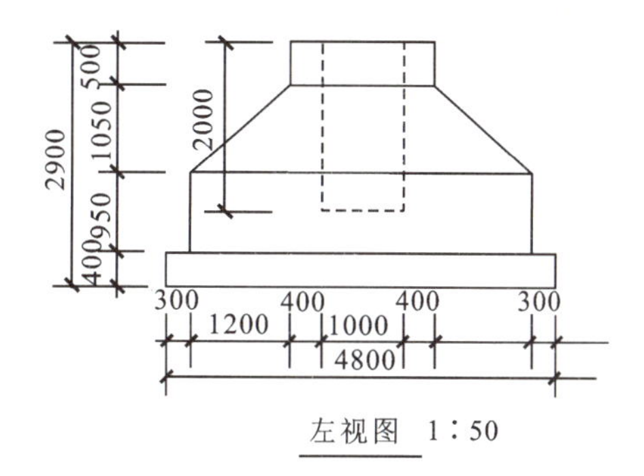

图 8-8

项目9 雨篷

知识目标

①了解雨篷的概念；
②学会创建和编辑雨篷顶部玻璃；
③学会创建和编辑雨篷工字钢梁。

素养目标

①培养学习者的生产质量观及按国家规范完成生产任务的意识；
②逐步培养沟通交流、分工协作的团队意识；
③逐渐养成发现问题、分析问题、解决问题的良好工作习惯，形成认真细致、精益求精的工作作风。

建筑设计不仅是艺术创作

建筑设计不仅是艺术创作，更是社会责任和人类福祉的体现。建筑设计整合并传承思政元素，可以保护文化遗产，不断增强社会凝聚力。通过利用当地材料、融入文化符号和创造互动空间，建筑师可以设计出与当地产生深刻共鸣的环境，反映其独特的区域风貌，这些建筑设计有助于打造一个内涵更丰富、联系更紧密的建筑环境，确保社会主义核心价值观得到完美体现。

建筑设计对艺术的传承可从以下方面着手。

一、融入历史文化

为了有效地将思政元素融入建筑设计，我们可以在设计过程开始之前进行全面的研究，例如对当地历史、传统建筑风格和文化习俗进行调研，以确保新设计与思政内容产生共鸣。建筑师可以与历史学家、文化专家合作，收集有价值的故事，并将其转化为设计元素。例如，传统建筑中使用的图案、符号和材料可以重新诠释并融入现代设计，在过去和现在之间架起一座桥梁，这种方法不仅尊重了历史，还确保了新建筑的现实意义。与此同时，建筑设计也可以将历史叙事融入建筑形式。建筑设计可以使用壁画、雕塑等描绘重要历史事件、人物和文化传统的艺术元素。例如，公共空间可以采用艺术品来讲述遗产故事，从而营造一种认同感。建筑师还可以设计有利于文化习俗的空间，在保护文化遗产方面发挥积极作用。此外，我们还可以积极开展历史建筑的活化再利用，修复旧建筑并重新赋予其新的用途，这不仅能保护过去的物质结构，还能保持文化记忆的连续性，有效地整合历史文化元素，丰富建筑环境，加强社区联系。

二、强化地域特色

要在建筑设计中有效增强地域特色，建筑师可以利用当地材料和建筑技术。使用当地材料不仅能支持当地经济建设，还能确保新建筑与自然环境相协调。将传统的建筑方法和材料融入现代设计，可以创造一种真实的感觉。通过融入当地的乡土建筑，新建筑可以反映出区域独特性，从而创造出一个具有凝聚力的建筑环境。建筑设计还需要融入当地的文化符号，积极使用当地的装饰元素，如外墙、壁画和室内设计，以反映该地区的艺术传统和文化特色。建筑师可以与当地艺术家合作，创造出定制的元素，讲述该地区的故事。此外，在设计建筑物空间之时，建筑师可以从传统模式中汲取灵感，确保新开发项目与现有的结构完美融合。公共空间的设计可以满足当地节日、集市和集会的需要，培养社区感。在设计过程中融入地域特色，建筑师可以创造出与当地居民产生深刻共鸣的空间，强化归属感，使新的建筑不仅能满足功能性目的，还能成为该地区独特的文化景观。

三、展示公共艺术

为了有效地将公共艺术融入建筑设计，建筑师可以将特定场地的艺术装置融入其中，这些装置可以量身定制，以反映该地区的文化、历史和社会背景，从而在艺术品和周围环境之间建立有意义的联系。公共艺术的形式多种多样，包括雕塑、壁画、马赛克以及能够吸引社区参与并引发思考的互动装置。建筑师可以与当地艺术家合作，确保艺术品与当地的价值观产生共鸣。例如，建筑师可以设计描绘重大历史事件的壁画，培养公众的自豪感和归属感，这些艺术装置不仅能提升公共空间的美感，还能作为教育工具，传递重要的意识形态信息和文化故事。为此，我们可以在城市环境中融入灵活、可调整的空间，以此举办临时艺术展览、表演和艺术项目。创建专门的艺术轮展区域，让人们不断接触到新的、多样化的艺术作品，保持公共空间的活力和生机。此外，将艺术融入室内空间、人行走廊和建筑外墙等日常基础设施的设计，使艺术成为城市体验的一个无缝组成部分。建筑师可以制订公共艺术计划，让社区成员参与创作过程，培养主人翁意识。通过将公共艺术融入建筑设计的结构中，公共艺术空间可以成为反映当地不断发展的文化意识形态景观的活画廊，不仅能丰富建筑环境，还能共享文化体验，增强社会凝聚力。

四、设计互动体验空间

为了有效地设计出融合并传递思政元素的互动体验空间，设计师可以创造身临其境的环境，通过多感官体验吸引参观者。为此，设计师可以在建筑设计中融入增强现实（AR）和虚拟现实（VR）等先进技术，这些技术可以让参观者与叠加在物理空间上的数字内容进行互动，提供引人入胜的教育体验。例如，AR应用程序可以让历史事件栩栩如生，让参观者在时空穿梭中感受不同变化。VR可用于创建完全沉浸式的过去环境或未来场景模拟，让参观者更深入地了解文化。利用这些技术，建筑师可以设计出不仅能为参观者提供信息，还能启发参观者思考的空间。与此同时，设计师还可以融入互动装置和展品，鼓励参观者积极参与，例如触摸感应显示器、互动面板和动感雕塑等，它们可以对参观者的动作或输入做出反应。例如，触摸感应墙可以显示与历史或文化主题相关的内容，参观者只需触摸墙面即可互动学习。

任务 9.1　二层雨篷的建模

9.1.1　二层雨篷顶部玻璃

本案例二层南侧雨篷的创建分顶部玻璃和工字钢梁两部分，顶部玻璃可以用“迹线屋顶”的“玻璃斜窗”快速创建。

接上节练习，在项目浏览器中双击“楼层平面”项下的“F2”，打开“F2”平面视图。

(1) 绘制雨篷玻璃：单击“建筑”—“屋顶”—“迹线屋顶”，选择“线”命令，选项栏中取消勾选“定义坡度”选项，如图9-1所示，绘制平屋顶轮廓线。

(2) 单击“属性”面板下拉列表框，选择“族”为“玻璃斜窗”，设置“底部标高”为“F2”，“自标高的底部偏移”为2600，单击“应用”完成设置。

(3) 单击“完成编辑模式”命令，就创建二层南侧雨篷玻璃，如图9-2所示。保存文件。

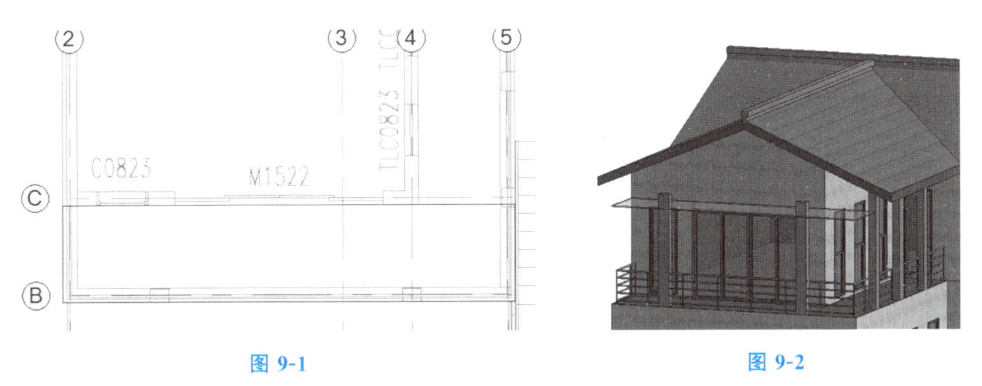

图 9-1　　图 9-2

9.1.2 二层雨篷工字钢梁

二层南侧雨篷玻璃下面的支撑工字钢梁，可以使用在位族方式手工创建。在位族是在当前项目内创建的族，该族仅存在于此项目中，而不能载入其他项目。通过创建在位族，可在项目中为项目或构件创建唯一的构件，该构件用于参照几何图形。

在项目浏览器中双击“楼层平面”项下的“F2”，打开“F2”平面视图。

单击“建筑”—“构件”—“内建模型”命令，在“族类别和族参数”对话框中选择适当的族类别（案例中为了能附着柱，新建族类别为“屋顶”或“楼板”），进入族编辑器模式。

使用“创建”—“形状”—“放样”—“绘制路径”命令，绘制图9-3所示的路径，单击“完成编辑模式”命令完成路径绘制。

单击“编辑轮廓”命令，在图9-4所示的“转到视图”对话框中选择“立面：南”，单击“打开视图”按钮切换至南立面。

选择“绘制”—“直线”命令，如图9-5所示，在上节绘制的玻璃屋顶下方绘制工字钢轮廓。绘制完成后单击“完成编辑模式”。

设置“图元属性”中的“材质”为“金属-钢”，单击“应用”。单击“完成放样”命令，放样创建的工字钢梁如图9-6所示。

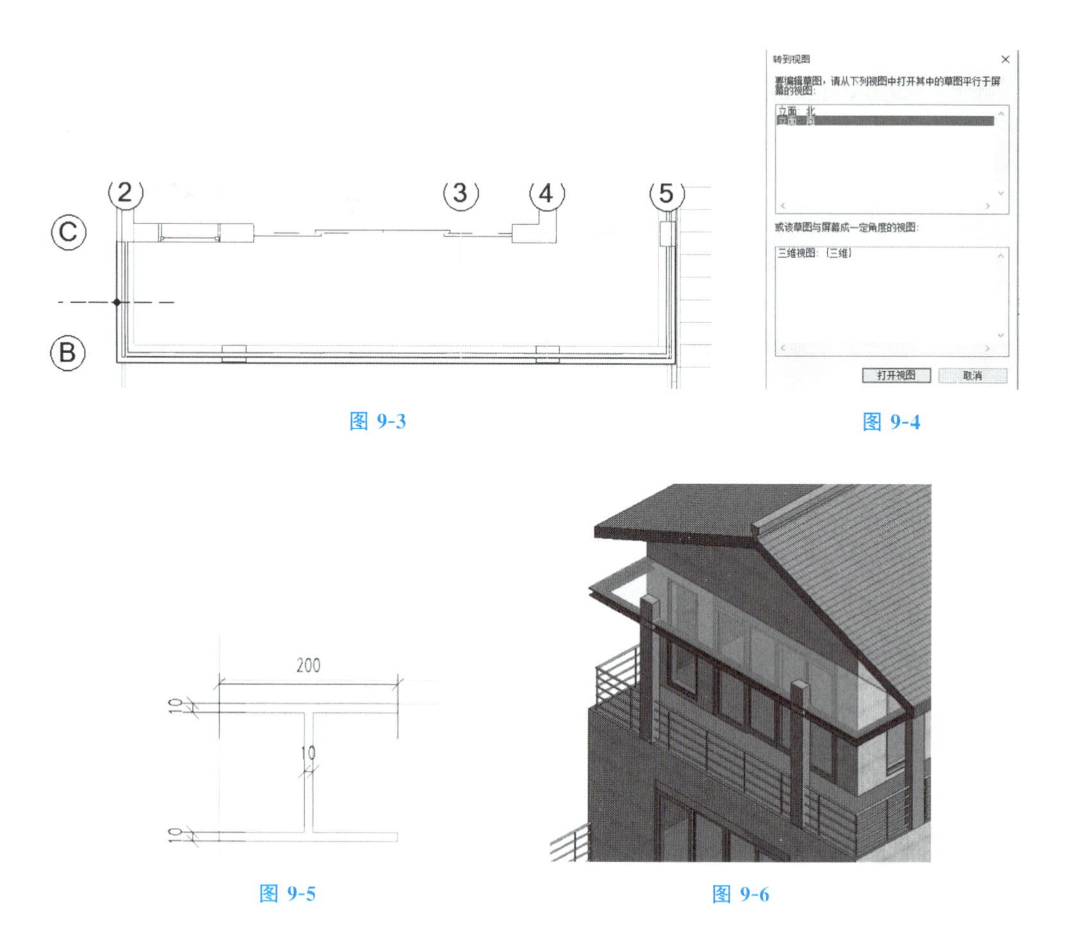

图 9-3　　图 9-4

图 9-5　　图 9-6

使用“创建”—“形状”—“拉伸”命令创建中间的工字钢。单击“工作平面”面板下“设置”命令，在弹出的“工作平面”对话框中选择“拾取一个平面”项，在2F平面视图中单击拾取B轴，如图9-7所示，在弹出的“转到视图”对话框中选择“立面：南”，当前视图切换至南立面视图。

注意 Revit中的每个视图都有相关的工作平面。在某些视图（如楼层平面、三维视图、图纸视图）中，工作平面是自动定义的。而在其他视图（如立面和剖面视图）中，必须自定义工作平面。工作平面必须用于某些绘制操作（如创建拉伸屋顶）和在视图中启用某些命令，如在三维视图中启用旋转和镜像命令。在南立面视图中使用“线”命令，在二层柱处绘制图9-8所示的工字钢轮廓。

选择拉伸的工字钢，使用工具栏中的“复制”命令往右复制三根，间隔为1000mm。

框选这四根工字钢，单击“图元”面板“图元属性”按钮，打开“实例属性”对话框，设置“拉伸起点”为“0”，“拉伸终点”为“1390”，“材质”为“金属-钢”，单击“应用”。

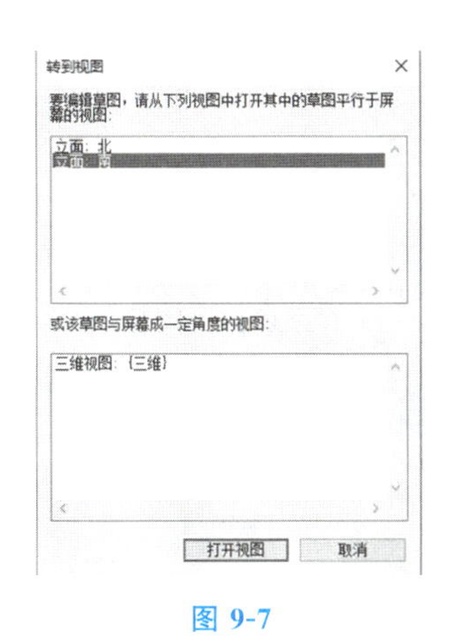

图 9-7

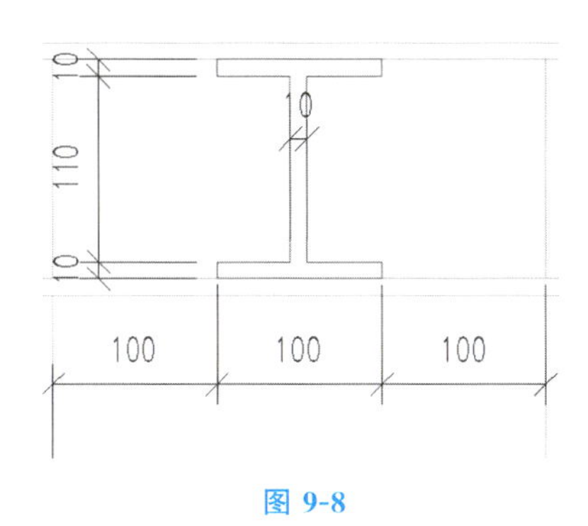

图 9-8

单击“完成族”命令，完成二层南侧雨篷玻璃下面的支撑工字钢梁。

选择雨篷下方的柱，使用“附着”命令将其附着于工字钢下面，结果如图 9-9 所示，保存文件。

图 9-9

任务 9.2 地下一层雨篷的建模

地下一层雨篷的顶部玻璃同样用屋顶的“玻璃斜窗”创建，底部支撑比较简单，用墙体实现。在项目浏览器中双击“楼层平面”项下的“B1”，打开“B1”平面视图。

绘制挡土墙：单击“建筑”—“墙”命令，在类型选择器中选择墙类型“挡土墙-200mm 混凝土”。设置“实例属性”对话框中的参数“底部约束”为“B1”，“顶部约束”为“F1”，单击“应用”。在别墅右侧按图 9-10 所示位置绘制 4 面挡土墙。

绘制雨篷玻璃：单击“建筑”—“屋顶”—“迹线屋顶”命令，进入绘制草图模式。取消“定义坡度”，如图 9-11 所示绘制屋顶轮廓线。单击“屋顶”，将“族”设置为“玻璃斜窗”，“底部标高”为“F1”，“自标高的底部偏移”为 550，单击“应用”。单击“完成编辑模式”命令就创建了雨篷顶部玻璃，如图 9-12 所示。

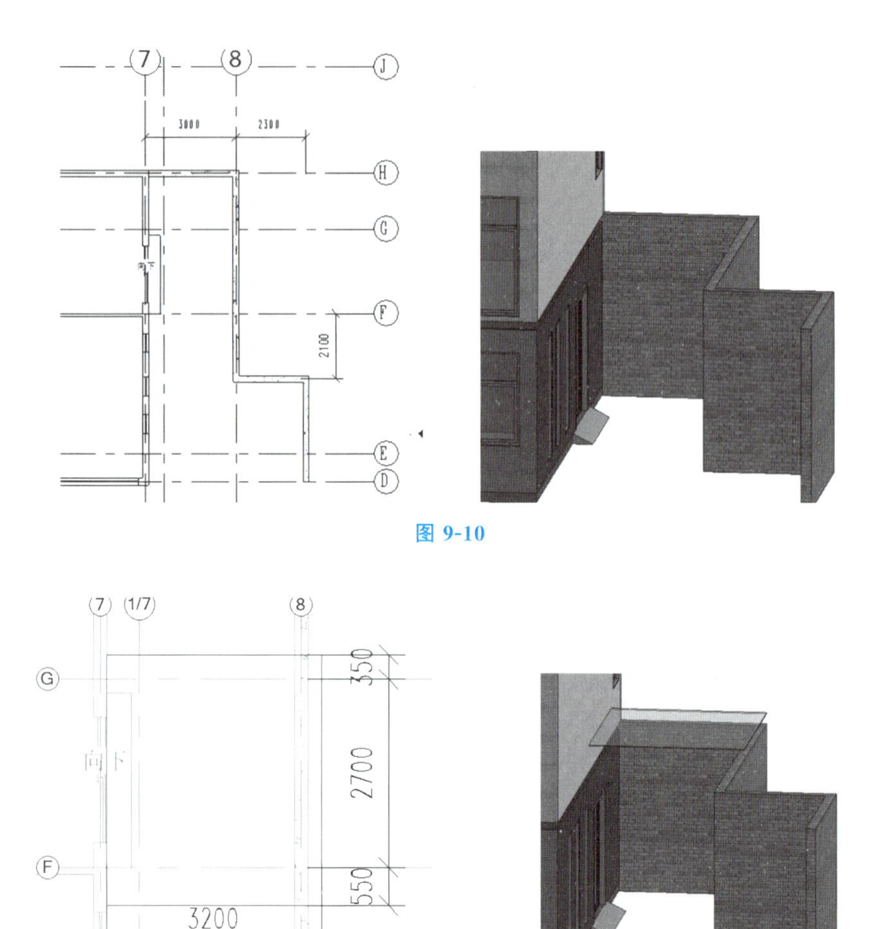

图 9-10

图 9-11

图 9-12

在项目浏览器中双击“楼层平面”项下的“F1”，打开“F1”平面视图。

下面用墙来创建玻璃底部支撑。单击“建筑”—“墙”命令，在类型选择器中选择墙类型：“外墙-普通砖-100mm”。

单击“图元属性”中的“编辑类型”按钮，打开“类型属性”对话框，如图 9-13 所示，单击“复制”，在“名称”对话框中输入“支撑构件”，单击“确定”返回“类型属性”对话框并创建新的墙类型。在“类型属性”对话框中单击参数“结构”后面的“编辑”按钮，打开“编辑部件”对话框，如图 9-14 所示。

设置材质：在“编辑部件”对话框中单击“外部边”列表第 2 行“结构 [1] ”的“材质”列单元格，然后单击单元格后面出现的矩形“浏览”按钮，打开“材质”对话框，选择材质“金属-钢”，如图 9-14 所示。

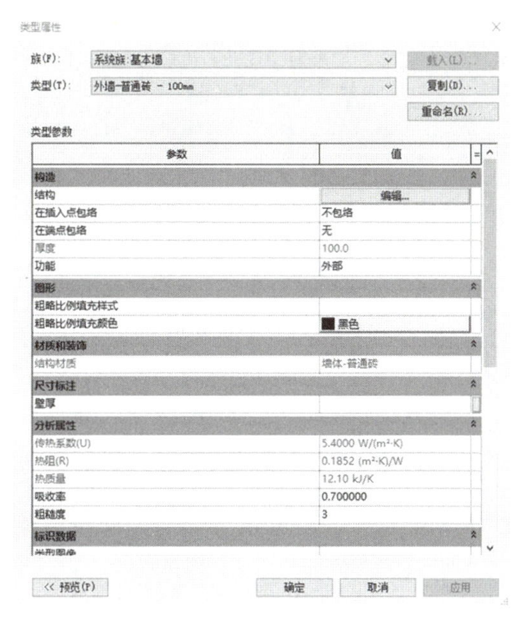

图 9-13

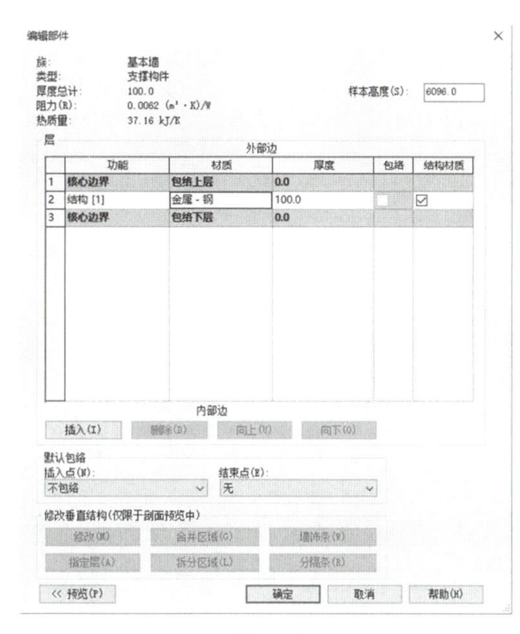

图 9-14

单击“确定”返回到“图元属性”对话框，设置参数“底部约束”为“F1”，“顶部约束”为“未连接”，“无连接高度”为 550，单击“应用”。选择“直线”命令，“定位线”选择“墙中心线”，在图 9-15 所示位置绘制一面墙，长度为 3000mm。完成后的墙体如图 9-16 所示。

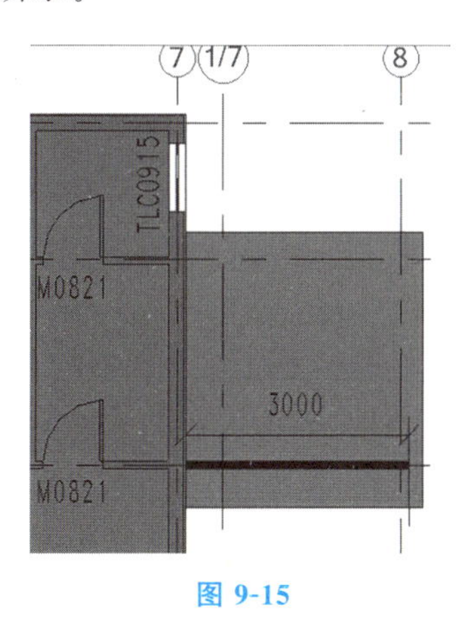

图 9-15

图 9-16

编辑墙轮廓：切换至南立面，选择刚创建的名称为“支撑构件”的墙，单击“编辑轮廓”命令，如图 9-17 所示，修改墙体轮廓，单击“完成编辑模式”后即创建了 L 形墙体。

打开 F1 楼层平面视图，选择刚编辑完成的“支撑构件”墙体，单击工具栏中的“阵列”命令，在选项栏中按图 9-18 所示设置。

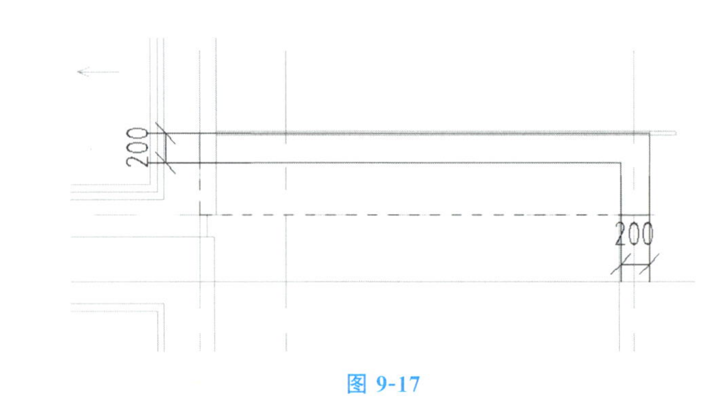

图 9-17

修改 | 墙 ☑成组并关联 项目数: 4 移动到: ○第二个 ◉最后一个 激活尺寸标注

图 9-18

移动光标单击捕捉下面墙体所在轴线上一点作为阵列起点，再垂直移动光标单击捕捉上面轴线上一点为阵列终点，阵列结果如图 9-19 所示。

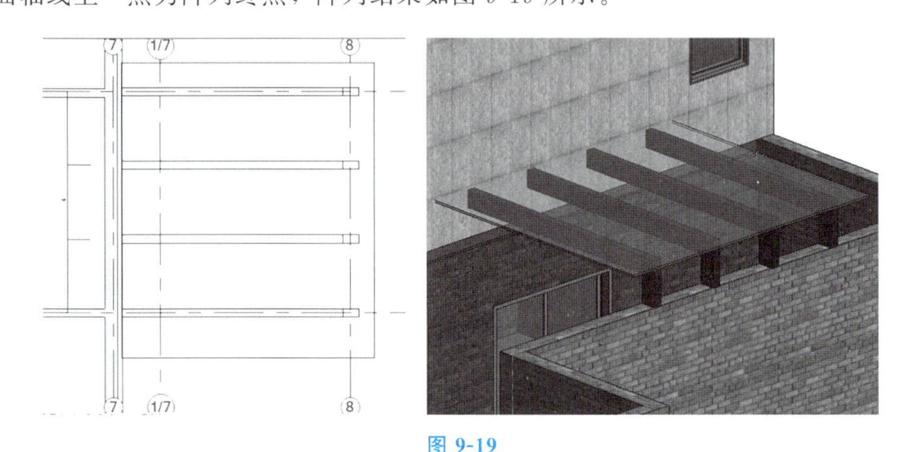

图 9-19

注意 线性阵列中参数“移动到”有两个选项，即“移动到：第二个”和“移动到：最后一个”。它们的区别：使用“移动到：第二个”选项，即指定第一个图元和第二个图元之间的距离，所有后续图元将使用相同的间距；使用“移动到：最后一个”选项，即指定第一个图元和最后一个图元之间的距离，所有剩余的图元将在它们之间以相等间隔分布。

至此，完成了地下一层雨篷的设计。保存文件。

拓展练习与提高

根据图 9-20 给定尺寸建立雨篷模型，图中所有曲线均为圆弧，请将模型文件以“雨篷”为文件名保存到学生文件夹中。

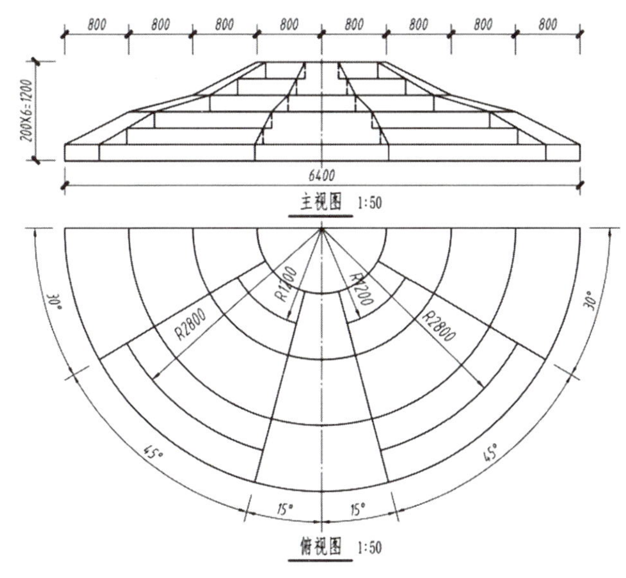
800
800
800
800
800
800
800
800
200X6=1200
6400
主视图 1:50
R1200
R1200
R2800
R2800
30°
30°
45°
45°
15°
15°
俯视图 1:50

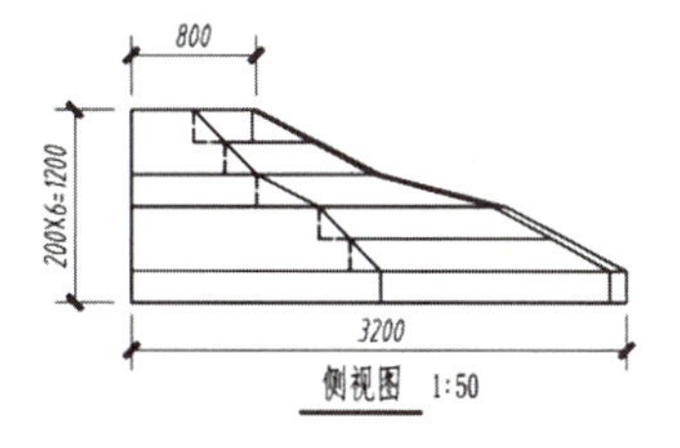
800
200X6=1200
3200
侧视图 1:50

图 9-20

项目 10 场地

知识目标

①学会创建和编辑地形表面；
②学会创建和编辑建筑地坪；
③学会创建和编辑地形子面域；
④学会创建和编辑场地构件。

素养目标

①培养学习者的生产质量观及按国家规范完成生产任务的意识；
②逐步培养沟通交流、分工协作的团队意识；
③逐渐养成发现问题、分析问题、解决问题的良好工作习惯，形成认真细致、精益求精的工作作风。

了解工程事故

一、什么是工程事故

工程事故就是施工不当或者材料问题等，导致的工程质量不合规定标准，工程事故会影响到工程的使用寿命，可能会导致人员伤亡或者使人民财产受到威胁。我国工程事故分为以下两类。

（一）工程质量事故

（1）特别重大事故，是指造成30人以上死亡，或者100人以上重伤，或者1亿元以上直接经济损失的事故。

（2）重大事故，是指造成10人以上30人以下死亡，或者50人以上100人以下重伤，或者5000万元以上1亿元以下直接经济损失的事故。

（3）较大事故，是指造成3人以上10人以下死亡，或者10人以上50人以下重伤，或者1000万元以上5000万元以下直接经济损失的事故。

（4）一般事故，是指造成3人以下死亡，或者10人以下重伤，或者1000万元以下直接经济损失的事故。

（二）安全事故分类

（1）特别重大事故，是指造成30人以上死亡，或者100人以上重伤（包括急性工业中毒，下同），或者1亿元以上直接经济损失的事故。

（2）重大事故，是指造成10人以上30人以下死亡，或者50人以上100人以下重伤，或者5000万元以上1亿元以下直接经济损失的事故。

（3）较大事故，是指造成3人以上10人以下死亡，或者10人以上50人以下重伤，或者1000万元以上5000万元以下直接经济损失的事故。

（4）一般事故，是指造成3人以下死亡，或者10人以下重伤，或者1000万元以下直接经济损失的事故。

二、常见工程事故及避免措施

（一）高处坠落

高处坠落又叫高空坠落，是指在高处作业中发生坠落造成的伤亡事故。高处作业是指凡在坠落高度基准面2m以上（含2m）有可能坠落的高处进行的作业。

高处作业事故的预防措施：

(1) 避免高处坠落事故，必须配齐安全帽、安全带和安全网。

(2) 高处作业人员的衣着要符合规定，不可赤膊裸身。作业人员脚下要穿软底防滑鞋，绝不能穿拖鞋、硬底鞋和带钉易滑的靴鞋。操作时要严格遵守各项安全操作规程和劳动纪律。

(3) 攀登和悬空作业（如架子工、结构安装工等）人员危险性都比较大，因而对此类人员应该进行培训和考试，取得合格证后再持证上岗。

(4) 高处作业中所用的物料应该堆放平稳，不可放置在临边或洞口附近，也不可妨碍通行和装卸。

(二) 物体打击

物体打击是指失控的物体在惯性力或重力等其他外力的作用下产生运动，打击人体而造成人身伤亡事故。

物体打击事故的预防措施：

(1) 施工现场设立警戒线、警示标语。

(2) 做好安全教育和安全技术交底。

(3) 脚手架安全平网（水平支护网）内的杂物清理，按要求设立安全防护和挡脚板。

(4) 严格执行工地安全文明管理规定，做到工完场地清。

(5) 尽量避免立体交叉作业。

(三) 触电

触电是指当人与电有直接接触时，感受到疼痛或甚至受到伤害的意外事故。

触电事故的预防措施：

(1) 施工现场实行“三相五线制”，并按规定正确使用。

(2) 电、气焊、电工作业必须经过培训考核持证上岗。

(3) 不可带电搬动有电源线的机械设备。

(4) 机械设备均须接地接零，并安装漏电保护措施。

(5) 用电作业做好安全绝缘措施。

(6) 电箱等用电危险处挂立安全警示标志。

(7) 后勤、生活区、施工现场不得私拉乱接电线。

(四) 机械伤害

机械性伤害主要指机械设备运动（静止）部件、工具、加工件直接与人体接触引起的夹击、碰撞、剪切、卷入、绞、碾、割、刺等形式的伤害。

机械伤害事故的预防措施：

(1) 机械设备要安装固定牢靠。

(2) 增设机械安全防护装置和断电保护装置。

(3) 对机械设备要定期保养、维修，保持良好运行状态。

(4) 经常进行安全检查和调试，消除机械设备的不安因素。

(5) 操作人员要按规定操作，严禁违章作业。

(五) 坍塌

坍塌是指物体在外力或重力作用下，超过自身的强度极限或因结构稳定性破坏而造成的伤害、伤亡事故。

坍塌事故的预防措施：

(1) 加强对脚手架的日常检查维护，重点检查架体基础变化、各种支撑及结构连接的受力情况。

(2) 当脚手架的前部基础沉陷或施工需要掏空时，应根据具体情况采取加固措施。

(3) 当隐患危及架体稳定时，应立即停止使用，并制定针对性措施，限期加固处理。

(4) 在支搭与拆除作业过程中要严格按规定和工作程序进行。

任务10.1　地形表面的建模

地形表面是建筑场地地形或地块地形的图形表示。默认情况下，楼层平面视图不显示地形表面，可以在三维视图或在专用的“场地”视图中创建。

接上节练习，继续完成本任务的练习。

在项目浏览器中展开“楼层平面”项，双击视图名称“场地”，进入场地平面视图。

为了便于捕捉，我们在场地平面视图中根据绘制地形的需要，绘制六个参照平面。单击“建筑”—“参照平面”命令，移动光标到图中1轴线左侧单击垂直方向上、下两点，绘制一个垂直参照平面。

选择刚绘制的参照平面，出现蓝色临时尺寸，单击蓝色尺寸的文字，输入10000，按“Enter”键确认，使参照平面到1号轴线的距离为10m（如临时尺寸右侧尺寸界线不在1轴线上，可以拖拽尺寸界线上蓝色控制柄到轴线上松开鼠标，调整尺寸参考位置）。

使用同样的方法，在8轴线外侧10m，A轴、J轴外侧16m，H轴上方240mm，D轴下方1100mm位置绘制其余5个参照平面，如图10-1所示。

下面将捕捉6个参照平面的8个交点A～H，通过创建地形高程点来设计地形表面。

单击“体量和场地”—“场地建模”—“地形表面”命令，光标回到绘图区域，Revit将进入草图模式。

单击“放置点”命令，在选项栏中会显示“高程”选项 修改 | 编辑表面　高程 0.0　绝对高程 ，将光标移至高程数值“0.0”上单击，即可设置新值，输入“－450”按“Enter”键完成高程值的设置。移动光标至绘

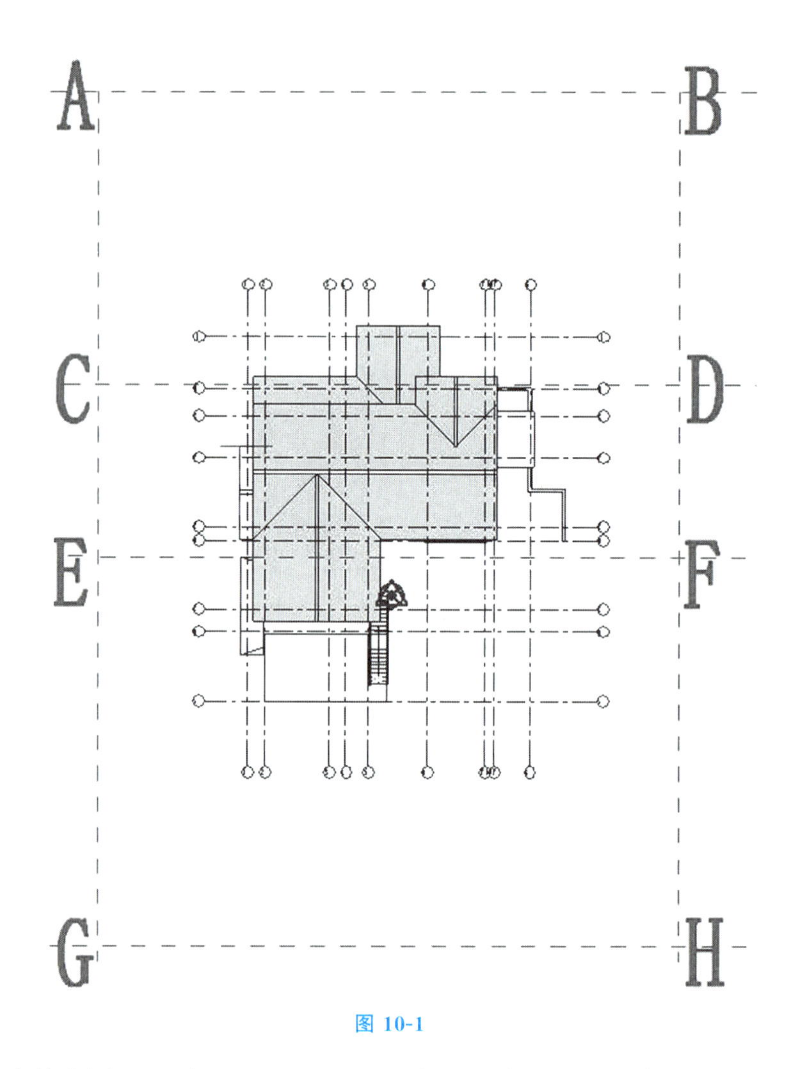

图 10-1

图区域，依次单击图 10-1 中 A、B、C、D 四点，即放置了 4 个高程为“－450”的点，并形成了以该四点为端点的高程为“－450”的一个地形平面。

再次将光标移至选项栏，双击“高程”值“－450”，设置新值为“－3500”，按“Enter”键。光标回到绘图区域，依次单击 E、F、G、H 四点，放置四个高程为“－3500”的点。单击“完成表面”按钮。

单击地形图元，设置“实例属性”，单击“材质”—“〈按类别〉”后的矩形“浏览”图标，如图 10-2 所示。此时打开了图 10-3 所示材质浏览器对话框，在搜索栏中输入“草”，单击“确定”关闭所有对话框。此时给地形表面添加了草地材质。

图 10-2

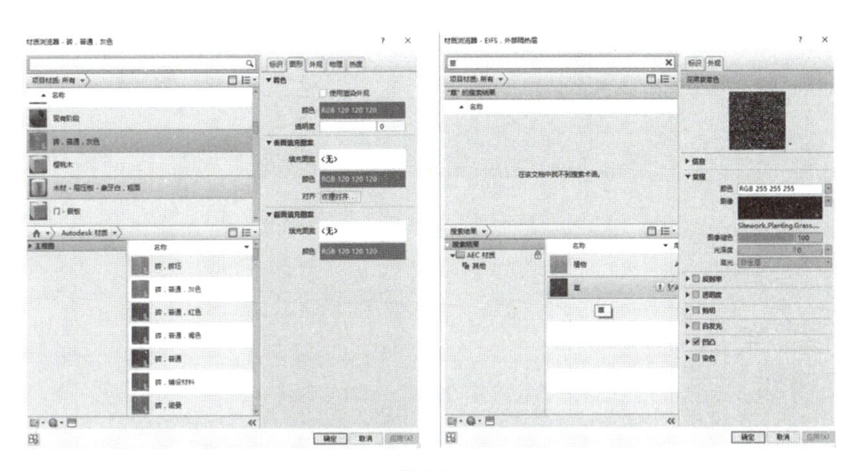

图 10-3

单击“完成表面”命令即创建了地形表面。保存文件，结果如图 10-4 所示。

图 10-4

任务 10.2　建筑地坪的建模

通过上一节的学习，我们已经创建了一个带有简单坡度的地形表面，而建筑的首层地面是水平的，本任务将学习建筑地坪的创建。“建筑地坪”工具适用于快速创建水平地面、停车场、水平道路等。建筑地坪可以在“场地”平面中绘制，为了参照地下一层外墙，也可以在 B1 平面绘制。

接上节练习，在项目浏览器中展开“楼层平面”项，双击视图名称“B1”，进入“B1”平面视图。

单击“场地建模”—“建筑地坪”命令，进入建筑地坪的草图绘制模式。

单击“绘制”—“直线”命令，移动光标到绘图区域，开始顺时针绘制建筑地坪轮廓，如图 10-5 所示，必须保证轮廓线闭合。

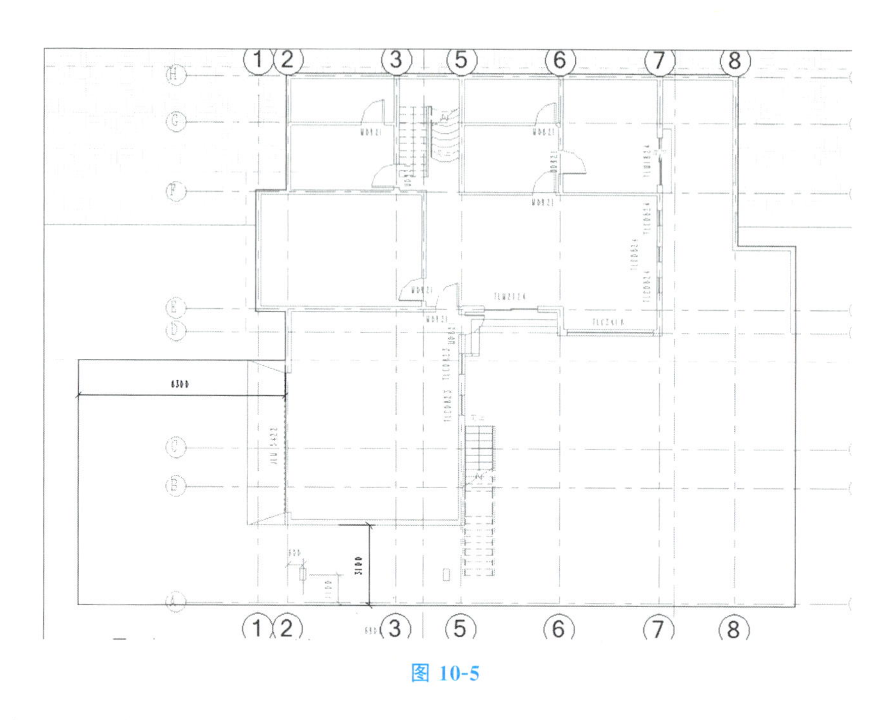

图 10-5

单击图元“建筑地坪 1”，设置参数“标高”为“B1-1”，如图 10-6 所示。

单击“编辑类型”，打开“类型属性”对话框，单击“结构”后的“编辑”按钮，打开“编辑部件”对话框，如图 10-7 所示。单击“〈按类别〉”，单击后面的矩形“浏览”图标，打开“材质”对话框，在搜索栏输入“场地-碎石”后单击“确定”关闭所有对话框。

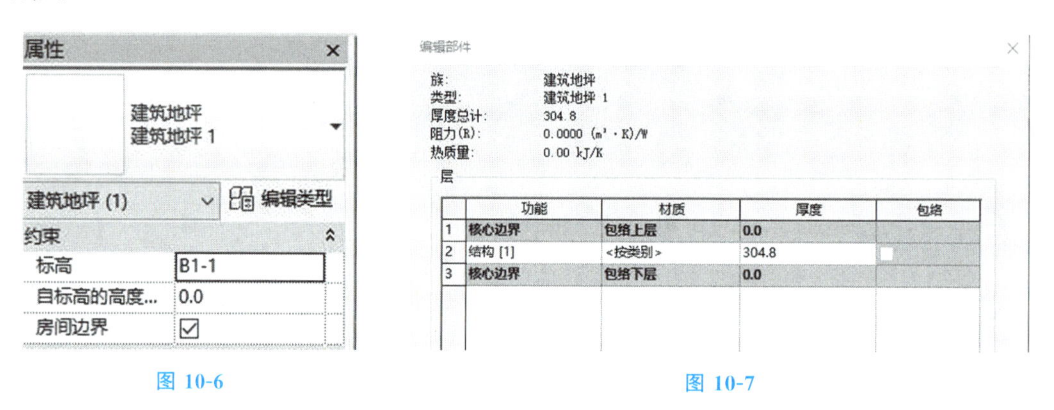

图 10-6　　　　图 10-7

单击“完成建筑地坪”命令即创建了建筑地坪。保存文件。

任务 10.3　地形子面域的建模

上一任务我们绘制了建筑地坪，本任务将使用“子面域”工具在地形表面上绘制道路。

“子面域”工具是在现有地形表面中绘制的区域。例如，可以使用子面域在地形表面绘制道路或绘制停车场区域。

“子面域”工具和“建筑地坪”不同，“建筑地坪”工具会创建出单独的水平表面并剪切地形，而创建子面域不会生成单独的地平面，而是在地形表面上圈定了某块可以定义不同属性（例如材质）的表面区域。

接上节练习，在项目浏览器中展开“楼层平面”项，双击视图名称“场地”，进入场地平面视图。

单击“体量和场地”选项卡“修改场地”面板“子面域”命令，进入草图绘制模式。

单击“绘制”面板“直线”工具，顺时针绘制图 10-8 所示子面域轮廓。

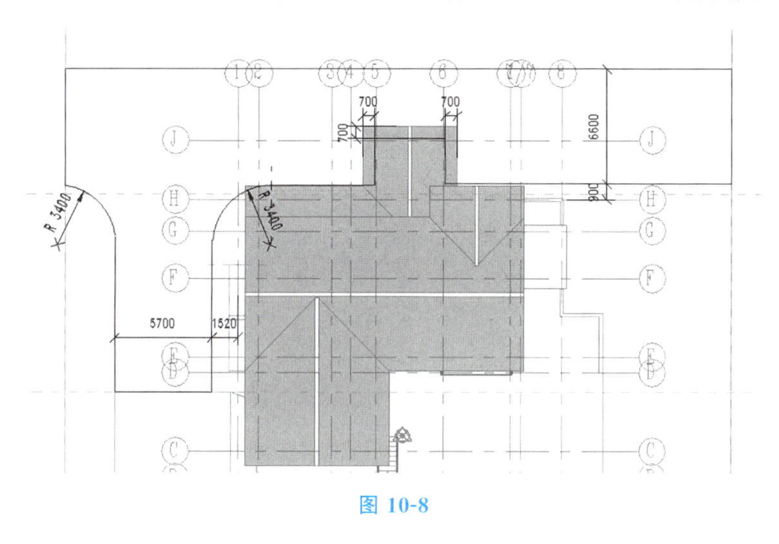

图 10-8

绘制到弧线时，在“绘制”面板中单击“起点-终点-半径弧”工具，并勾选选项栏中的“半径”，将半径值设置为 3400。绘制完弧线后，单击选项栏中的直线工具，切换回直线继续绘制。

单击“图元”，设置“实例属性”的“材质”，单击“〈按类别〉”后的矩形“浏览”图标，打开“材质”对话框，在左侧材质中选择“沥青”并单击“确定”。

单击“完成编辑模式”命令，至此完成了子面域道路的绘制，保存文件。

任务 10.4　场地构件的建模

有了地形表面和道路，再配上花草、树木、车等场地构件，可以使整个场景更加丰富。场地构件的绘制同样在默认的“场地”视图中完成。

接上节练习，在项目浏览器中展开“楼层平面”项，双击视图名称“场地”，进入场地平面视图。

单击“体量和场地”选项卡“场地建模”面板“场地构件”命令，在类型选择器中选择需要的构件。单击“模式”面板的“载入族”按钮，打开“载入族”对话框。

双击打开“建筑”“植物”文件夹，在“植物”文件夹“3D”中双击“乔木”文件夹，单击选择“白杨 3D. rfa”，单击“确定”将其载入项目。

在“场地”平面图中根据自己的需要在道路及别墅周围添加场地构件树。

使用同样的方法从“载入族”对话框中打开“建筑”“配景”文件夹，载入“RPC 甲虫 . rfa”并放置在场地中，如图 10-9 所示。

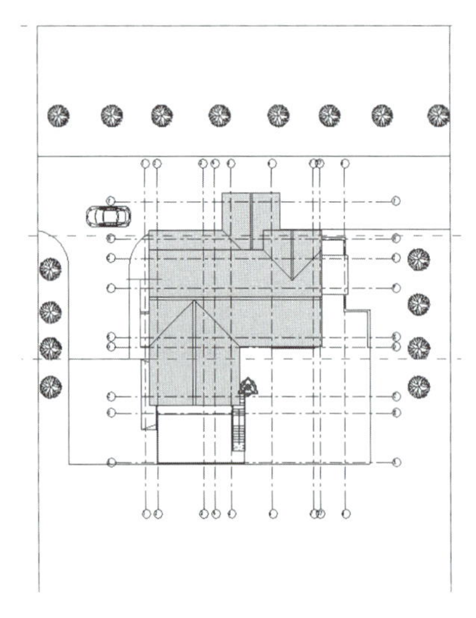

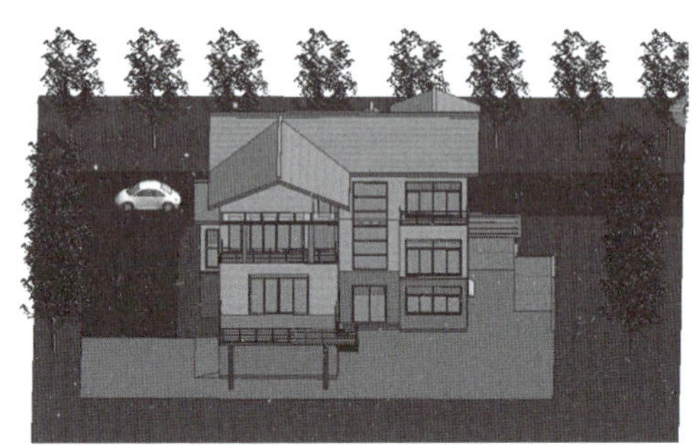

图 10-9

至此我们就完成了场地构件的添加，保存文件。(见图 10-10)

图 10-10

拓展练习与提高

根据给定尺寸建立墙与水泥砂浆散水模型，地形尺寸自定义，未标明尺寸不作要求，请将模型文件以“散水”为文件名保存到学生文件夹中。(见图 10-11)

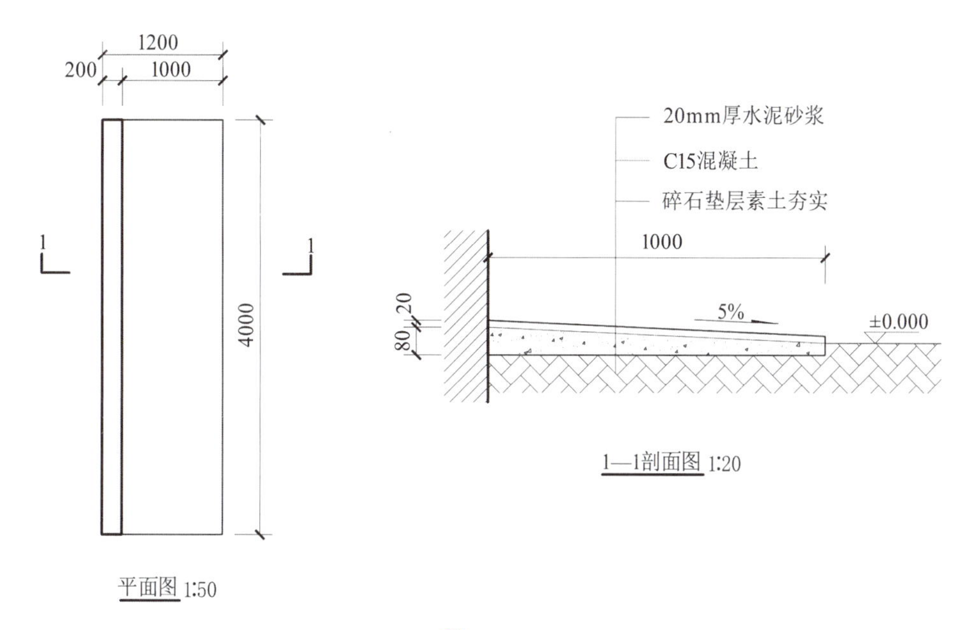

图 10-11

项目 11
成果输出

知识目标

①学会设置项目信息；
②学会布置视图；
③会导出图纸；
④会创建明细表。

素养目标

①培养学习者的生产质量观及按国家规范完成生产任务的意识；
②逐步培养沟通交流、分工协作的团队意识；
③逐渐养成发现问题、分析问题、解决问题的良好工作习惯，形成认真细致、精益求精的工作作风。

地震震级、抗震设防烈度、建筑抗震等级

一、地震震级

地震震级是某次地震的属性，某个地震只会有一个震级。比如1995年阪神大地震是矩震级6.8，2008年汶川大地震是矩震级7.9。注意到，可能对于某次地震，不同媒体的报道有所不同，那是因为它们采用了不同的震级标准。由于历史原因，不同的专家学者发明过不同的震级标准，比如里氏震级、面波震级、体波震级等。比如说，有些国内官方媒体采用的就是面波震级，所以2008年汶川大地震的震级为面波震级8.0。目前大家认为比较合理的、应用较广泛的是矩震级。震级是什么意思呢？震级衡量的是地震的大小，或者严谨一点，地震所释放的能量的大小。某次地震所释放的总能量是固定的，所以它的震级也是唯一的。绝大多数地震是由断层引起的，地震所释放的能量的大小，取决于引发地震的断层的大小、断层两边相对运动的距离、断层处的岩石强度。断层的面积乘以断层移动的距离再乘以岩石的剪切模量，得到的就是地震矩。地震矩的数值，直接反映了地震释放能量的大小。而矩震级就是对地震矩的衡量。

二、地震烈度

地震烈度衡量的是某次地震发生之后对某个地区的影响。比如说，1976年唐山大地震，震中唐山的烈度为11度，天津的烈度为8度，北京为6度，石家庄为5度。通常情况下，越靠近震中烈度最大，越远离震中烈度越小。这也很好理解，越靠近震中受影响越大，越远离震中受影响越小。由于地形地质的不同，烈度的分布并不是一个完美的同心圆，只是大致上遵循着越靠近震中越大的规律。烈度的大小与地震震级相关，但并没有明确的数值关系。简单来说，烈度是一个主观性比较强的参数，跟震源深浅、地震类型、地质条件等都有关系，不同的地震会有不同的情况。

三、抗震设防烈度

抗震设防烈度是某个地区的属性。比如说北京的抗震设防烈度是8度，上海的抗震设防烈度是7度。这是怎么确定的呢？一定程度上，设防烈度的制定跟设防目标相关。以北京为例，先统计一下历史上一定时期影响到北京的历次地震，看一下这些地震引起的北京地区的烈度分别是多少。然后再利用统计学知识，根据既定的可靠度目标，确定出一个设防烈度。现在的抗震规范，采用的是50年内超越概率为10%的地震烈度作为抗震设防烈度。也就是说，50年之内，发生比这个设防烈度还大的地震烈度的可能性是10%。折算下来，也就是俗称的“475年一遇”。也就是说，我们的目标是475年一遇的地震。100年一遇的地震，都在我们的设防范围之内，也就是俗称的“小震不坏”；500年一遇的地震，刚好跟我们的设防目标差不多，次要结构可能会有小范围破坏，但是主体结构不会发生大的破坏，也就是俗称的“中震可修”；1000年一遇的地震，已经超过了我们的设防目标，但是尽量通过合理的构造措施，保证结构足够的延性和塑性变形能力，争取做到房子虽然变形很大，但不会整体垮塌，保证逃生通道和逃生时间，这也就是俗称的“大震不倒”。

四、抗震等级

抗震等级是建筑结构的属性。比如说，这栋楼的抗震等级是一级，那栋楼的抗震等级是二级。抗震等级也可以在局部调整，比如这栋楼的抗震等级是三级，但是某一层或者某一个柱子的抗震等级是二级。抗震等级当然跟抗震能力相关，但并不是说一级的就一定比二级的好。抗震等级取决于抗震设防烈度、结构重要性、结构类型、结构高度。

地震震级是地震的属性，一次地震只有一个震级。地震烈度是地震对某个地区的影响，震中高，越往外越低。震中烈度和震级有关。设防烈度可以简单理解成某个地区475年内所能发生的最强烈的地震烈度。如果实际发生的地震引起的烈度不大于设防烈度，建筑结构应该做到不发生永久性的、不可修复的破坏。抗震等级是建筑物的属性，越重要、越容易受地震袭击、越需要保护的建筑物，抗震等级越高，对抗震能力的要求也越高。

任务11.1　设置项目信息

单击“管理”选项卡“设置”面板中的“项目信息”按钮，弹出“项目信息”对话框，如图11-1所示，设置项目发布日期、项目编号，单击“确定”保存文件。

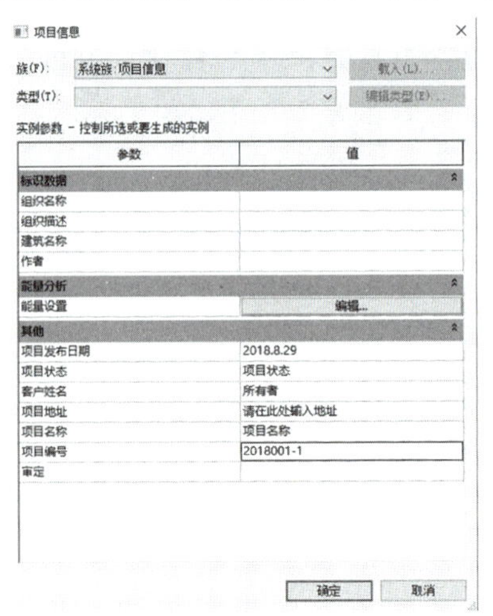

图 11-1

任务 11.2　布置视图

在项目浏览器中展开“图纸”选项，右击新建图纸，选择 A3 公制，单击“新建”。在图纸（全部）下方会出现 J0-1-未命名图框。双击楼层平面 F1，修改视图属性范围“裁剪视图可见”“裁剪区域可见”，调整视图显示区域。切换至图纸 J0-1-未命名图框，按住鼠标左键选中楼层平面 F1，将其拖拽至图框。最终效果如图 11-2 所示。

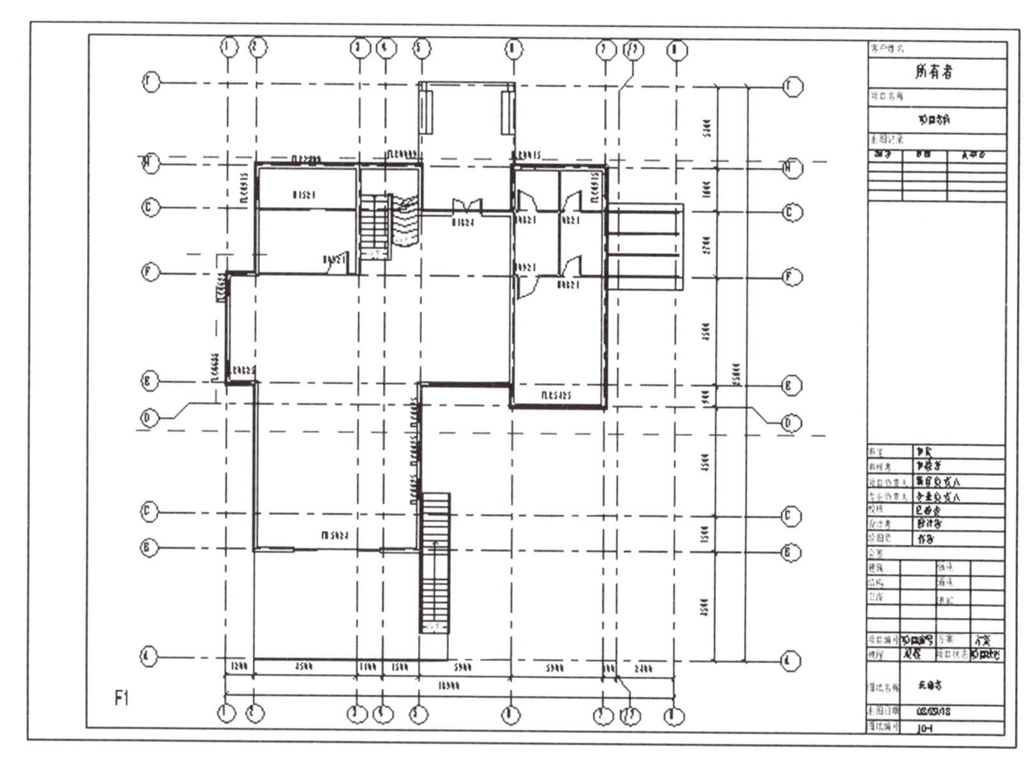

图 11-2

可用此方法建立其余平面、立面、剖面图纸。

任务 11.3　导出图纸

双击“图纸：J0-1-未命名”，单击“文件”—“导出”—“CAD”—“DWG”，弹出图 11-3 所示的“DWG 导出”对话框。

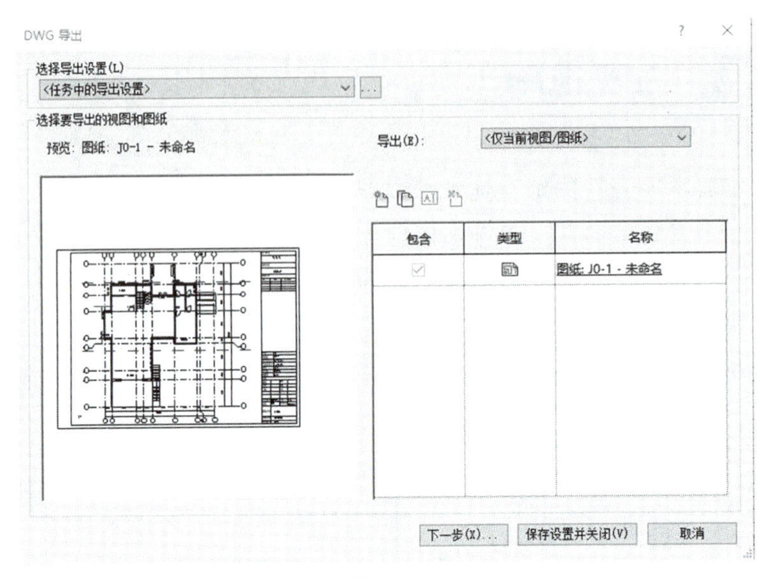

图 11-3

在“DWG 导出”对话框中单击“下一步”，弹出“导出 CAD 格式-保存到目标文件夹”对话框，在“保存于”下拉列表中设置保存路径，在“文件类型”下拉列表中设置相应 CAD 格式文件的版本。单击“确定”完成 DWG 文件的导出。

任务 11.4　创建明细表

单击“视图”选项卡“创建”面板中的“明线表”下拉按钮，在弹出的下拉列表中选择明细表/数量，弹出对话框，如图 11-4 所示。

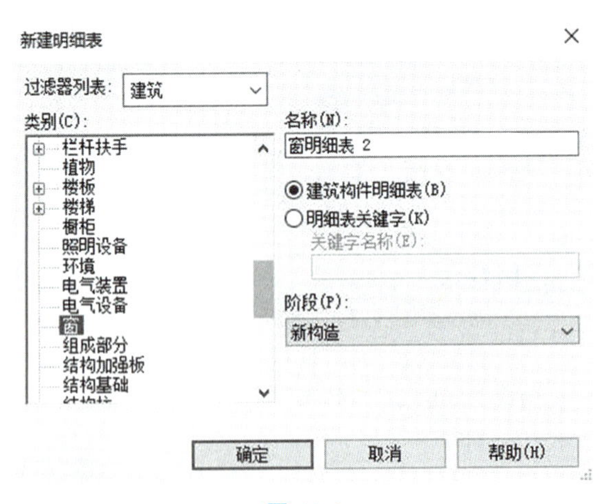

图 11-4

在“明细表属性”对话框的“字段”选项卡中设置显示字段，在“排序/成组”选项卡中设置排序方式，如图11-5所示。

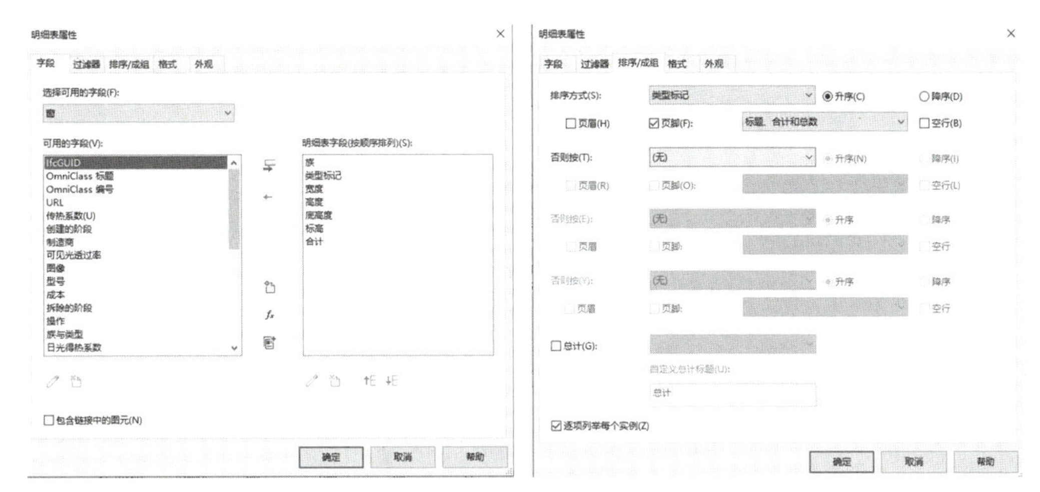

图 11-5

最终效果如图11-6所示。

A	B	C	D	E	F	G
族	类型标记	宽度	高度	底高度	标高	合计
固定	C0823	800	2300	100	F2	1
固定	C0823	800	2300	100	F2	1
C0823: 2						
上下拉窗1	TLC0609	600	900	1400	F1	1
上下拉窗1	TLC0609	600	900	1400	F2	1
TLC0609: 2						
上下拉窗1	TLC0615	600	1500	900	F1	1
上下拉窗1	TLC0615	600	1500	900	F2	1
TLC0615: 2						
上下拉窗1	TLC0624	600	2400	250	B1	1
上下拉窗1	TLC0624	600	2400	250	B1	1
上下拉窗1	TLC0624	600	2400	250	B1	1
TLC0624: 3						
上下拉窗1	TLC0625	600	2500	300	F1	1
上下拉窗1	TLC0625	600	2500	300	F1	1
TLC0625: 2						
上下拉窗1	TLC0823	800	2300	400	B1	1
上下拉窗1	TLC0823	800	2300	400	B1	1
上下拉窗1	TLC0823	800	2300	100	F1	1
上下拉窗1	TLC0823	800	2300	100	F1	1
上下拉窗1	TLC0823	800	2300	100	F1	1
上下拉窗1	TLC0823	800	2300	100	F2	1
上下拉窗1	TLC0823	800	2300	100	F2	1
上下拉窗1	TLC0823	800	2300	100	F2	1
TLC0823: 8						
上下拉窗1	TLC0825	800	2500	150	F1	1
TLC0825: 1						
上下拉窗1	TLC0915	900	1500	900	F1	1
上下拉窗1	TLC0915	900	1500	900	F1	1
上下拉窗1	TLC0915	900	1500	900	F2	1
上下拉窗1	TLC0915	900	1500	900	F2	1
TLC0915: 4						
推拉窗6	TLC2406	2400	600	1200	F1	1
推拉窗6	TLC2406	2400	600	1200	F2	1

<窗明细表>

图 11-6

项目 12
建模案例

知识目标

①学会建筑地坪材质选择；
②学会材质建模关键点；
③学会柱和梁建模；
④会设置简单的楼梯结构。

素养目标

①培养学习者完成建筑实体的耐心与受挫力。
②培养学习者对建筑结构整体优化的能力。

任务12.1　修改建筑地坪材质

基本方法和修改地形表面的材质一样，只是建筑地坪需要修改的是“类型属性”而不是“实例属性”。

单击“建筑地坪”—“图元”面板—“图元属性”—“类型属性”（见图12-1和图12-2），弹出“类型属性”对话框，在该对话框的“结构”一栏中单击“编辑”（见图12-3），弹出“编辑部件”对话框（见图12-4），在“材质”一列中单击“…”按钮，弹出“材质”对话框，在该对话框的“材质类”下拉列表中选择“混凝土”（见图12-5），再在列表框中选择“混凝土—沙/水泥找平”（见图12-6），单击“确定”，回到“编辑部件”对话框中，在“结构［1］”的“厚度”一列中输入“150”（见图12-7），单击“确定”。

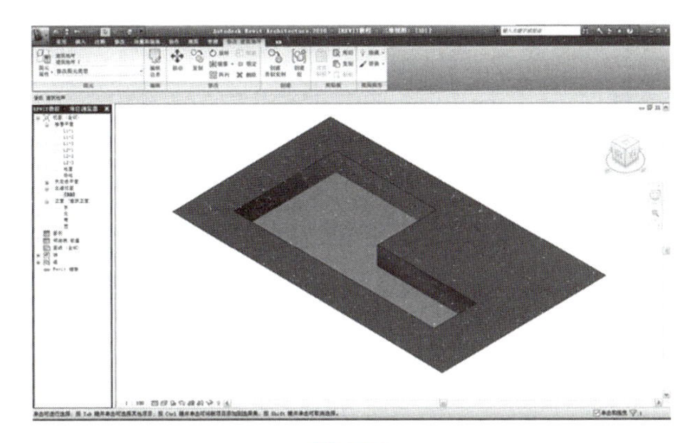

图12-1

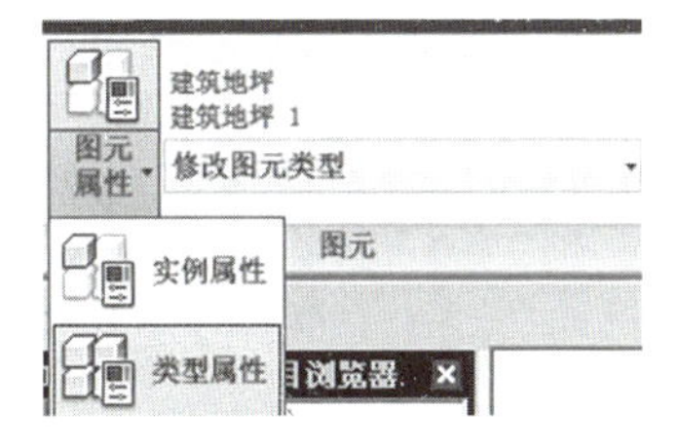

图12-2

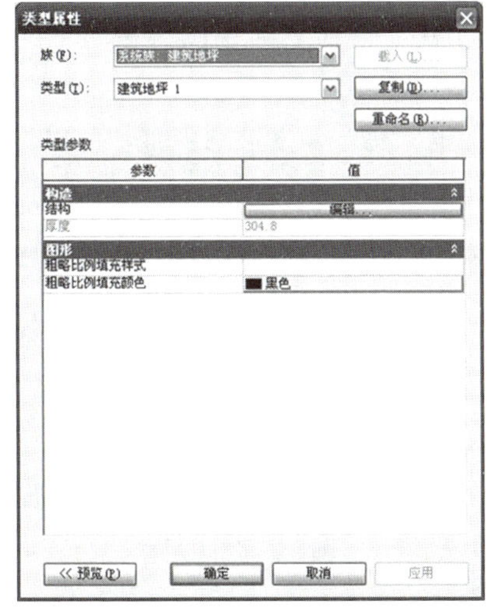

图12-3

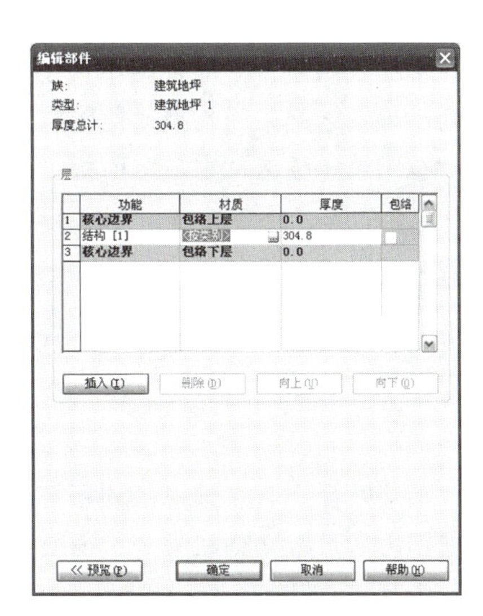

图12-4

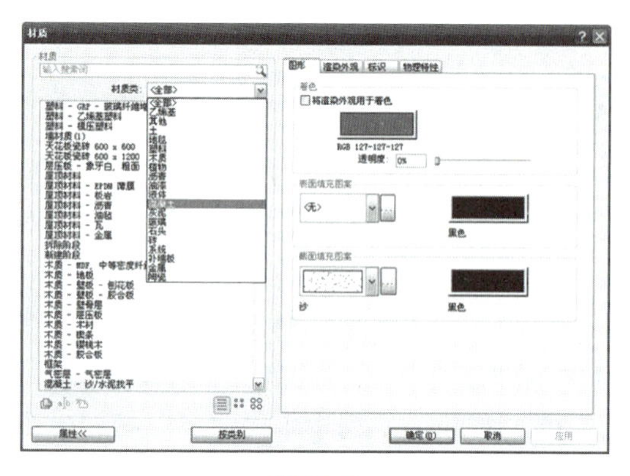

图 12-5

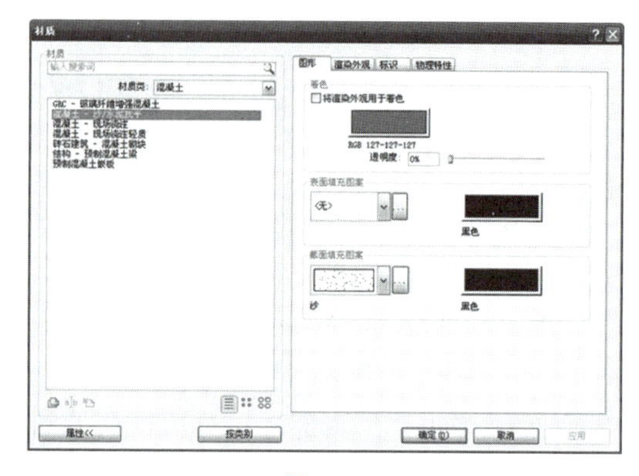

图 12-6

回到三维显示中即可查看效果，如图 12-8 所示。

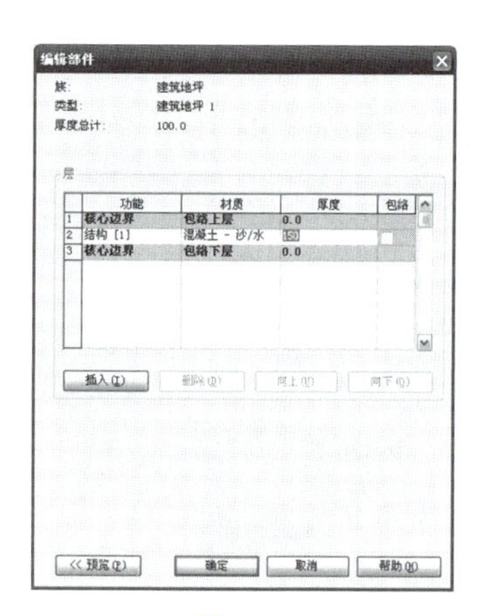

图 12-7

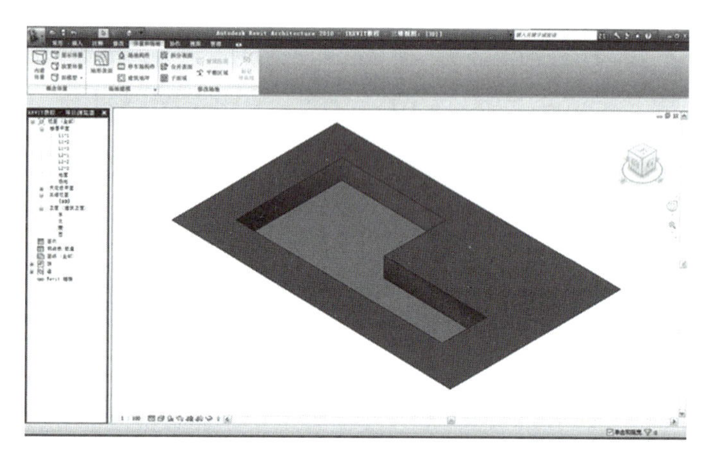

图 12-8

我们在平面视图或者立面视图中做了编辑以后，想到三维视图中去看效果，这时候就需要在两个视图之间来回切换，比较麻烦。

单击“视图”选项卡“窗口”面板中的“平铺”命令（见图 12-9），可以让视图切换变得简单。

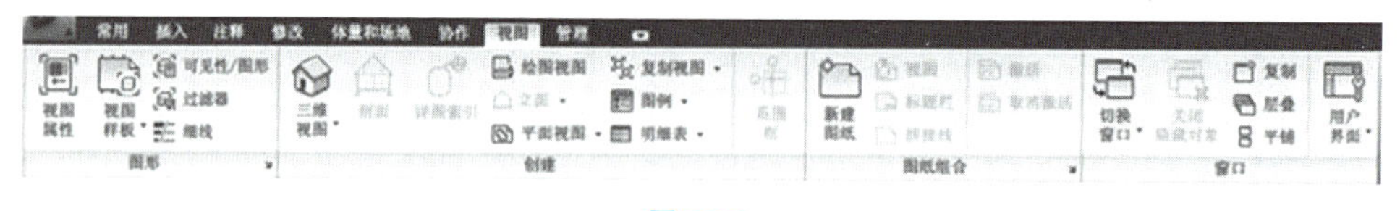

图 12-9

单击“平铺”命令后三维视图和所要编辑的平面视图或立面视图就会同时出现，在编辑一个视图之后可以立刻在另一个视图上看出效果。（见图 12-10）

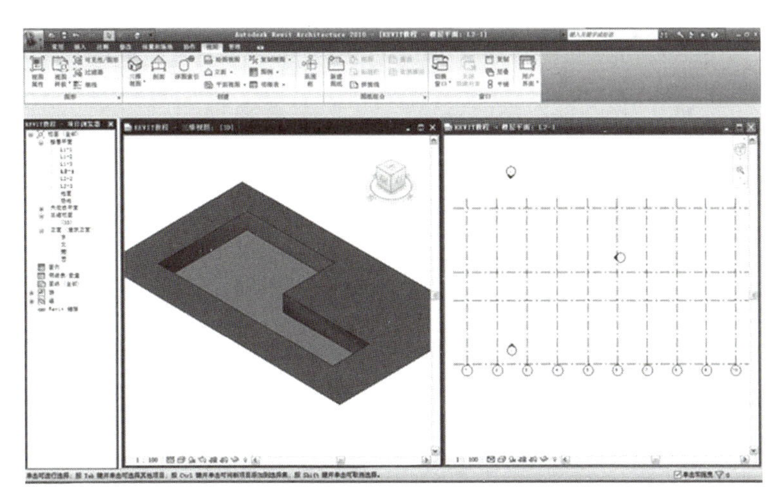

图 12-10

任务 12.2　柱和梁

12.2.1　绘制柱

打开平面视图“L2-1”。(见图 12-11)

单击“常用”选项卡“构建”面板“柱”下拉菜单中的“结构柱”命令，如图 12-12 所示。

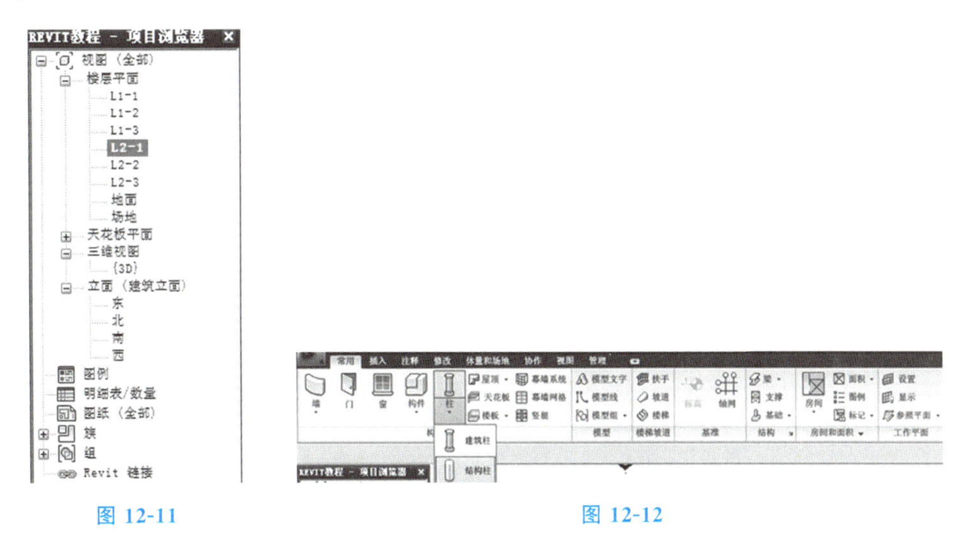

图 12-11　　图 12-12

Revit 默认样板中的结构柱是没有混凝土柱的，需要载入“详图”面板—“载入族”。(见图 12-13)

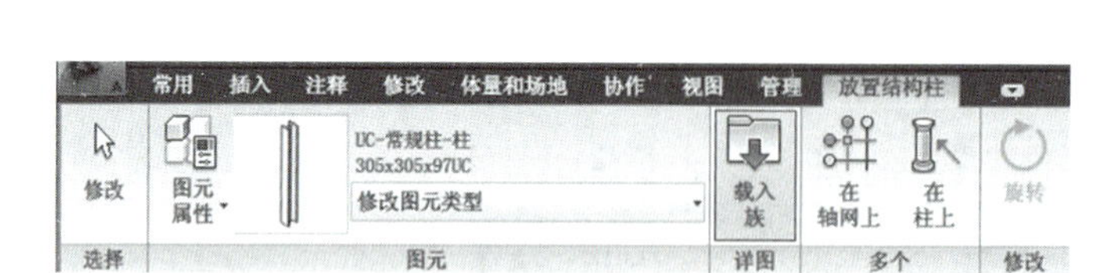

图 12-13

窗口中出现 Revit 自带的族，选择“结构”—“柱”—“混凝土”—“混凝土-矩形-柱”，如图 12-14 所示。

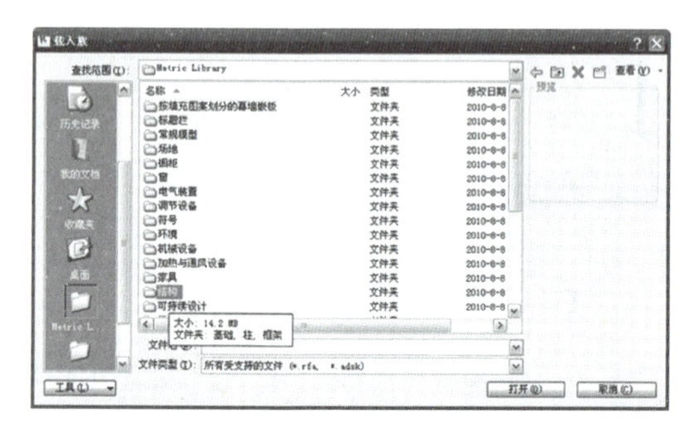

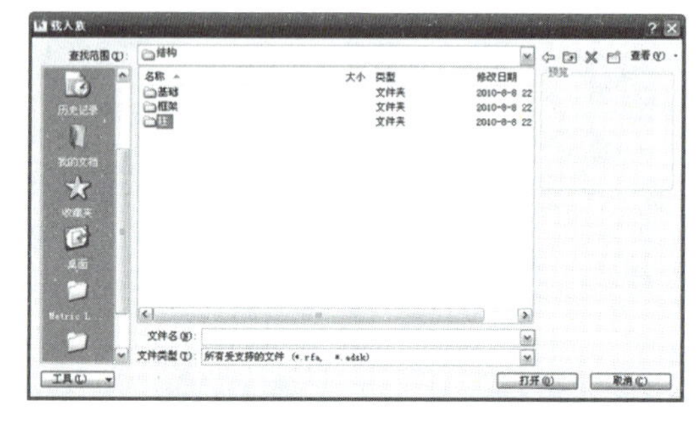

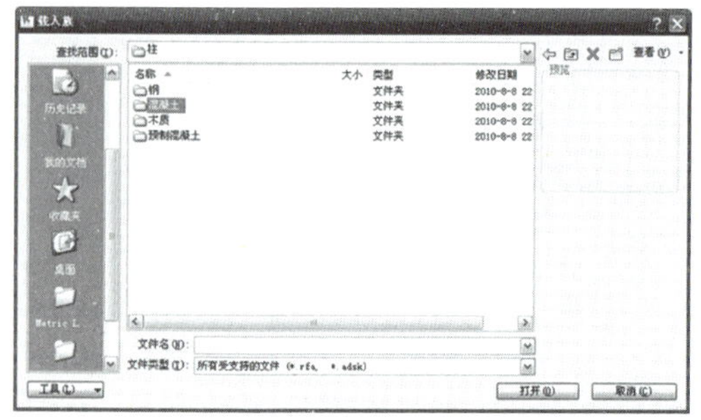

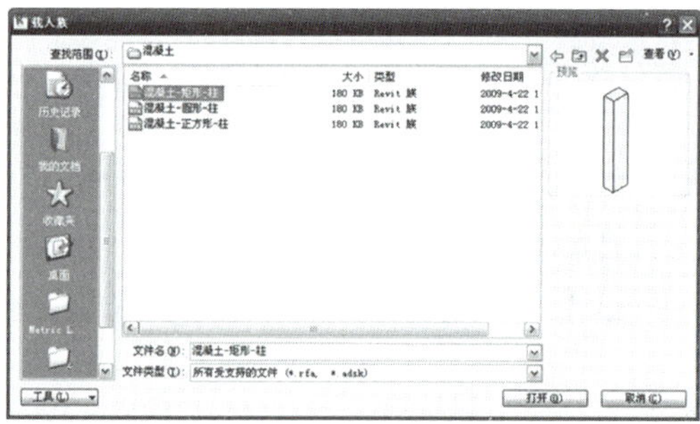

图 12-14

默认的柱子尺寸为 300mm×450mm，这里需要修改柱子的尺寸为 300mm×400mm。

单击“图元属性”—“类型属性”。(见图 12-15)，弹出“类型属性”对话框，如图 12-16 所示，单击“复制”，弹出“名称”对话框，在“名称”输入框中输入“300×400mm”，单击“确定”。

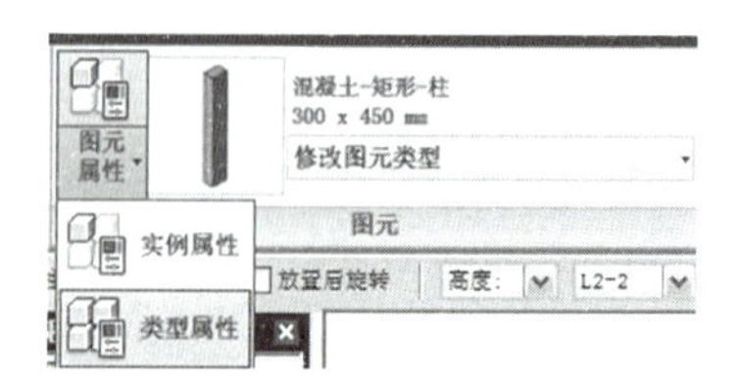

图 12-15

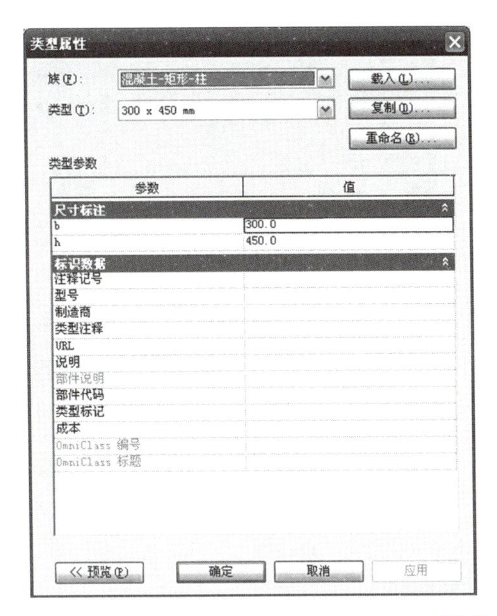

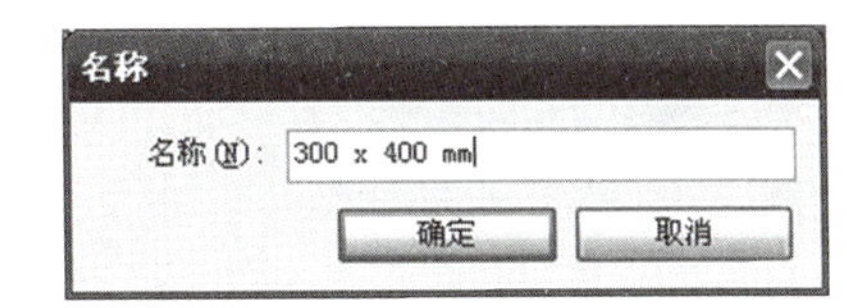

图 12-16

回到“类型属性”对话框后，在“h”一栏中，输入“400”(见图 12-17)，单击“确定”。

柱子尺寸改好后开始放置柱子。

如图 12-18 所示，在“高度”一栏中选择“L1-3”，然后将柱子放置在图 12-19 和图 12-20 所示的位置。

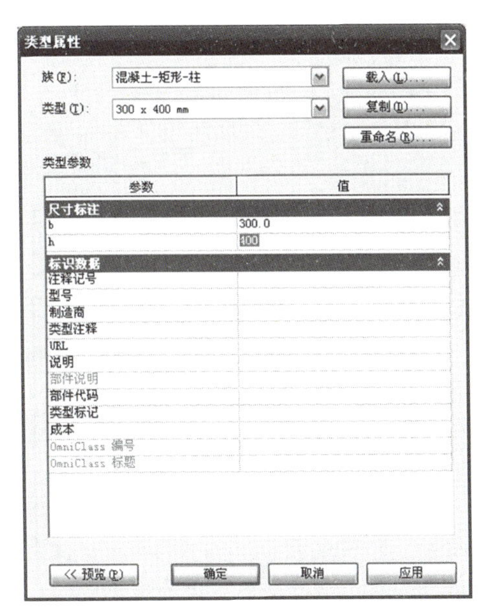

图 12-17

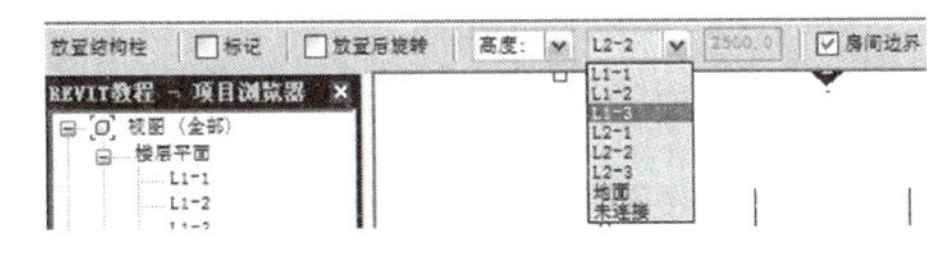

图 12-18

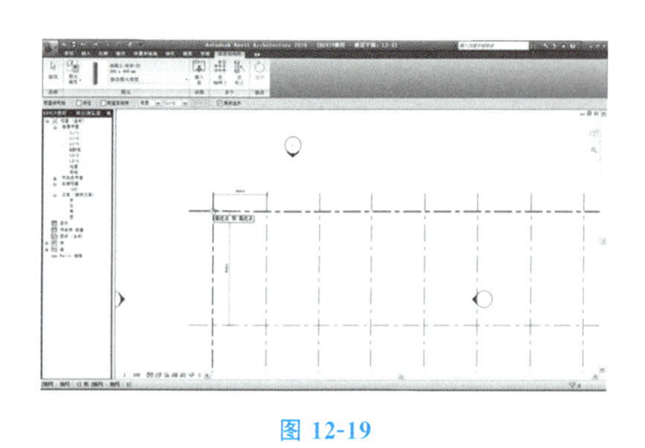

图 12-19

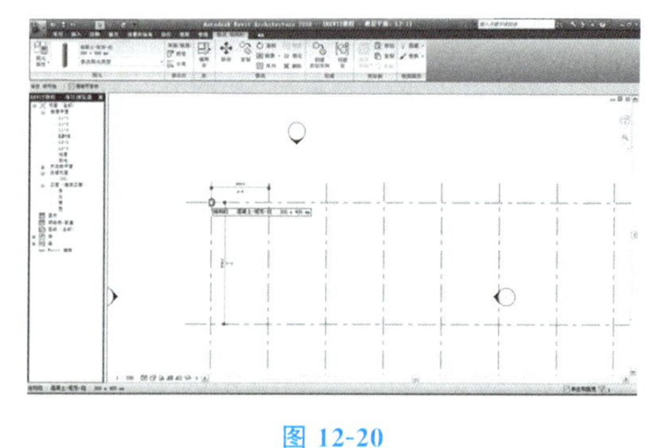

图 12-20

在 Revit 默认样板中，柱子截面的填充图案为混凝土，现在把它改成常用的柱子截面涂黑。

选择要修改填充图案的柱子，单击“图元属性”—“实例属性”（见图 12-21），弹出“实例属性”对话框。

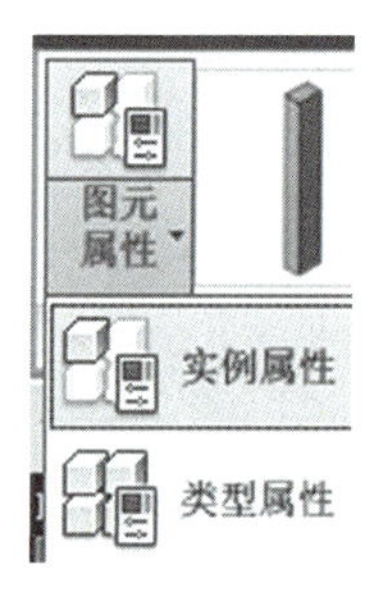

图 12-21

单击图 12-22（a）所示“实例属性”对话框中“柱材质”一栏的“…”按钮，弹出图 12-22（b）所示的“材质”对话框。

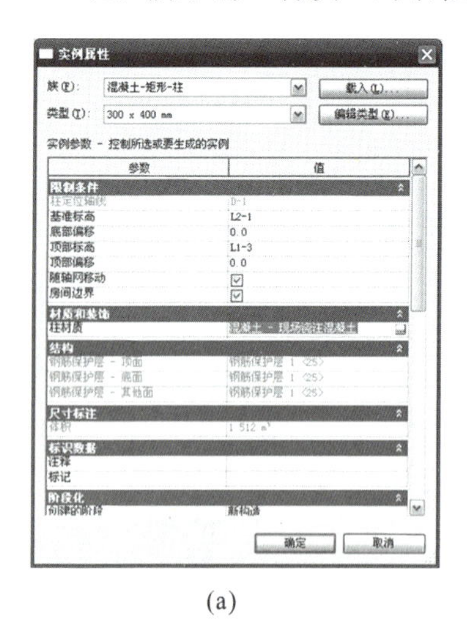

(a)

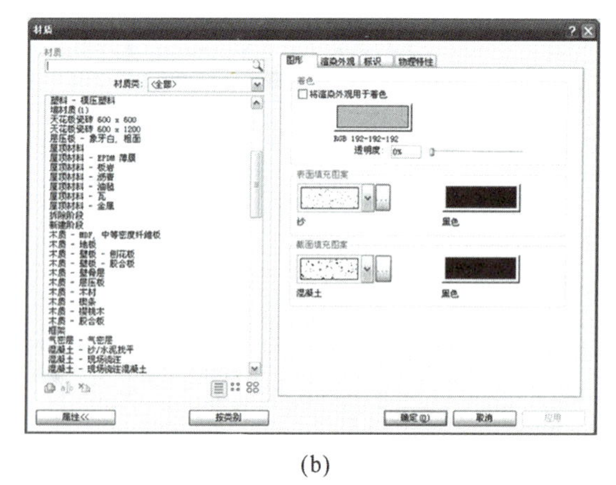

(b)

图 12-22

单击“材质”对话框中“截面填充图案”的“…”按钮，弹出“填充样式”对话框，如图 12-23 所示，选择“实体填充”，单击“确定”。

回到平面视图中，可以看到柱子的截面被涂黑了。(见图 12-24)

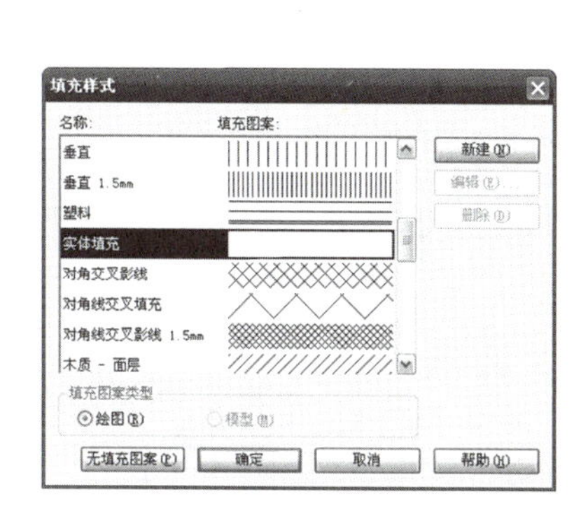

图 12-23

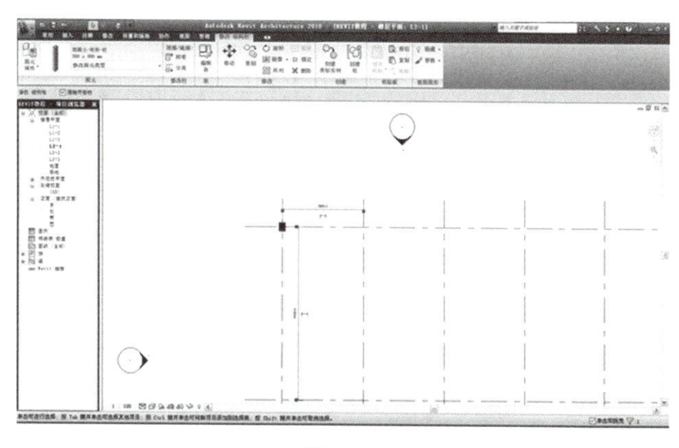

图 12-24

按照图 12-25 所示把剩下的柱子绘制出来。

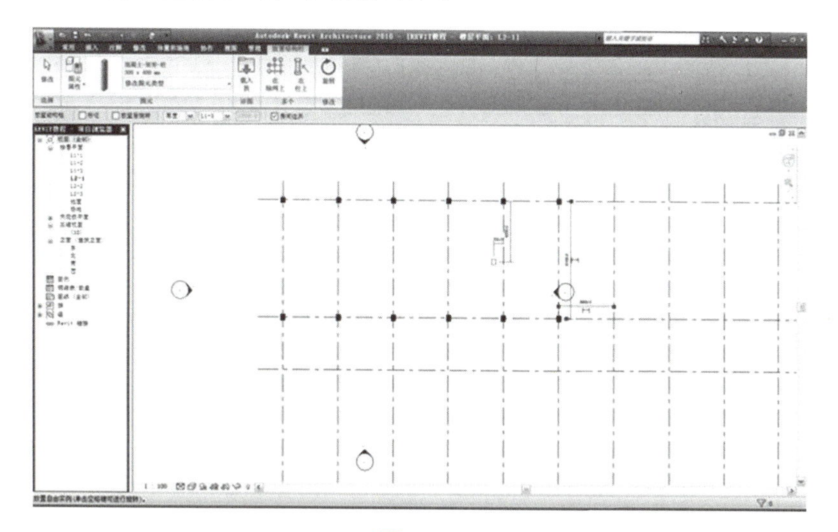

图 12-25

下面绘制 L2 部分的柱子。

如图 12-26 所示，在“高度”一栏中选择“L2-3”。

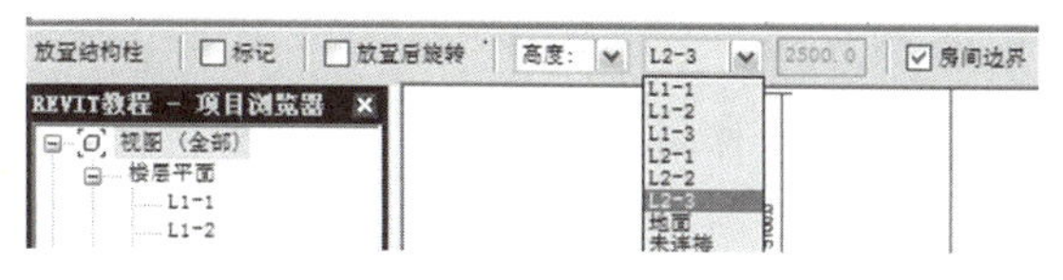

图 12-26

按照图 12-27，把剩下的柱子绘制出来。

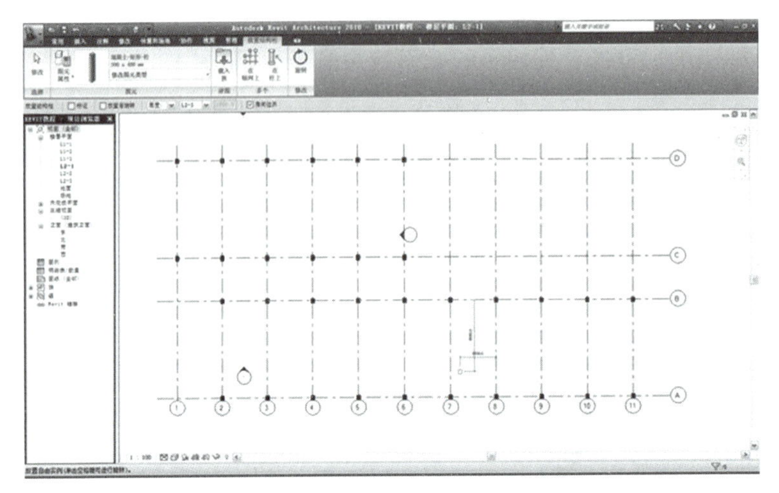

图 12-27

打开三维视图，查看柱子做好以后的效果，如图 12-28 所示。

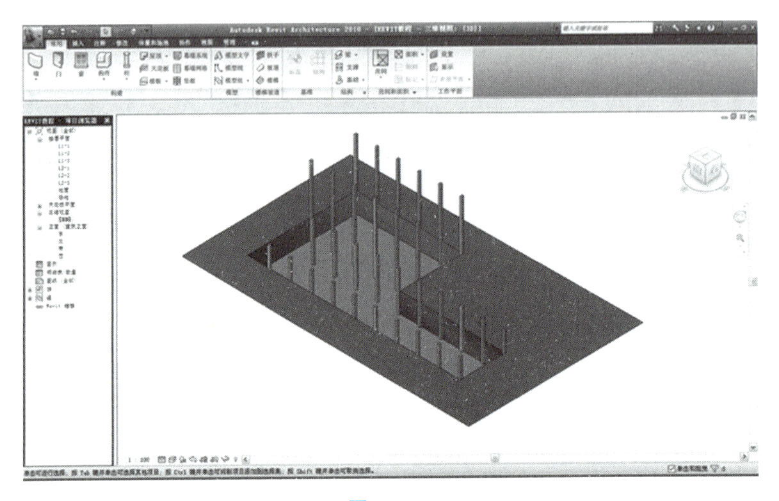

图 12-28

12.2.2　绘制梁

柱子绘制完成，下面开始绘制梁。

以绘制 L2 部分 2 层的梁为例。

在项目浏览器中打开“L2-2”视图，如图 12-29 所示。

单击“常用”选项卡—“结构”面板—“梁”下拉菜单中的“梁”命令，如图 12-30 所示。

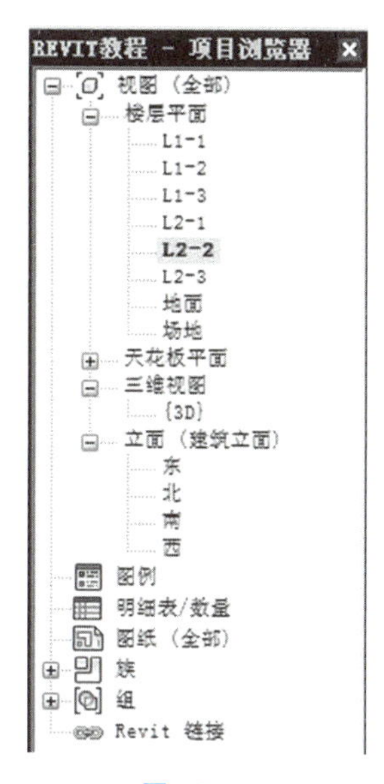

图 12-29

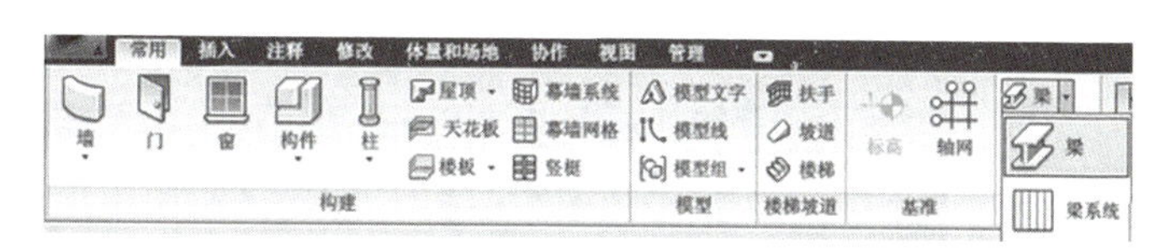

图 12-30

Revit 默认样板中没有混凝土梁，需要载入“详图”面板的“载入族”。（见图 12-31）

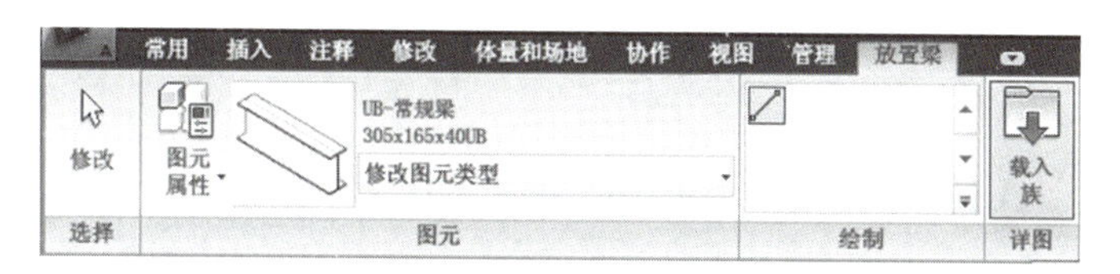

图 12-31

选择“结构”—“框架”—“混凝土”—“混凝土-矩形梁”，如图 12-32 所示。

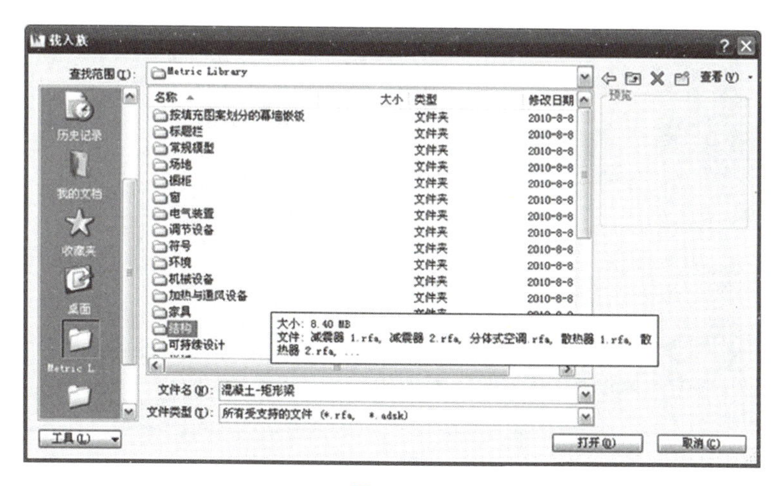

图 12-32

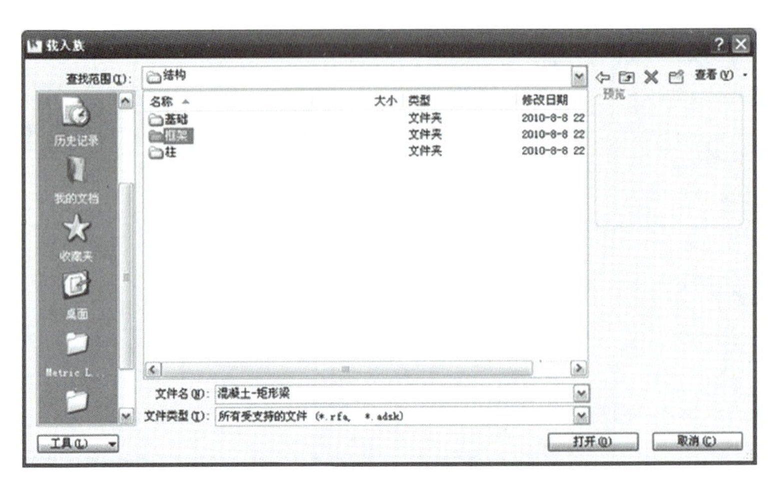

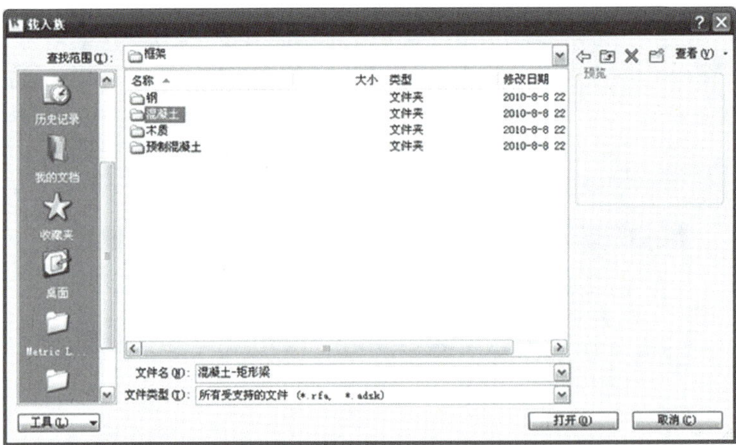

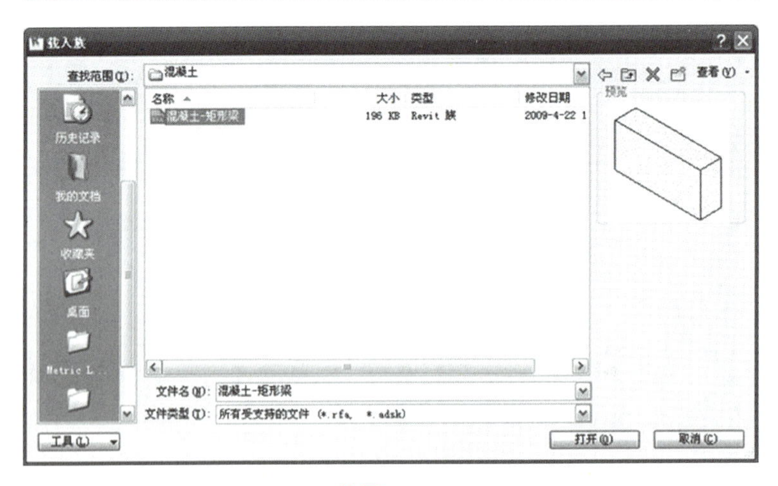

续图 12-32

梁的类型选择 300mm×600mm，如图 12-33 所示。也可以修改为自己需要的梁尺寸，修改方法和修改柱尺寸的方法一样。

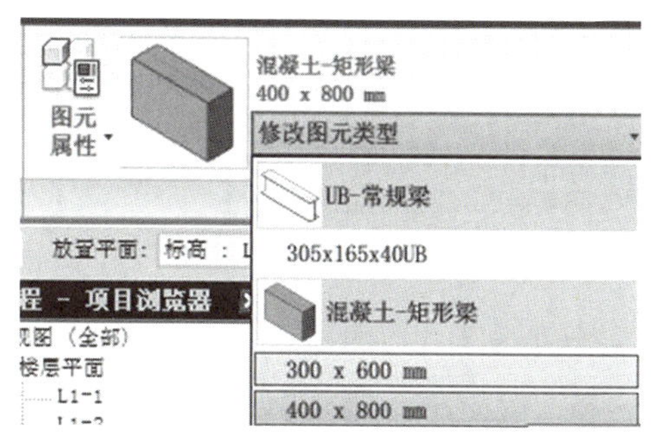

图 12-33

在图 12-34 所示位置绘制一根梁。

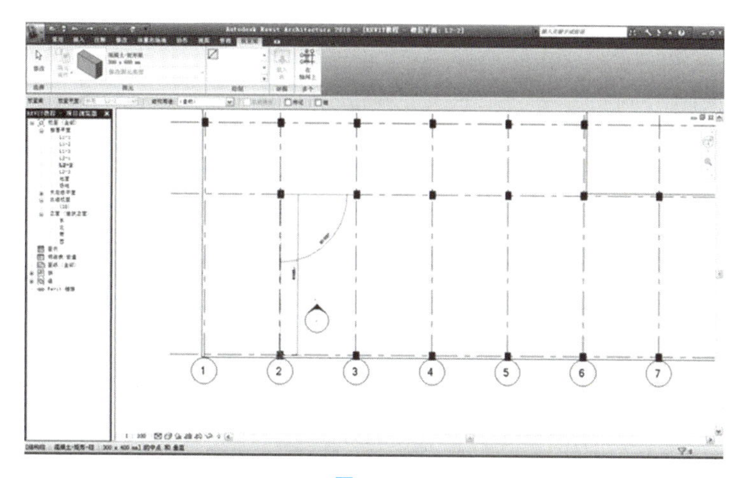

图 12-34

下面使用“阵列”功能来绘制一排梁。

单击选择刚刚绘制的那根梁，如图 12-35 所示。

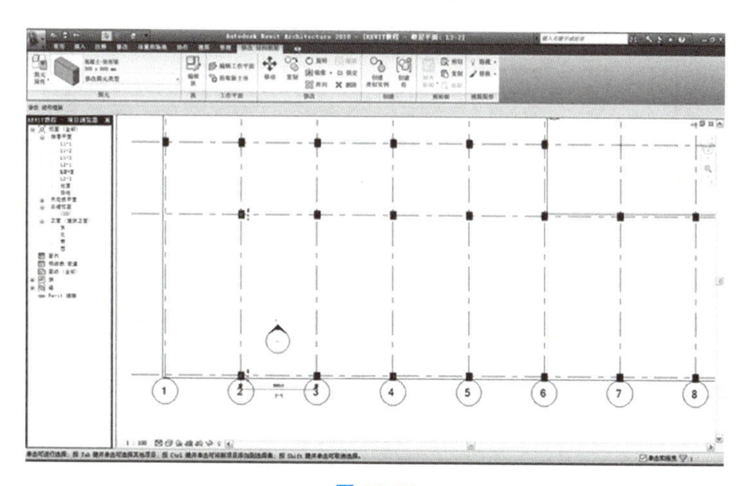

图 12-35

单击“修改　结构框架”选项卡“修改”面板中的“阵列”命令，如图 12-36 所示。

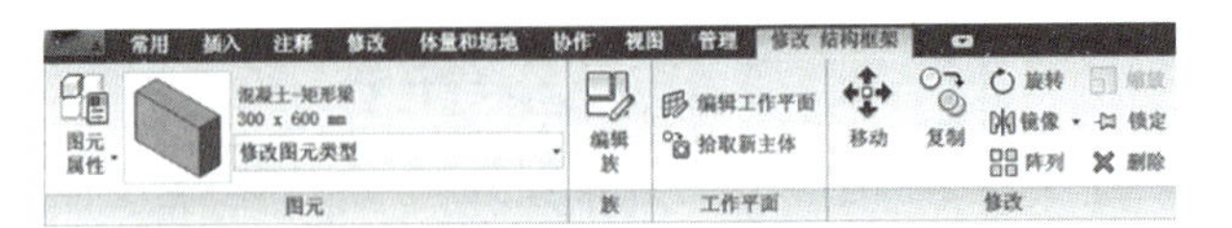

图 12-36

单击梁的一端，向右水平移动至右边的柱子，单击，如图 12-37 所示。

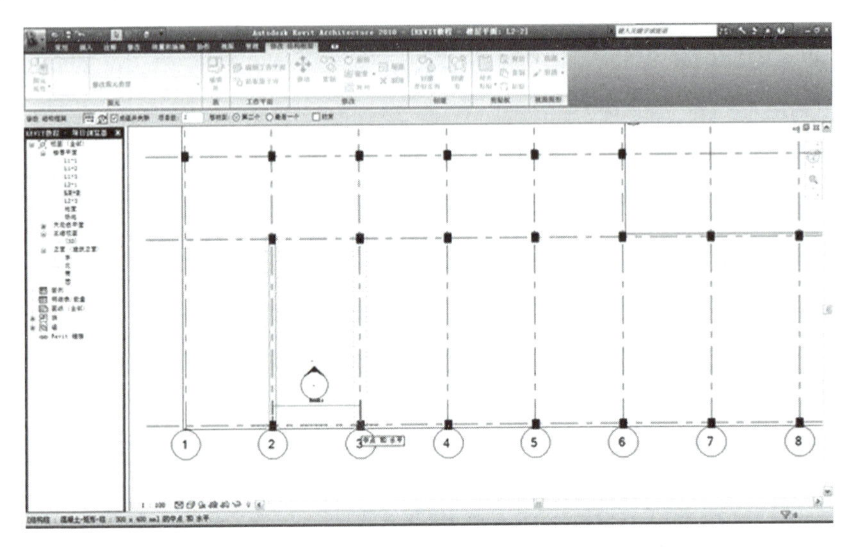

图 12-37

输入阵列数“10”，按回车键，即可得到一排梁，如图 12-38 所示。

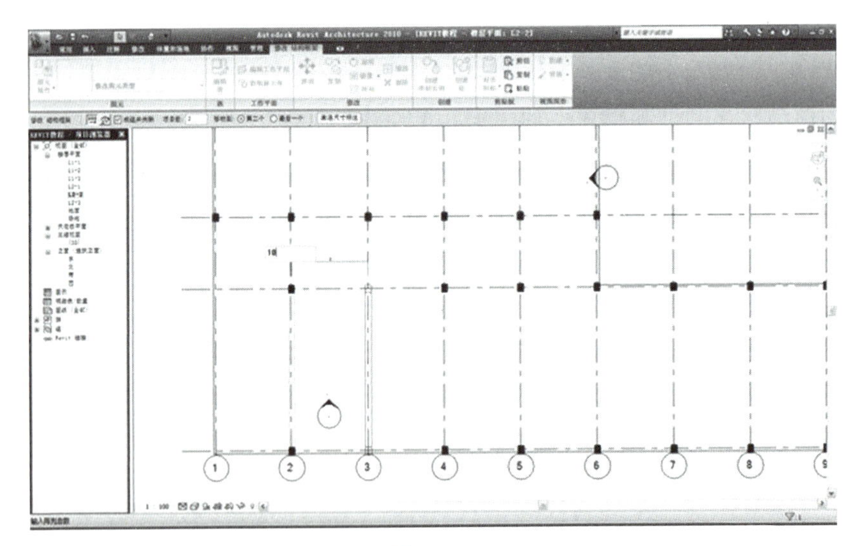

图 12-38

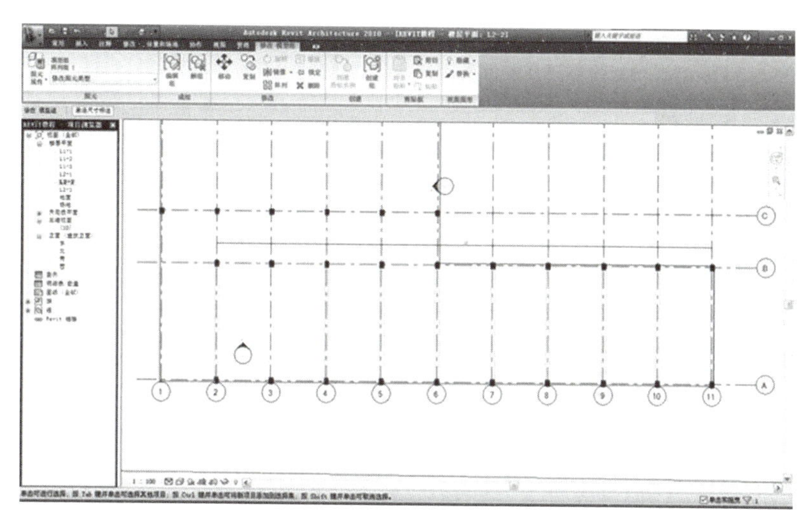

续图 12-38

打开三维视图观看效果，如图 12-39 所示。

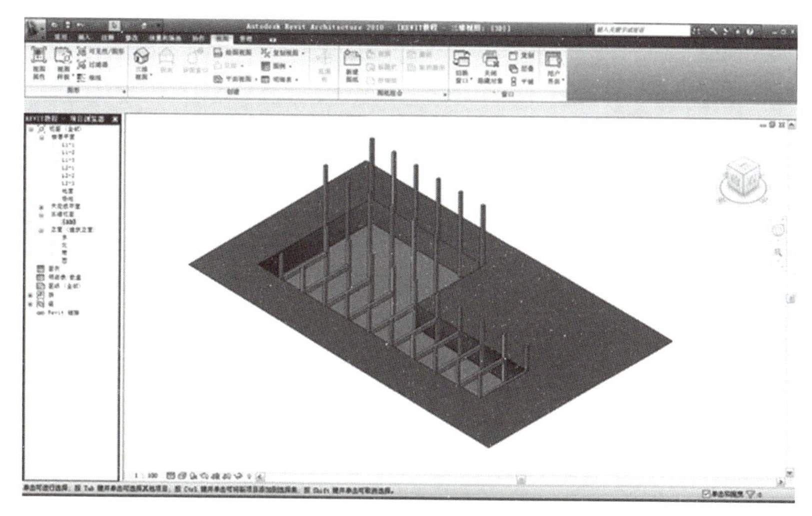

图 12-39

下面创建一个剖面视图来观看效果。

单击“视图”选项卡“创建”面板“剖面”命令，如图 12-40 所示。

图 12-40

在图 12-41 所示位置绘制一条剖切线。

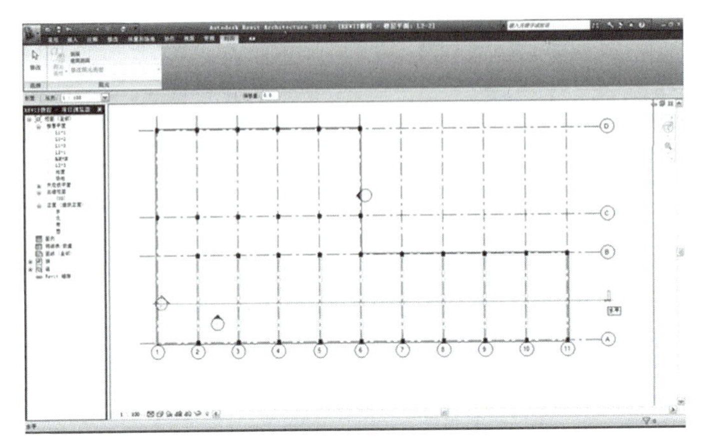

图 12-41

可以拖动虚线框旁边的小三角符号来改变剖面图的范围和视线深度。(见图 12-42)

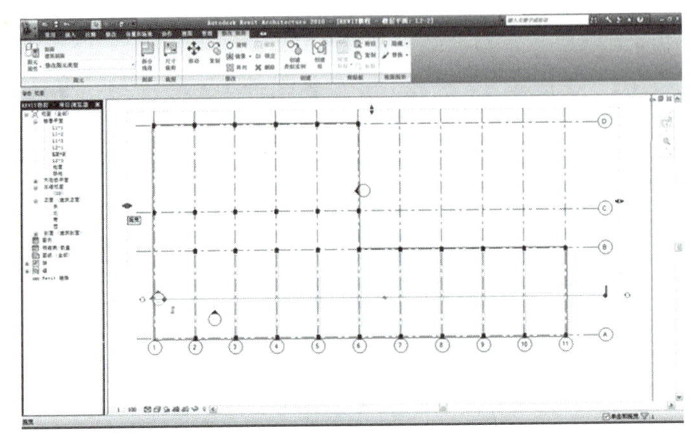

图 12-42

在项目浏览器中打开“剖面 1”，即可看到图 12-43 所示的剖面效果。

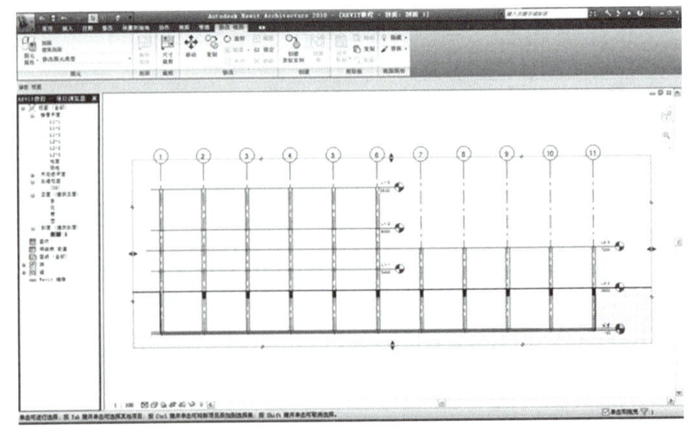

图 12-43

任务 12.3　楼板和屋顶

12.3.1　绘制楼板

在项目浏览器中打开“L2-2”平面，如图 12-44 所示。

单击“常用”选项卡“构建”面板“楼板”下拉菜单中的“楼板”命令，如图 12-45 所示。

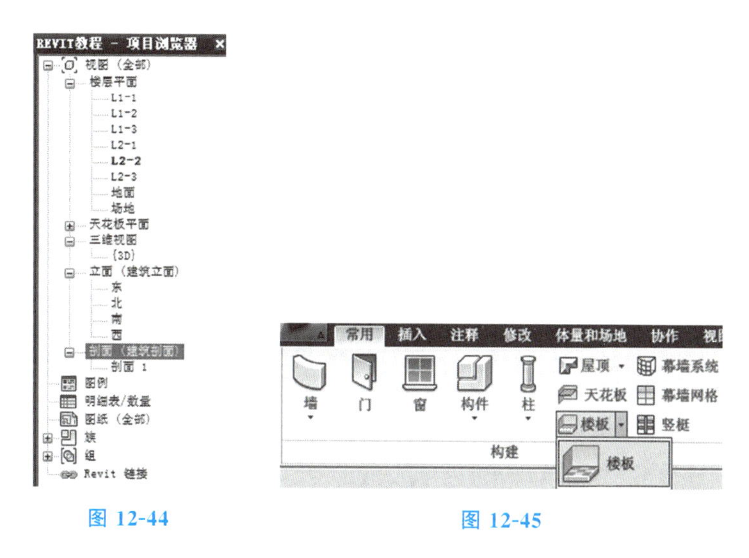

图 12-44　　图 12-45

使用矩形工具，如图 12-46 所示，画出楼板轮廓，如果有开洞的楼板，在画楼板的时候可将洞口画出来，也可以后期选择楼板，使用“编辑轮廓”命令来绘制洞口。

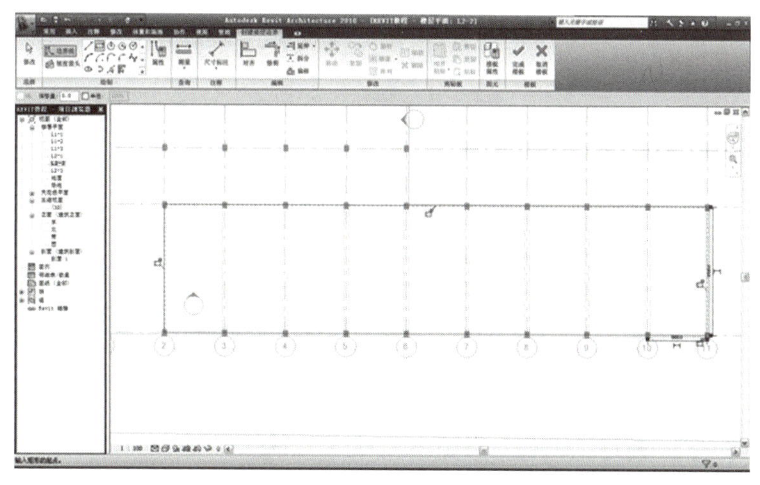

图 12-46

单击“完成楼板”，效果如图 12-47 所示。

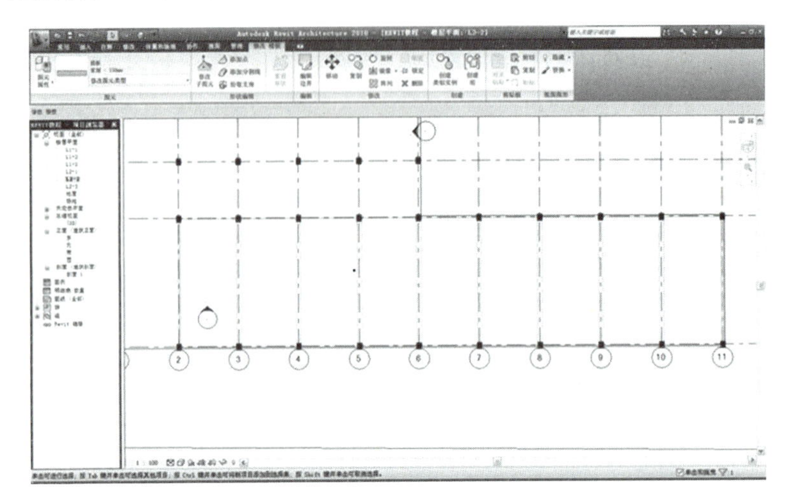

图 12-47

默认楼板为 150mm，这里需改成 100mm，方法是：单击“图元属性”—“类型属性”，弹出“类型属性”对话框，如图 12-48 所示。

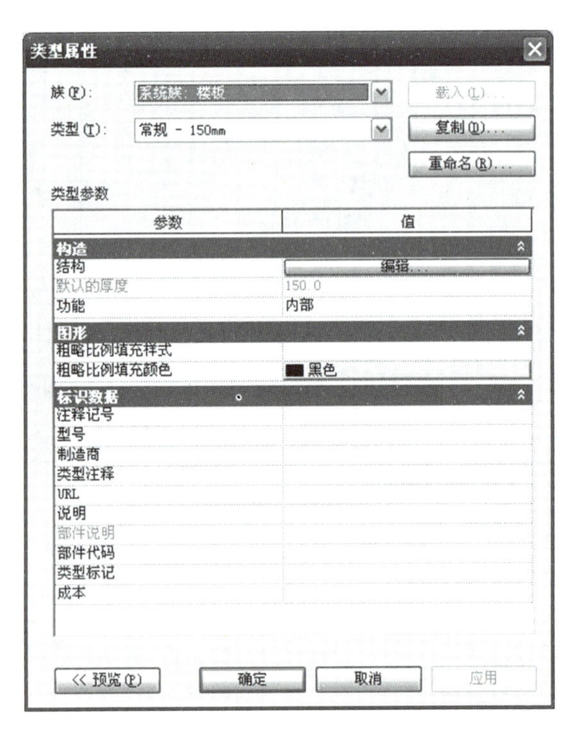

楼板
常规 - 150mm
修改图元类型
图元属性
图元
实例属性
类型属性
浏览器

图 12-48

单击“重命名”，弹出“名称”对话框，输入“常规-100mm”，如图 12-49 所示，单击“确定”，返回“类型属性”对话框。

单击“结构”一栏中的“编辑”，弹出“编辑部件”对话框，如图 12-50 所示。

图 12-49

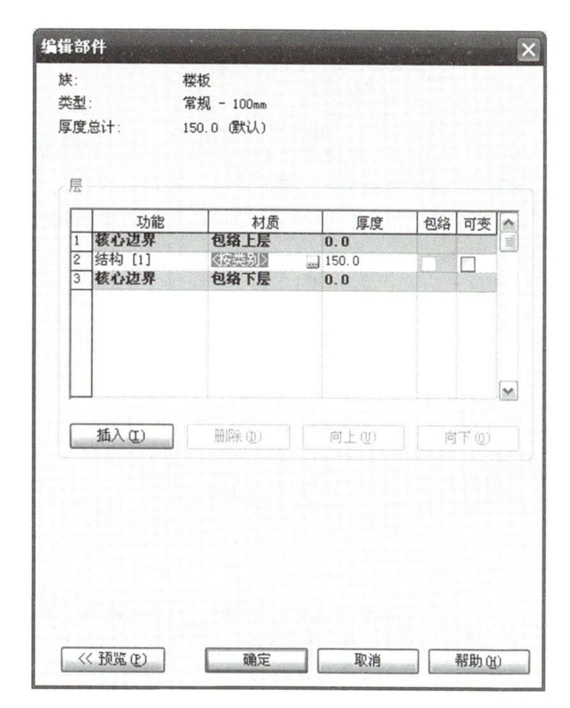

图 12-50

单击“材质”一列中的“…”，弹出“材质”对话框选择“材质类”下拉列表中的“混凝土”，再选择列表框中的“混凝土-现场浇注”，如图 12-51 所示，单击“确定”。

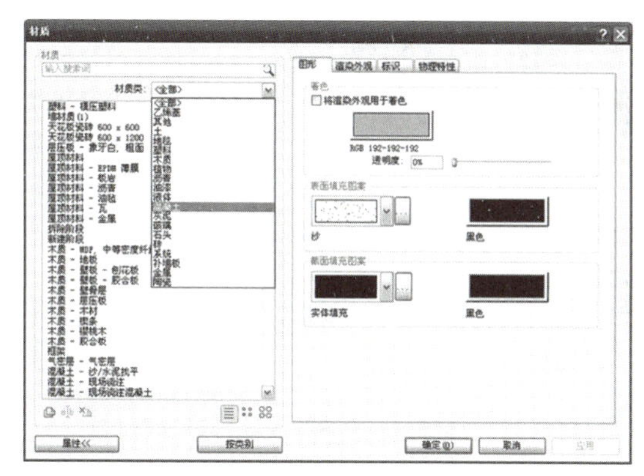

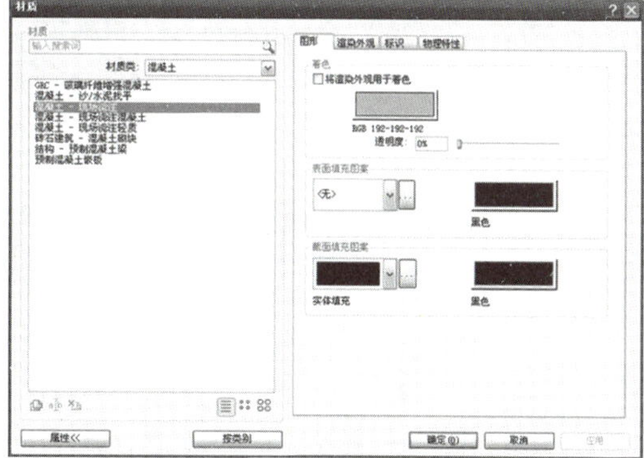

图 12-51

返回“编辑部件”对话框后，将楼板厚度改为 100，单击“确定”。(见图 12-52)

在项目浏览器中打开“剖面 1”，查看剖面视图中的效果，如图 12-53 所示。

打开三维视图，查看三维视图中的效果，如图 12-54 所示。

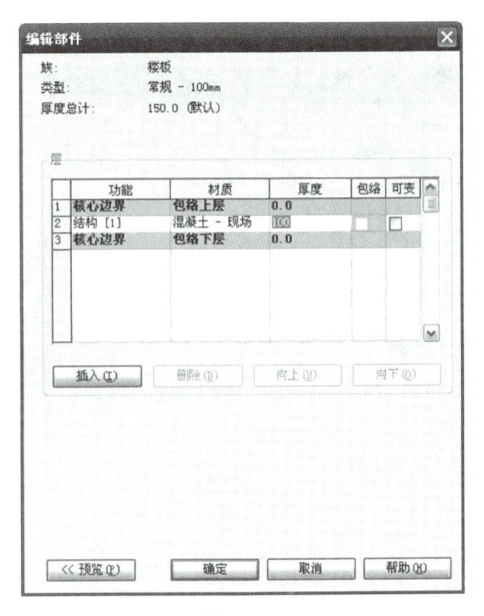

图 12-52

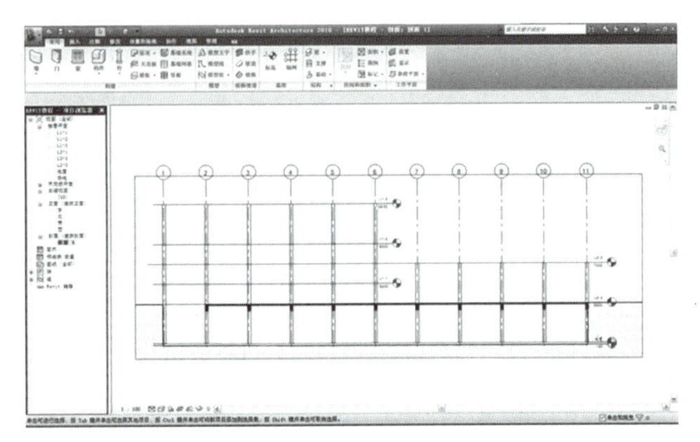

图 12-53

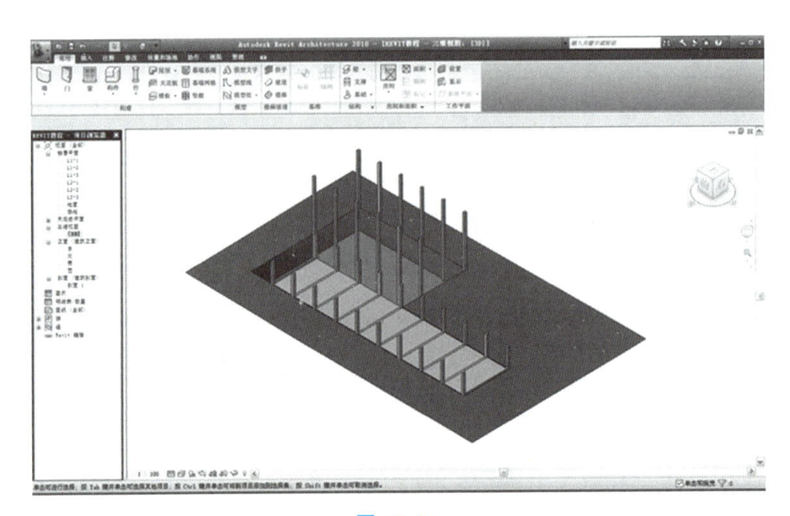

图 12-54

12.3.2 绘制屋顶

楼板绘制完成以后，开始绘制屋顶。

打开三维视图，在“常用”选项卡中选择屋顶。(见图 12-55)

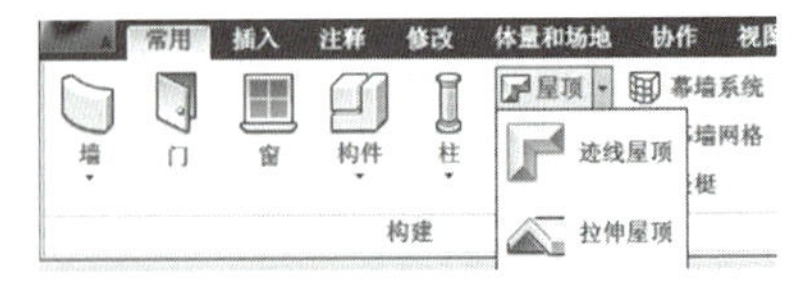

图 12-55

屋顶有两种，即迹线屋顶和拉伸屋顶。迹线屋顶即为一般的坡屋顶形式（见图 12-56），绘制方法较为简单，这里不再赘述，下面详细讲解一下拉伸屋顶。

单击“拉伸屋顶”，出现“工作平面”对话框，选择“拾取一个平面”，单击“确定”。（见图 12-57）

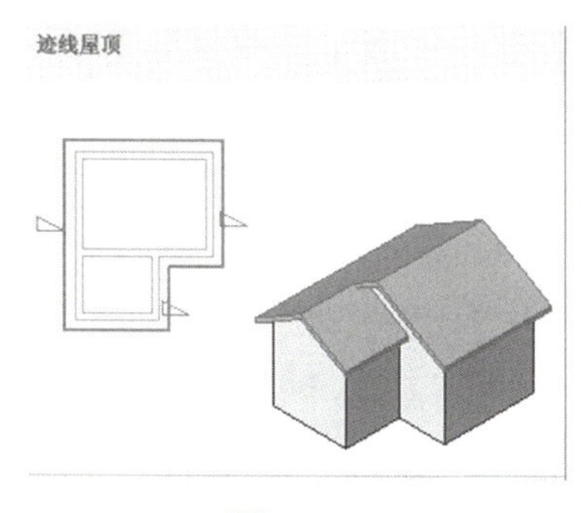

图 12-56

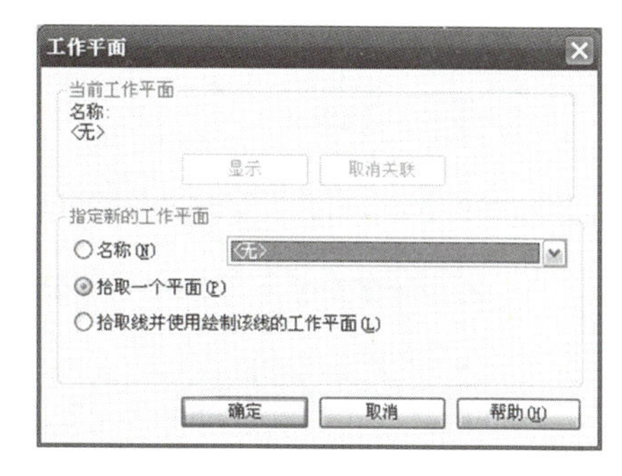

图 12-57

在三维视图中，将鼠标放在柱子的一条边际线上，按“Tab”键可切换与该边际线相连的面，直至拾取柱子的一个外侧面，如图 12-58 所示，单击。

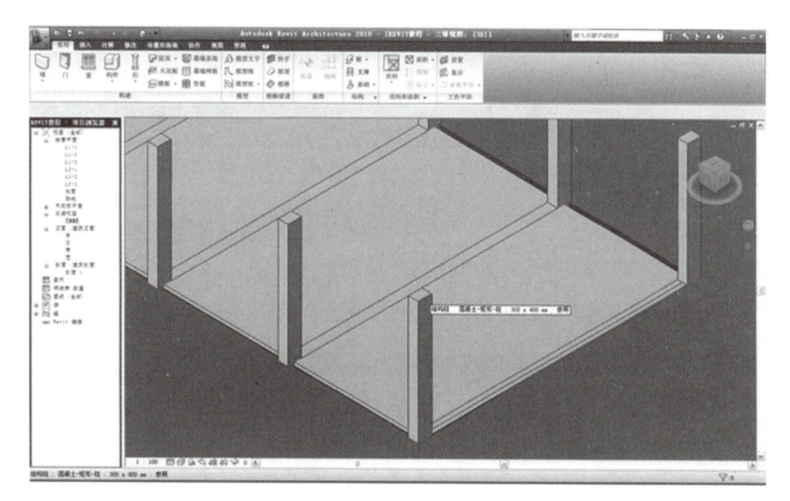

图 12-58

工作平面是 Revit 建模中的一个重要参照，设置工作平面以后，所有在建模过程中绘制的点、线、面都会放在这个工作平面上。通过设定不同的工作平面来进行绘制，Revit 可以完成一些复杂的形体建模。拥有工作平面的建模方式是一种很理性的建模方式。

出现图 12-59 所示的“屋顶参照标高和偏移”对话框，“标高”选择要绘制的屋顶标高“L2-3”。

为了让效果更明显一点，下面绘制一个曲面屋顶。选择“样条曲线”工具，如图 12-60 所示。

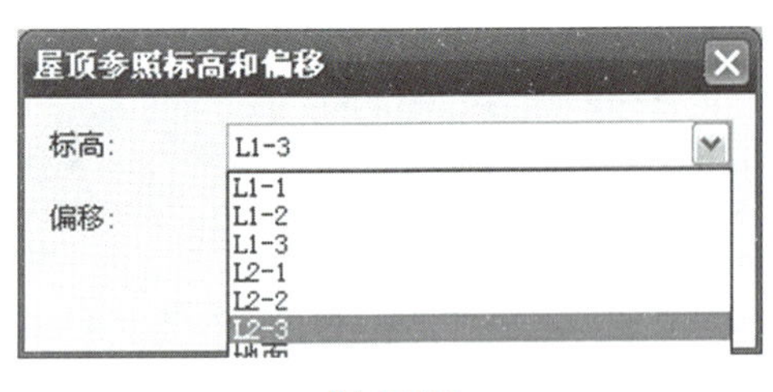

图 12-59

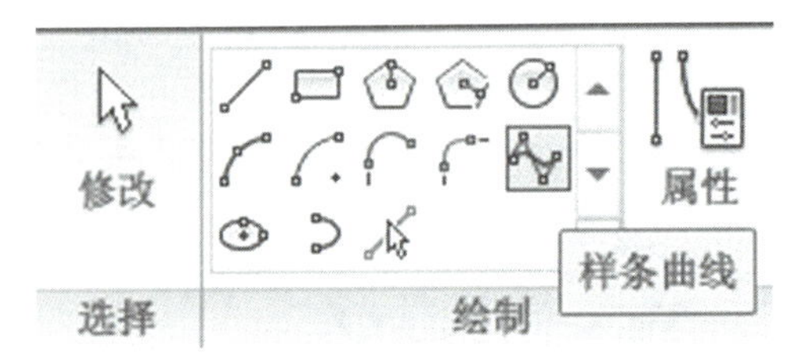

图 12-60

如图 12-61 所示，随意绘制一条曲线。

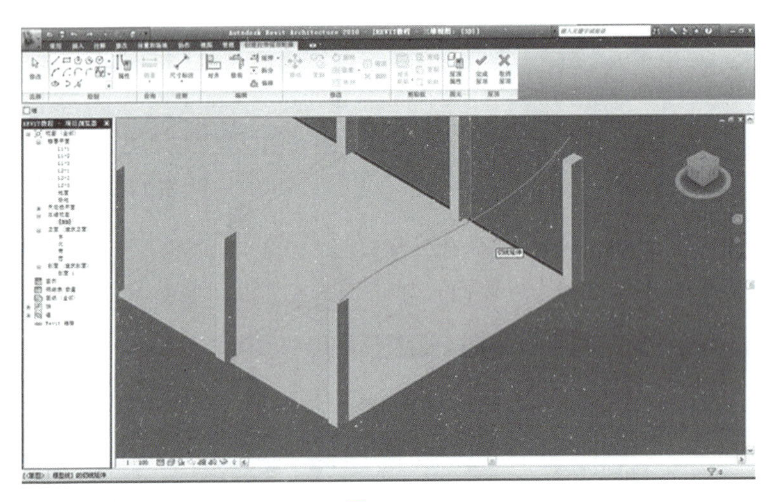

图 12-61

单击“完成屋顶”，即可得到一片曲面的屋顶，如图 12-62 所示。

下面更换一种薄一点的屋顶，在屋顶类型中选择 125mm，如图 12-63 所示。

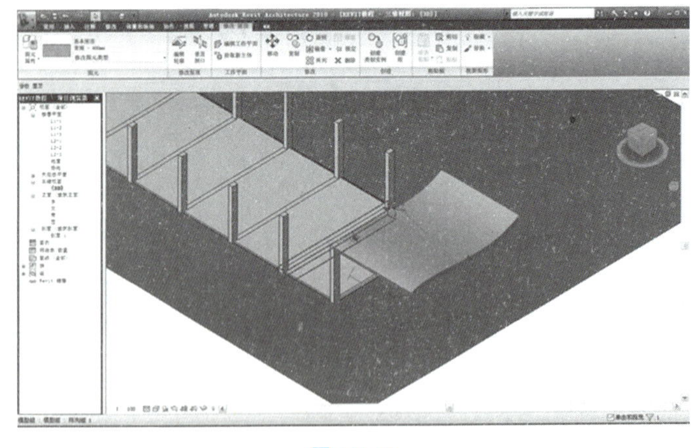

图 12-62

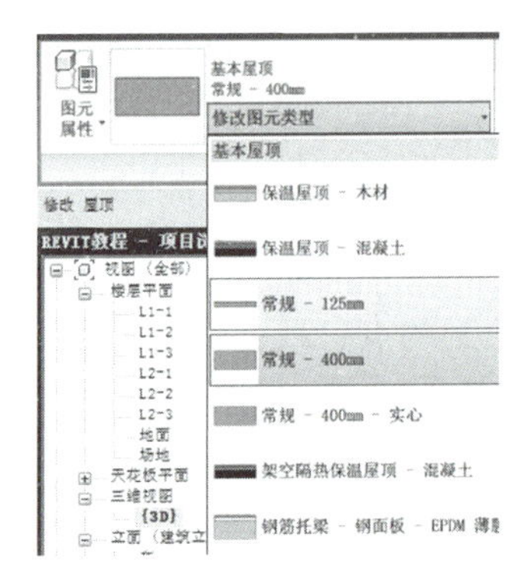

图 12-63

打开“L2-3”平面视图，拖动屋顶边界旁的小三角箭头，修改屋顶的边界到适当的位置，如图 12-64 所示。

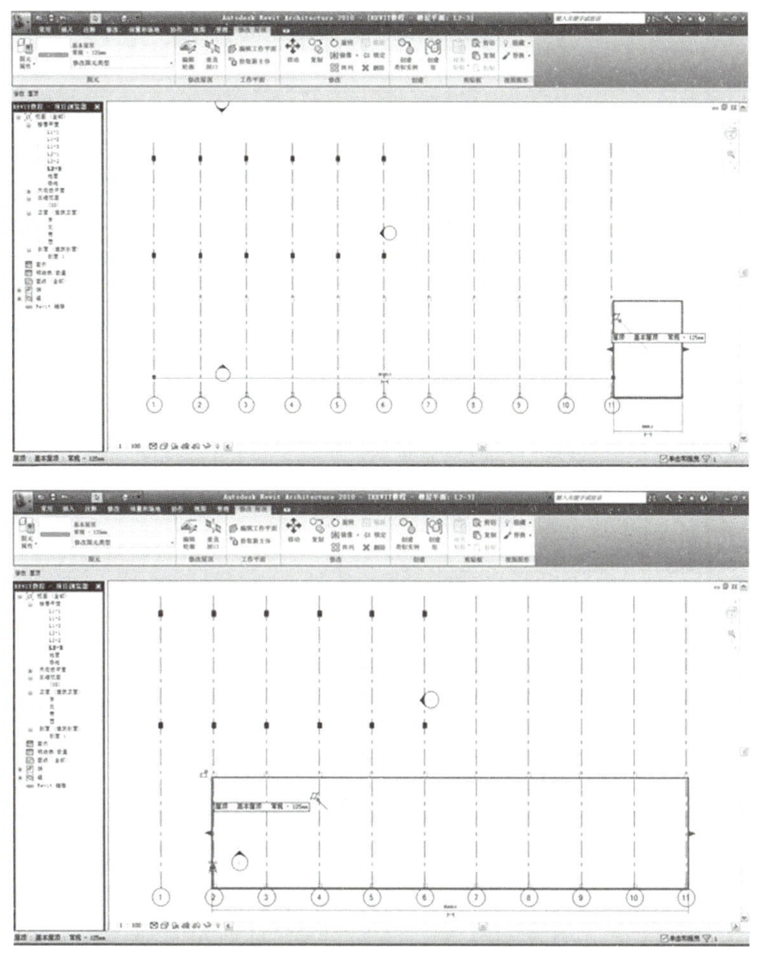

图 12-64

打开三维视图即可观看效果，如图 12-65 所示。

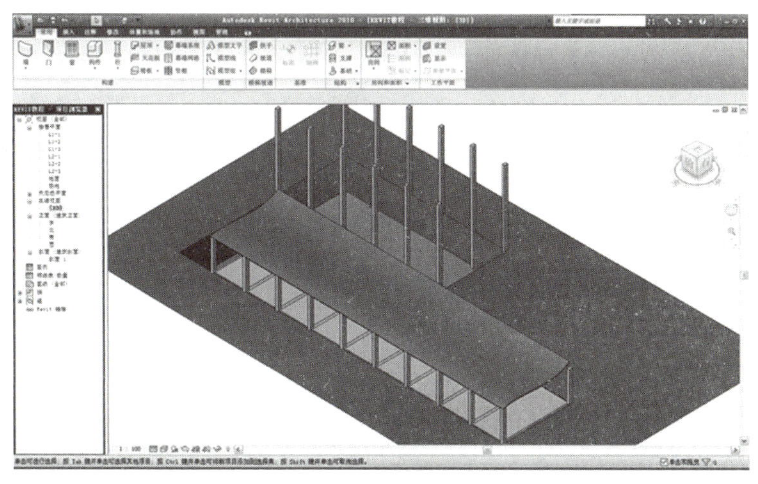

图 12-65

屋顶的构造材料、色彩、厚度都可以更改，方法和楼板的更改方法是一样的，这里不再赘述。

任务 12.4 墙体

下面绘制墙体，以在“L2-2”平面上绘制墙体为例。

在项目浏览器中打开“L2-2”平面。（见图 12-66）

单击“常用”选项卡“构建”面板的“墙”命令，如图 12-67 所示。

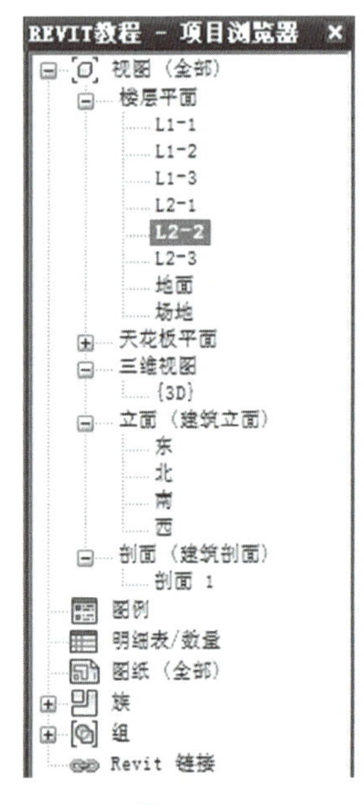

图 12-66

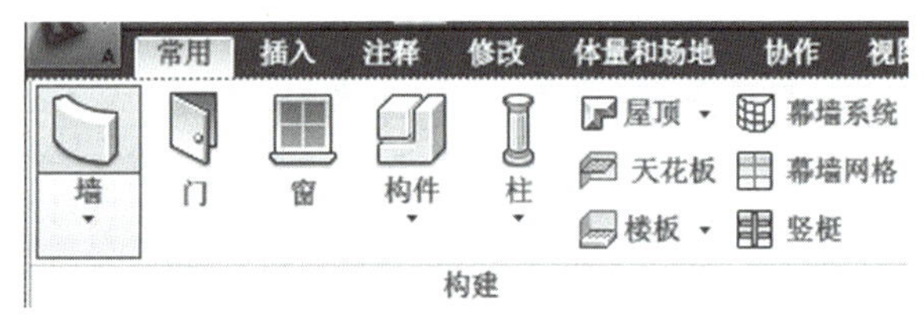

图 12-67

Revit 默认的墙体中没有 240mm 墙，需要修改一下。单击“图元属性”—“类型属性”（见图 12-68），弹出“类型属性”对话框。

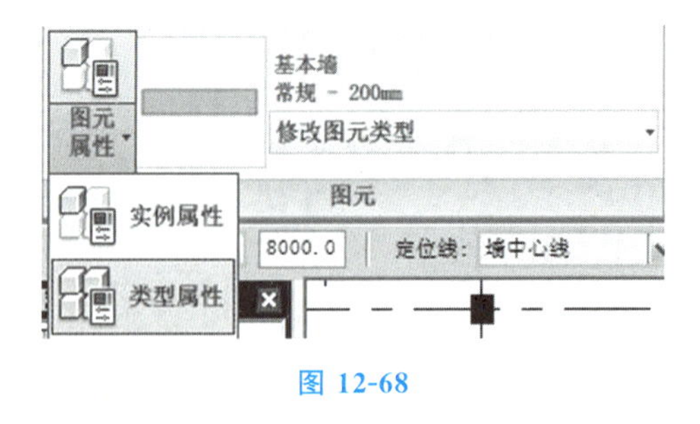

图 12-68

在“类型属性”对话框中，单击“重命名”，弹出“重命名”对话框，输入新名称“常规-240”，单击“确定”。（见图 12-69）

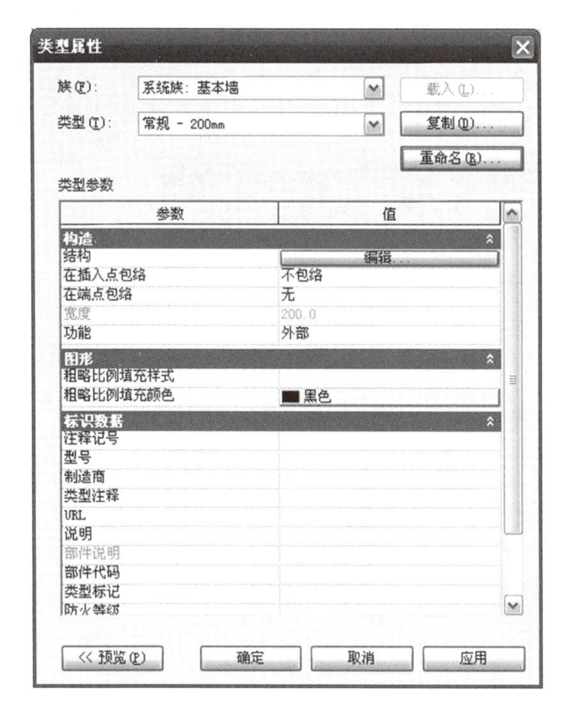

图 12-69

回到“类型属性”对话框后，单击“结构”一栏中的“编辑”，弹出“编辑部件”对话框，将墙体厚度更改为 240，单击“确定”。(见图 12-70)

图 12-70

将墙的高度设定为“L2-3”，这里标高的作用就显示出来了，很多图元的高度和位置都需要通过标高来确定。

按图 12-71 所示绘制墙体。

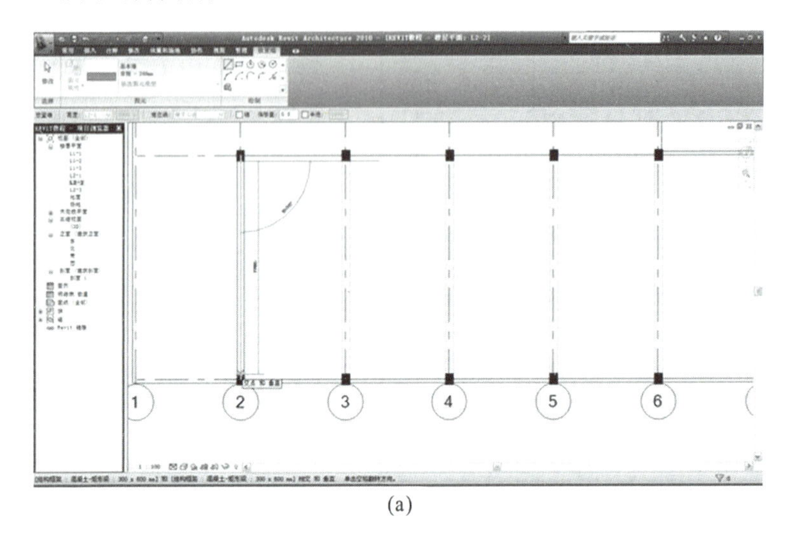

(a)

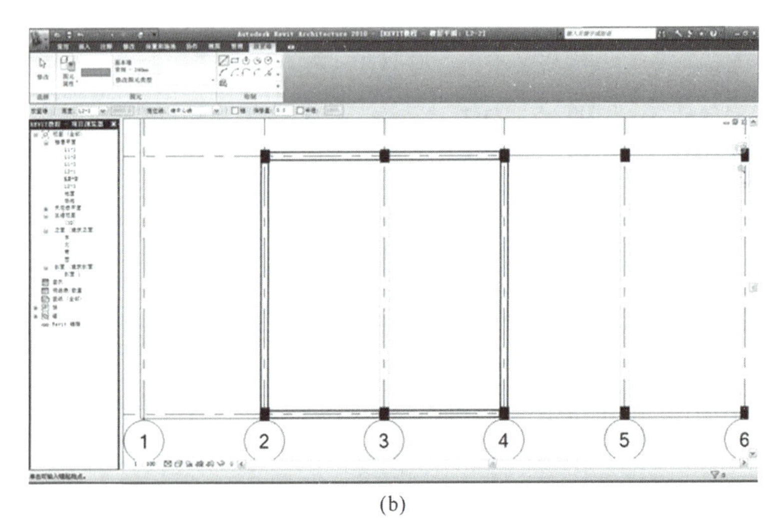

(b)

图 12-71

如果需要一段矮墙，就可以不用标高，高度选择“未连接”，然后输入自己想要的墙的高度，这里输入“1100”。

如图 12-72 所示，绘制一段矮墙。

打开三维视图观看效果，如图 12-73 所示。

前面的墙都是位于轴线上的，如果有的墙不位于轴线上，可以使用“偏移”来进行绘制。

在偏移量中，输入想要偏移的距离，这里输入 1200。

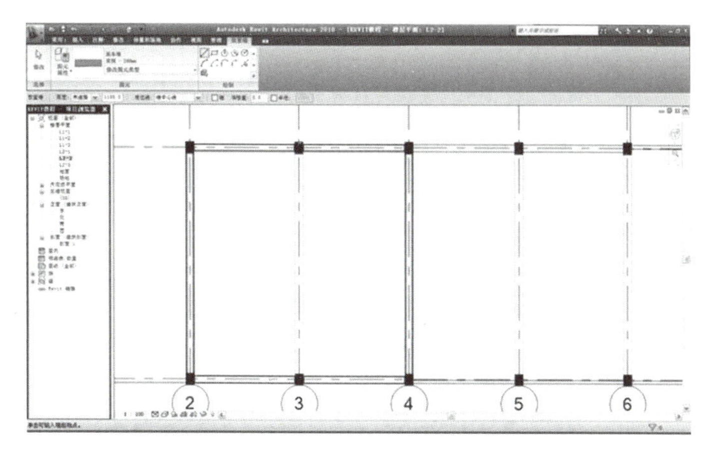

图 12-72

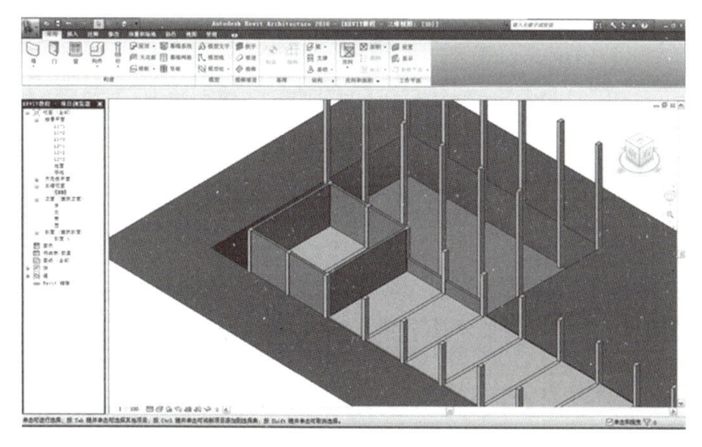

图 12-73

如图 12-74 所示，绘制一段墙体。

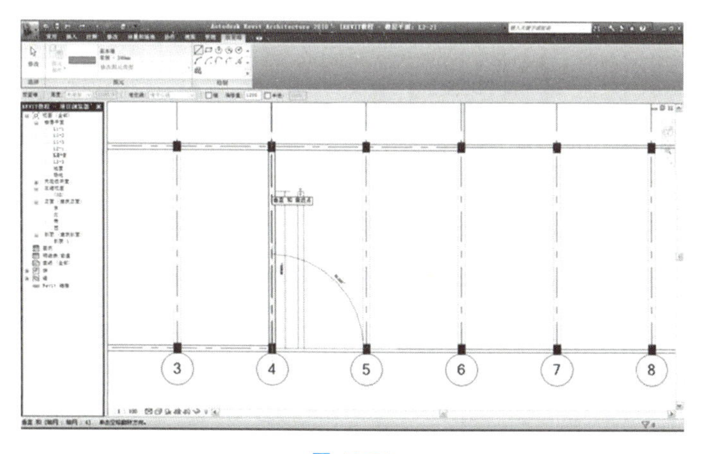

图 12-74

打开三维视图查看效果，如图 12-75 所示。

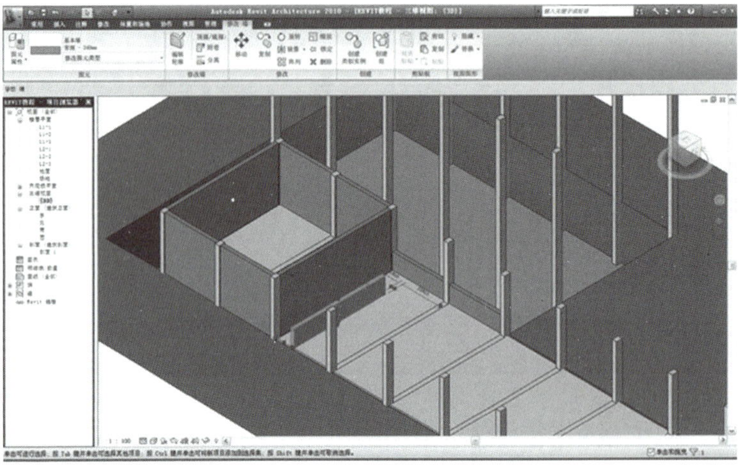

图 12-75

如果需要在一面墙上开洞，或者改变一下墙的形状，让它不是一面方形的墙，可以使用“编辑轮廓”命令。

对墙进行编辑轮廓需要在看得到这面墙的立面视图或者剖面视图中进行。打开“剖面 1”，选中一面墙，如图 12-76 所示。

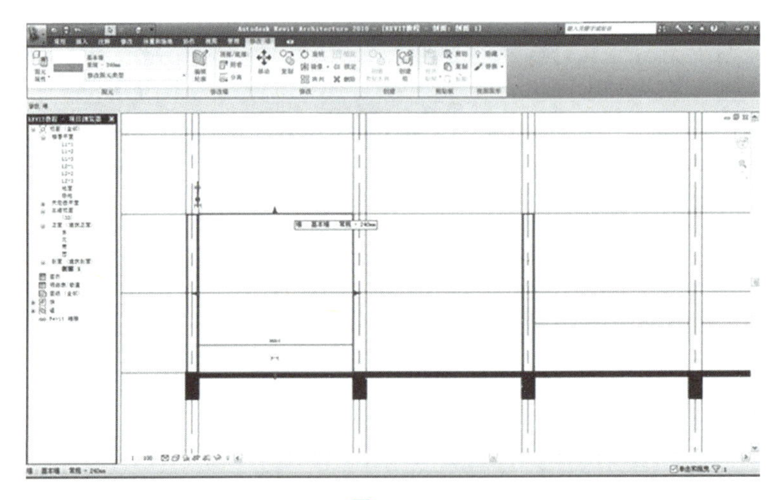

图 12-76

单击“修改 墙”选项卡“修改墙”面板的“编辑轮廓”命令，如图 12-77 所示。

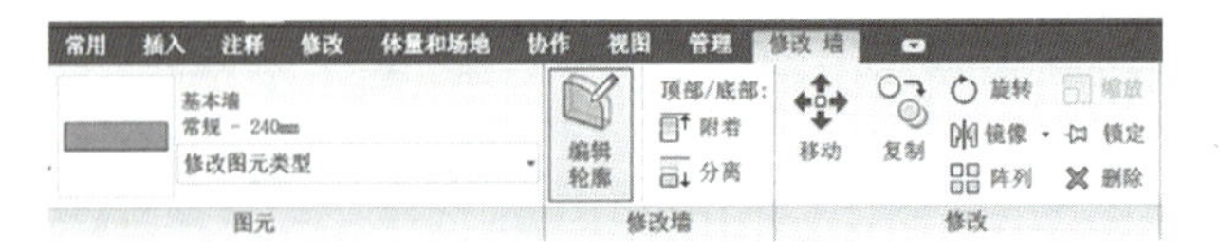

图 12-77

单击“编辑轮廓”命令后出现图 12-78 所示的窗口。

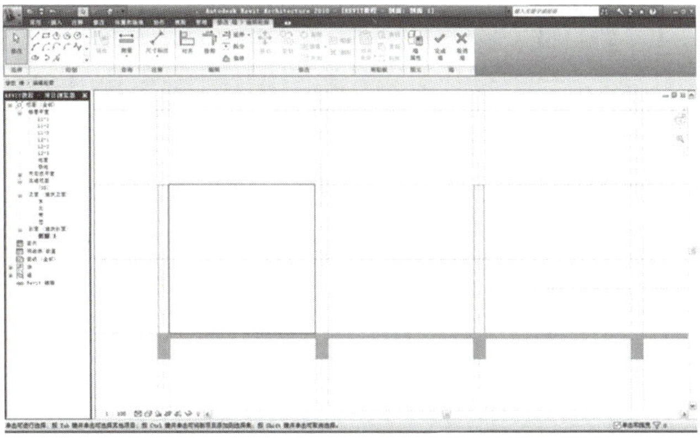

图 12-78

使用编辑工具，可以随意在墙上开洞或改变墙的形状，这里将这面墙随意改变一种形状，如图 12-79 所示。

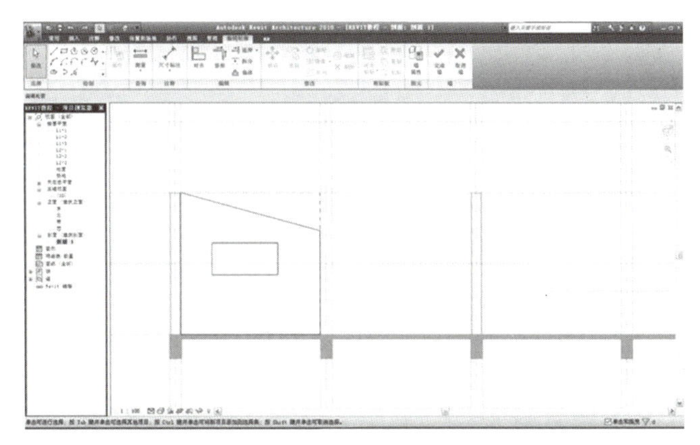

图 12-79

打开三维视图查看效果，如图 12-80 所示。

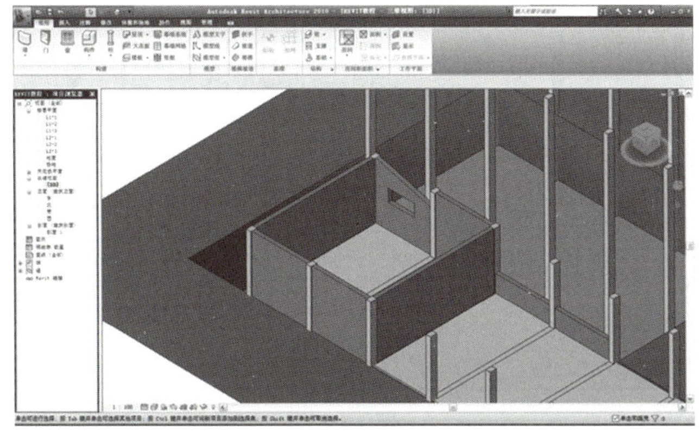

图 12-80

任务 12.5 门和窗

这里以绘制窗户为例（门和窗的绘制与修改方式完全相同，门的绘制在这里不再赘述），以在“L2-2”平面上绘制窗户为例。

在项目浏览器中打开“L2-2”平面，如图 12-81 所示。

单击“常用”选项卡“构建”面板的“窗”命令（绘制门的时候选择“门”命令即可），如图 12-82 所示。

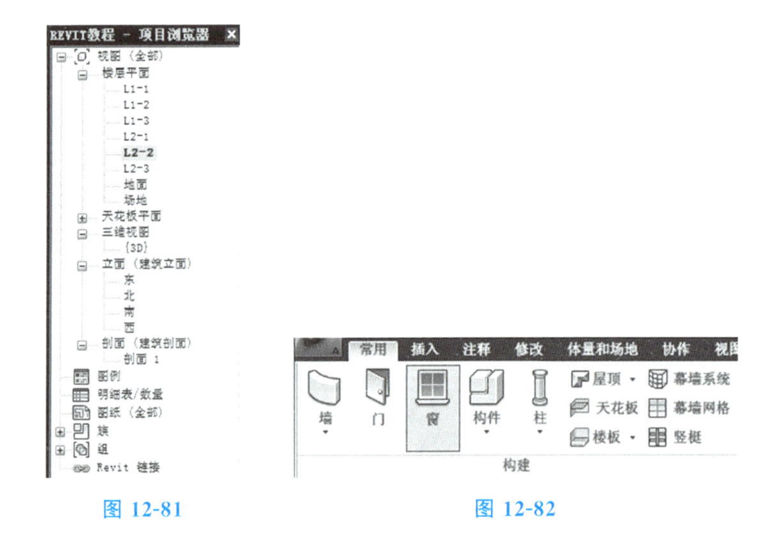

图 12-81　　图 12-82

取消勾选“在放置时进行标记”。在墙上放置一扇窗，如图 12-83 所示。

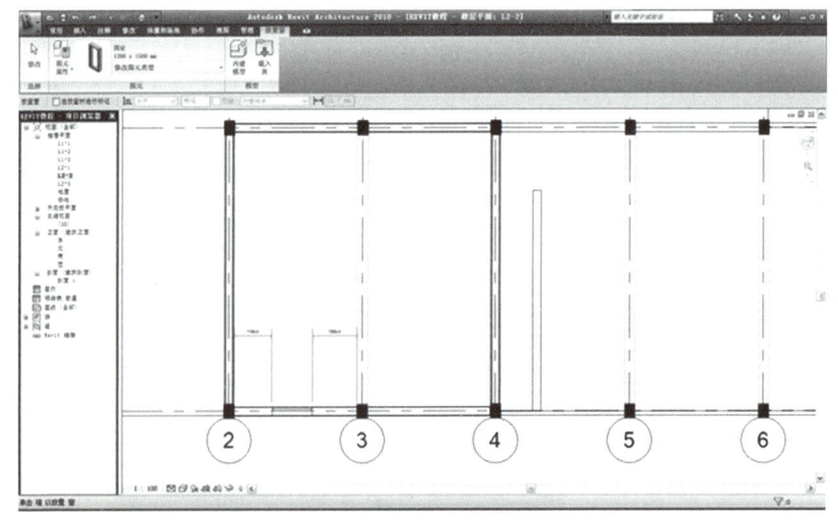

图 12-83

单击窗旁边的标注数字，可以输入数字来修改窗的位置，这里输入 1200。（见图 12-84）

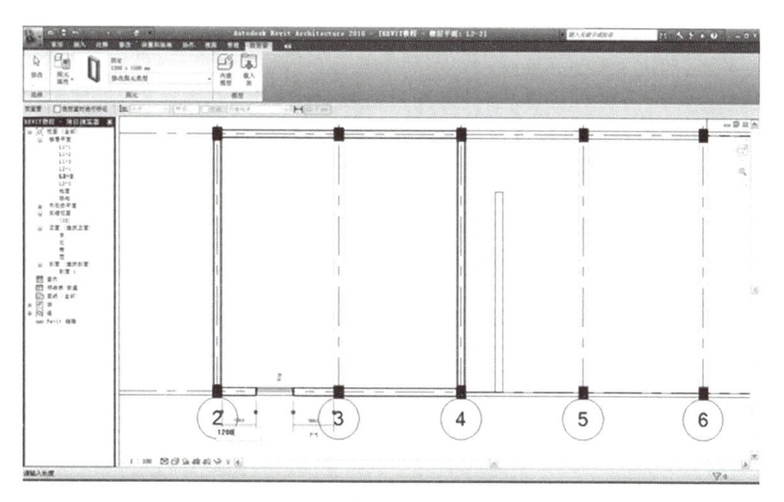

图 12-84

打开三维视图查看效果，如图 12-85 所示。

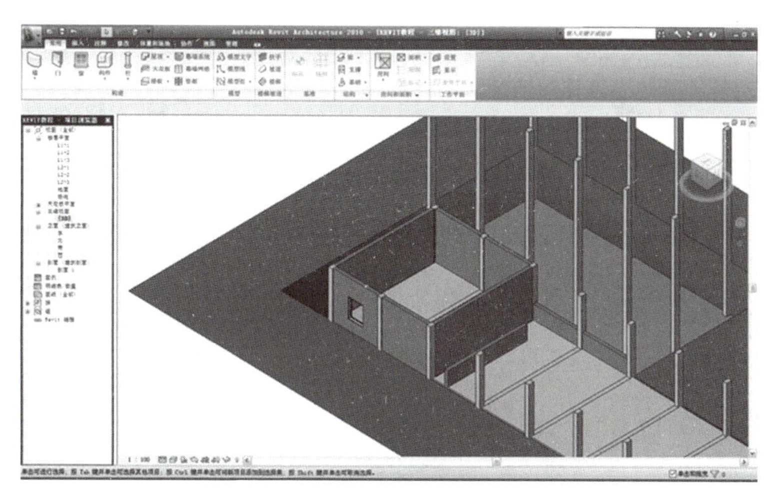

图 12-85

这个窗户太小了，下面可以把它改大一点。

选择窗户，单击“图元属性”—“类型属性”，如图 12-86 所示。

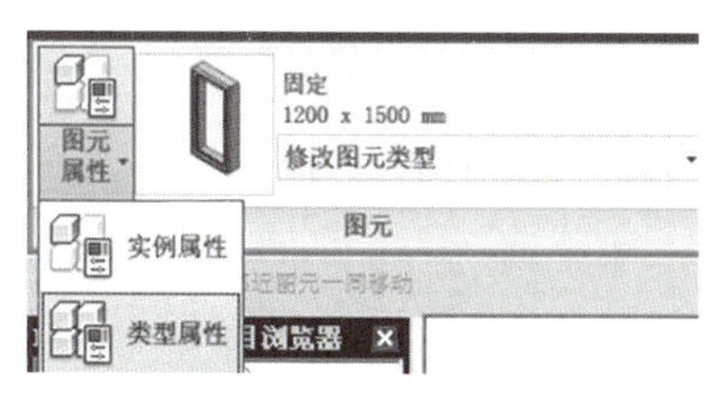

图 12-86

在“类型属性”对话框中可以看到“尺寸标注”中有该窗的各种尺寸参数，如图 12-87 所示。

修改这些参数，这里改为图 12-88 所示的值，单击“确定”。

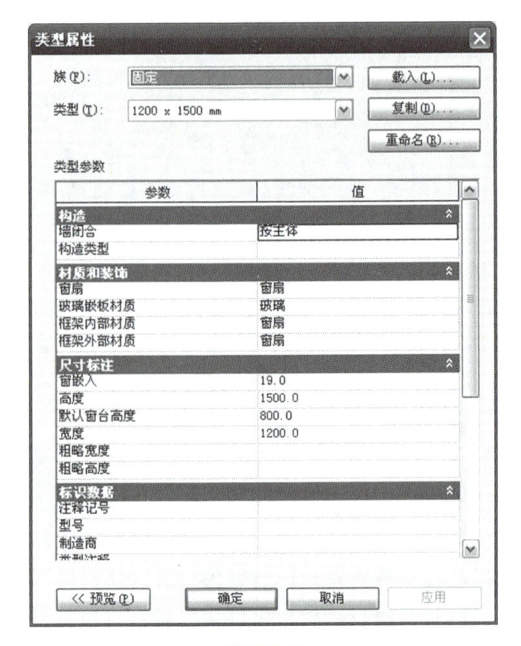

图 12-87

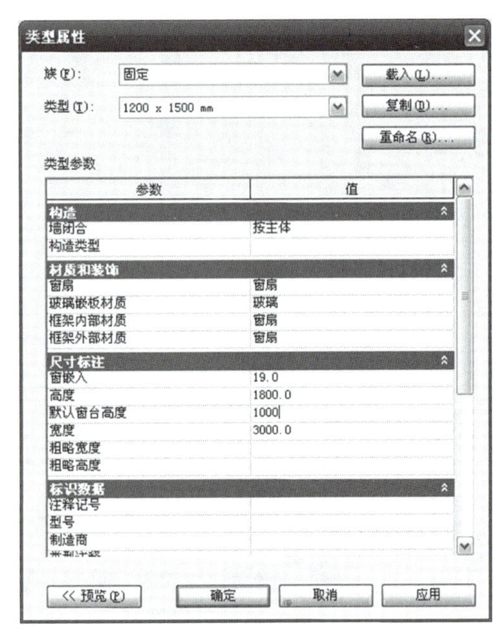

图 12-88

打开三维视图查看效果，如图 12-89 所示。

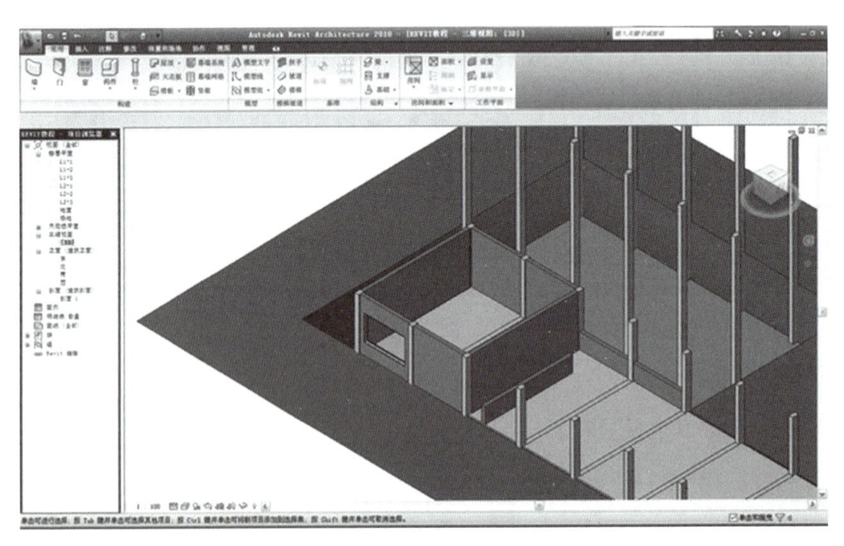

图 12-89

任务12.6 特殊构件

建模中有时会出现 Revit 中没有出现的构件，如某些特别设计的窗、屋顶等。本案例中的特殊构件是双层玻璃窗，如图 12-90 所示。

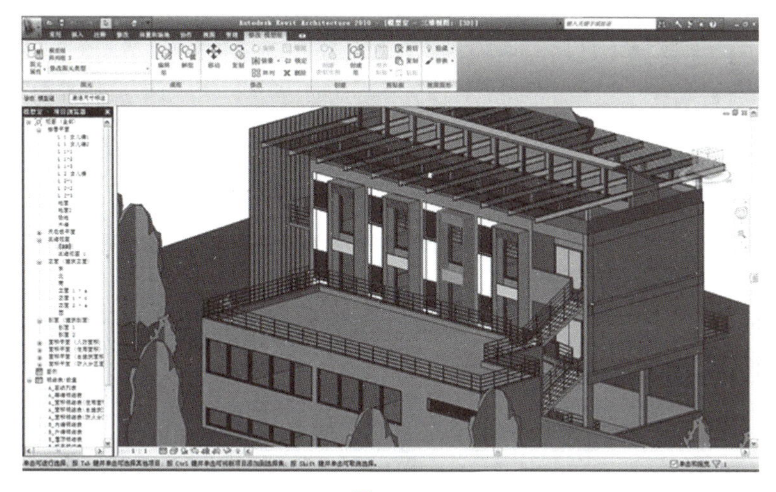

图 12-90

特殊构件可以使用“内建模型”命令来创建。这里以建立一个简单的凸窗为例来说明“内建模型”的基本操作。

在三维视图中，单击“常用”选项卡“构建”面板“构件”下拉菜单中的“内建模型”命令，如图 12-91 所示。

这时会弹出“族类别和族参数”对话框，如图 12-92 所示，因为这里要建立的是一个窗，所以选择“窗”，单击“确定”。

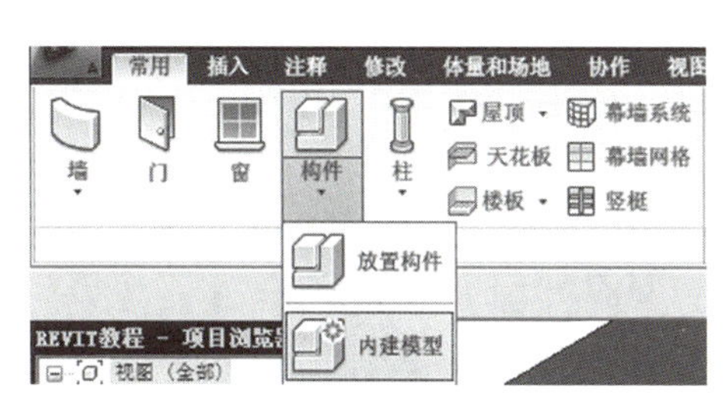

图 12-91

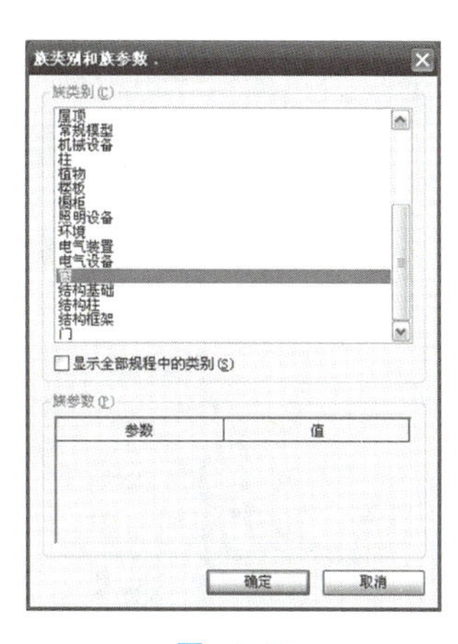

图 12-92

在弹出的“名称”对话框中输入名称，这里使用默认的“窗 1”，如图 12-93 所示。

下面设置工作平面。Revit 建模中工作平面的重要性是不言而喻的，建模过程中也需要经常改变工作平面。

在“常用”选项卡中，单击“工作平面”面板的“设置”命令（见图 12-94），会弹出图 12-95 所示的“工作平面”对话框，选择“拾取一个平面”，单击“确定”关闭对话框。

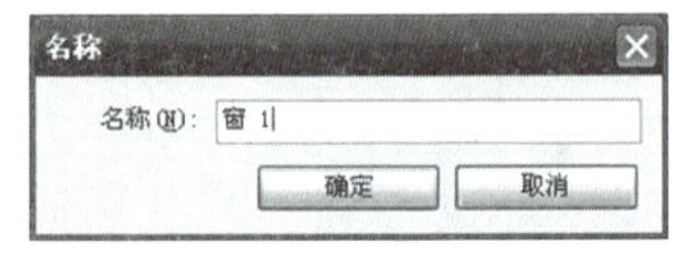

图 12-93

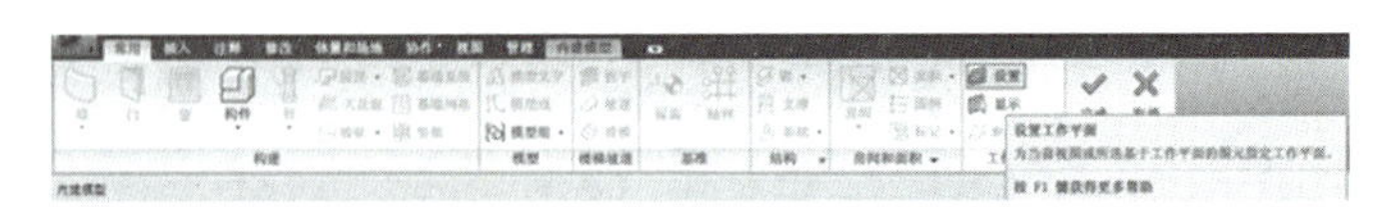

图 12-94

在三维视图中，选择一面墙的外表面，如图 12-96 所示。

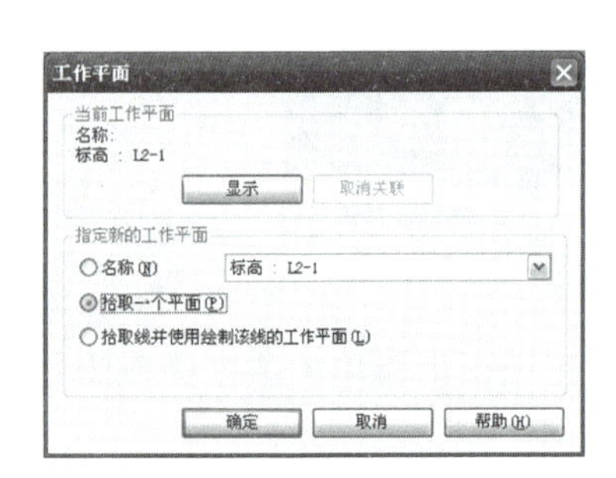

图 12-95

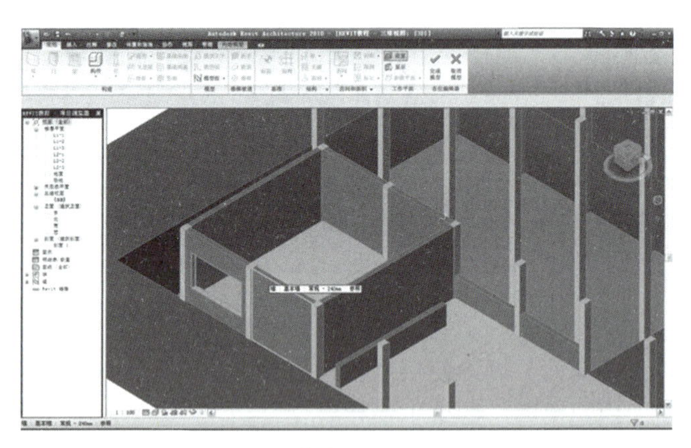

图 12-96

进入“内建模型”选项卡，单击“在位建模”面板的“实心”菜单，其下拉菜单中有五种建造形体方式，即“拉伸”“融合”“旋转”“放样”和“放样融合”。这是 Revit 形体建模的基础工具，熟练掌握这几种工具就可以随心所欲地建出自己想要的形体。

这里选择“拉伸”，如图 12-97 所示。

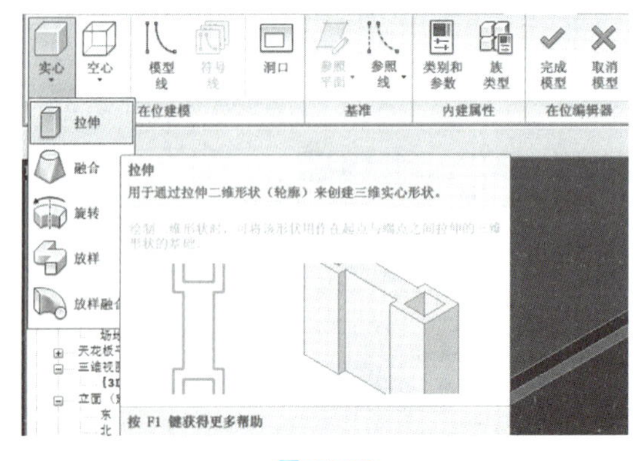

图 12-97

在设置的工作平面上绘制一个框，作为窗框的放样原型，如图 12-98 所示。

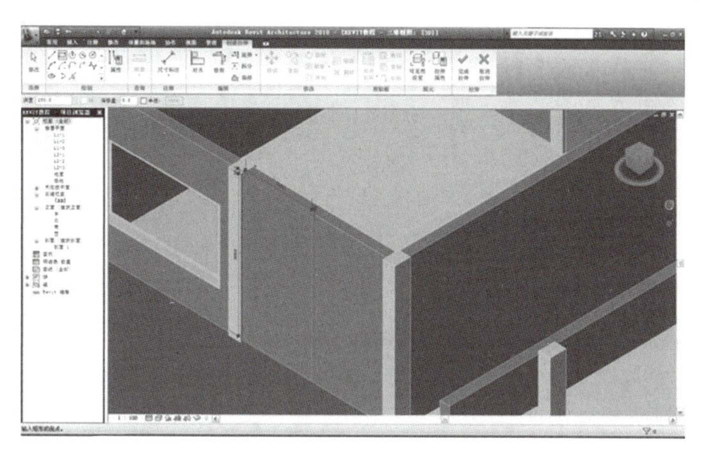

图 12-98

单击“完成拉伸”，出现图 12-99 所示的效果，可以拖拽形体旁的小三角来调整形体。

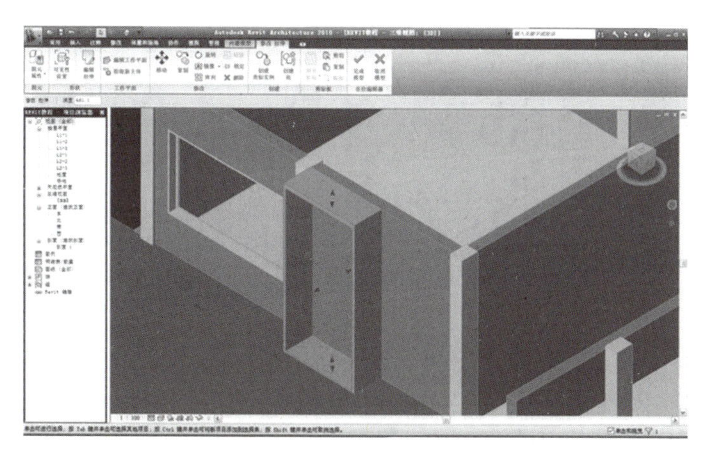

图 12-99

单击“完成模型”，窗框的形体部分就建好了，如图 12-100 所示。

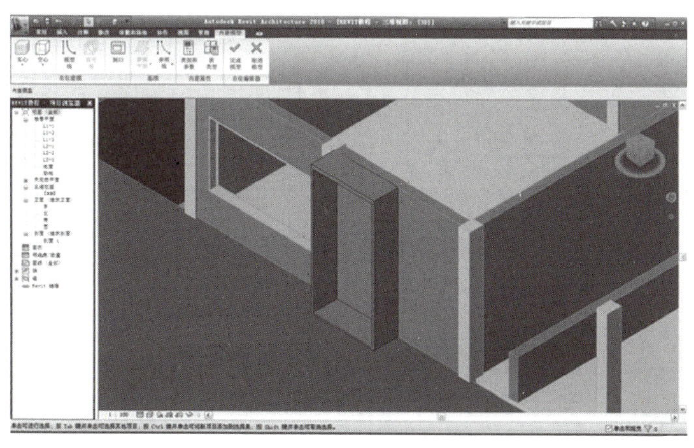

图 12-100

下面创建窗玻璃模型，方法跟创建窗框模型的类似。

在“常用”选项卡中，单击“工作平面”面板的“设置”命令（见图 12-101），会弹出图 12-102 所示的“工作平面”对话框，选择“拾取一个平面”，单击“确定”关闭对话框。

图 12-101

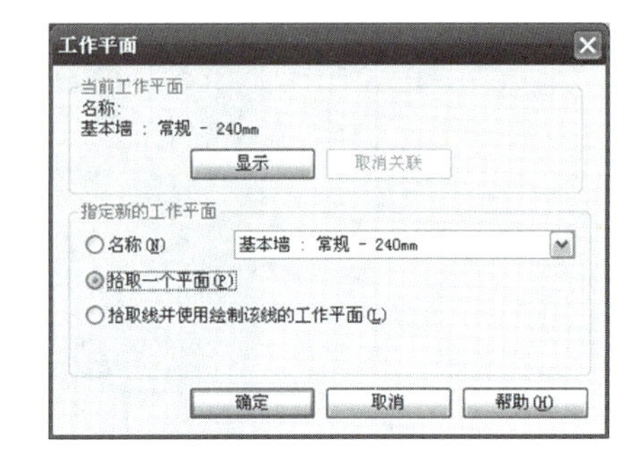

图 12-102

选择窗框内侧下表面为工作平面，如图 12-103 所示。

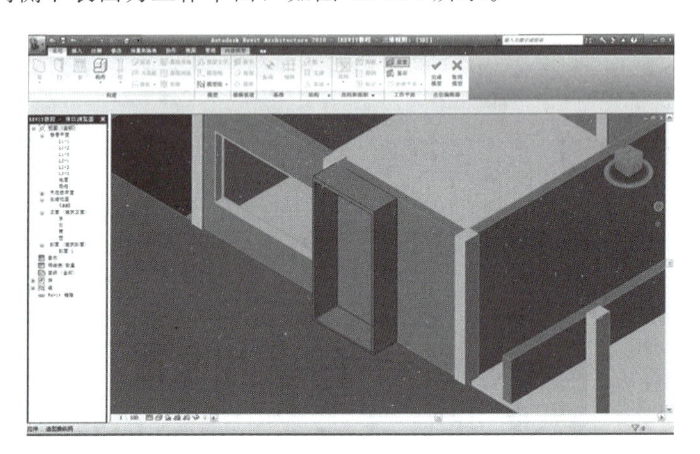

图 12-103

因为玻璃很薄，所以只能画一个很窄的矩形，但是这里线形很粗，不利于绘制，如图 12-104 所示。

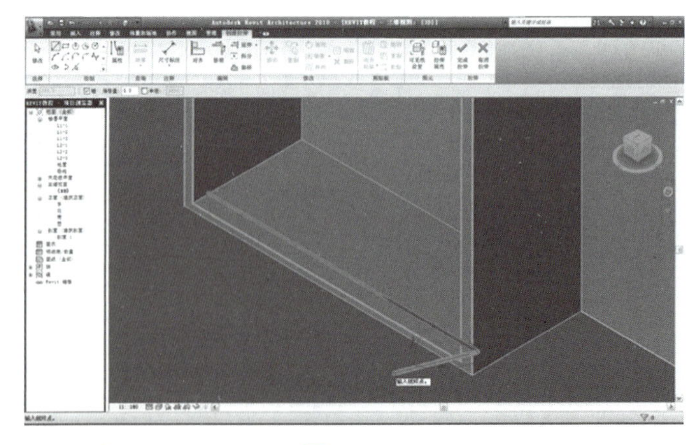

图 12-104

窗口的右下角有显示比例的地方，默认情况是 1：100，这里把它改成 1：1，这样线形就变细了，如图 12-105 所示。

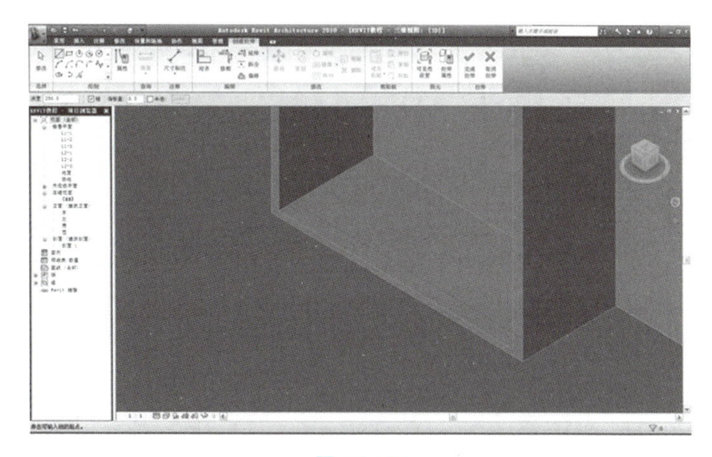

图 12-105

画出这个很窄的矩形后，其他步骤和窗框的建模步骤一样，如图 12-106 所示。

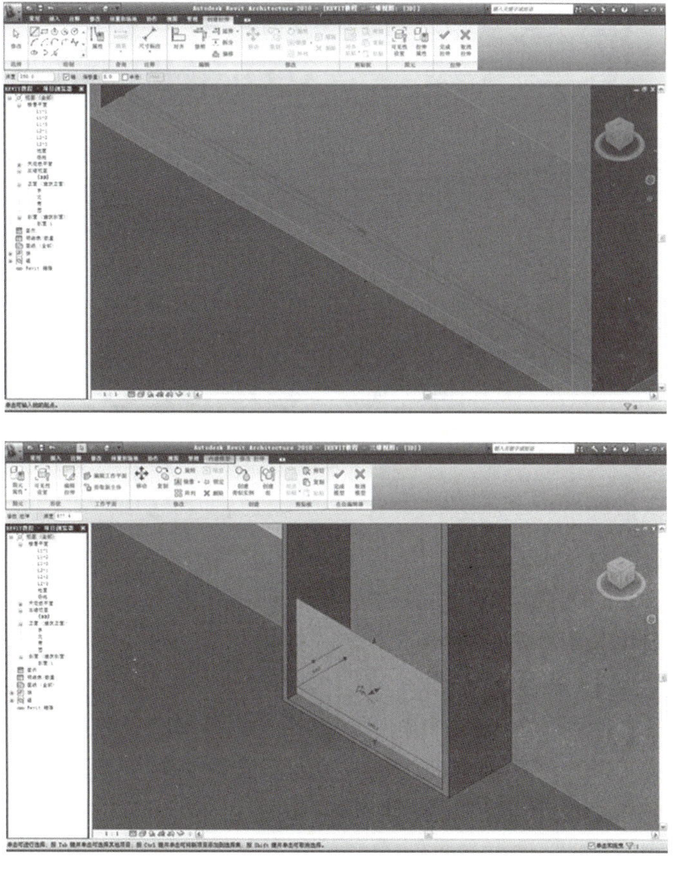

图 12-106

最终的玻璃形体如图 12-107 所示。

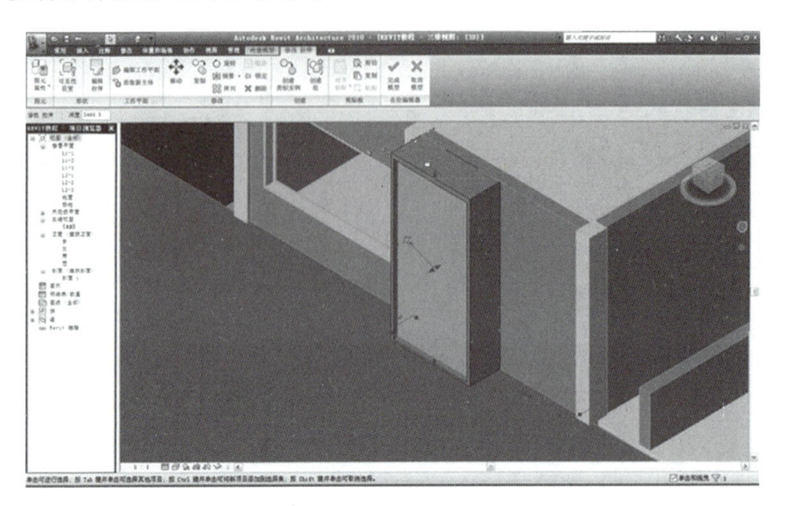

图 12-107

下面给形体加上材质。首先选择窗框部分，如图 12-108 所示。

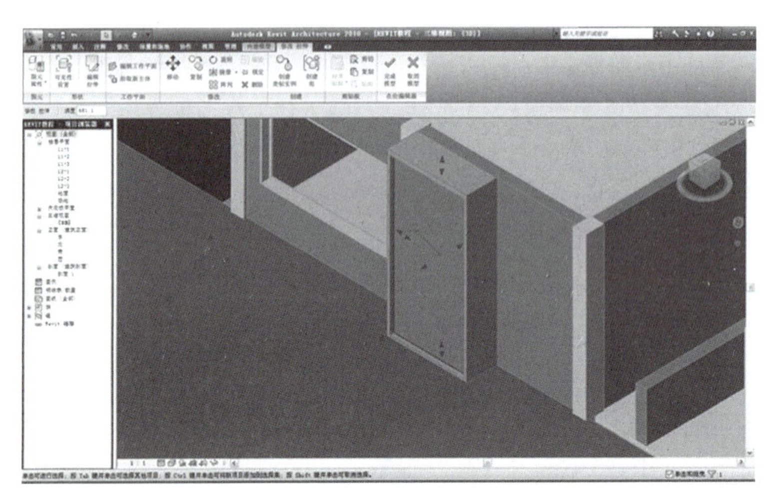

图 12-108

单击“图元属性”—“实例属性”，如图 12-109 所示。

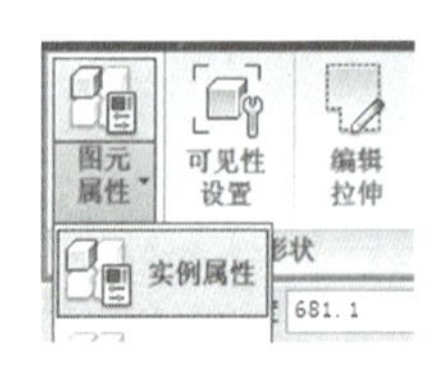

图 12-109

弹出“实例属性”对话框，在材质一栏中，单击“…”，如图 12-110（a）所示。弹出“材质”对话框，选择“混凝土一现场浇注混凝土”，单击“确定”，如图 12-110（b）所示，返回“实例属性”对话框，单击“确定”，这样窗框的材质就加好了。

下面给玻璃添加材质，方法与给窗框添加材质的一样，如图 12-111 所示。最终效果如图 12-112 所示。

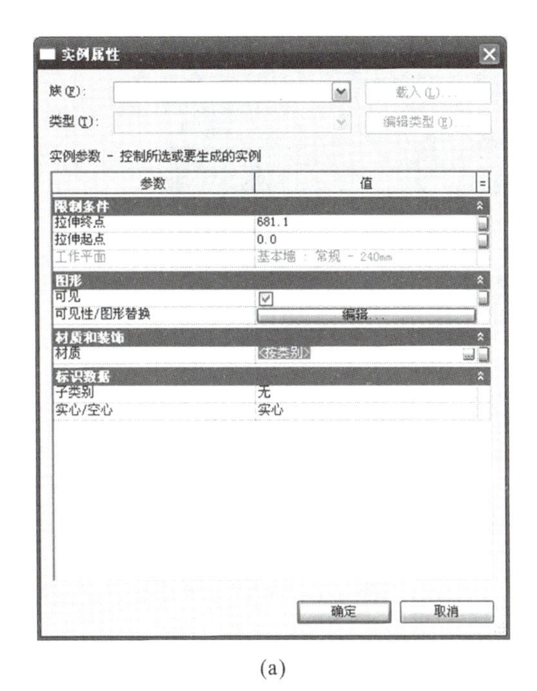

(a)

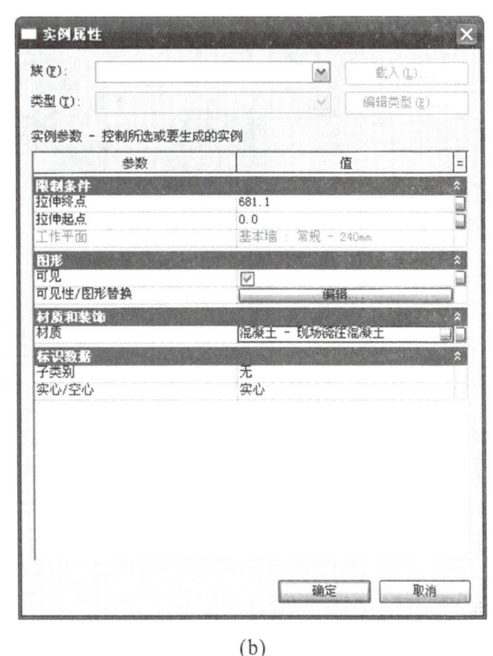

(b)

图 12-110

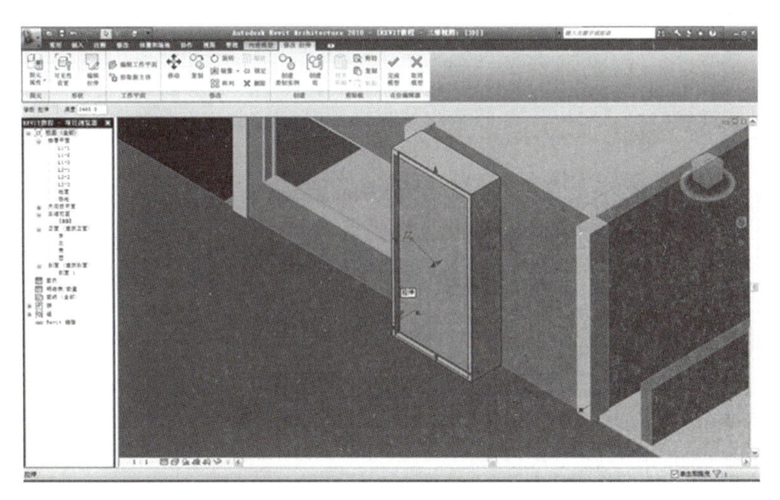

图 12-111

这样一个简单的凸窗就做好了。

内建构件的步骤可以概括为：

设置工作平面—建模—给模型赋予材质。

而其中的建模过程是内建构件的精髓，熟练掌握建模工具后，Revit 可以建出任何形体，可以说，内建构件让 Revit 的建模功能变得极为强大。

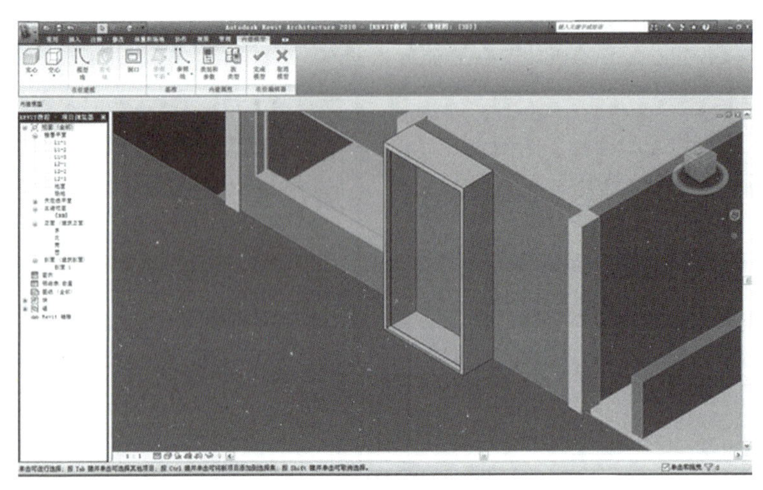

图 12-112

任务 12.7　导出与渲染

可以将 Revit 画的平、立、剖面图导出成 CAD 文件，以便进一步修改。

导出的步骤：

在项目浏览器中打开要导出的任意视图，单击左上角功能键，选择“导出”—“CAD 格式”—“DWG”，如图 12-113 所示。

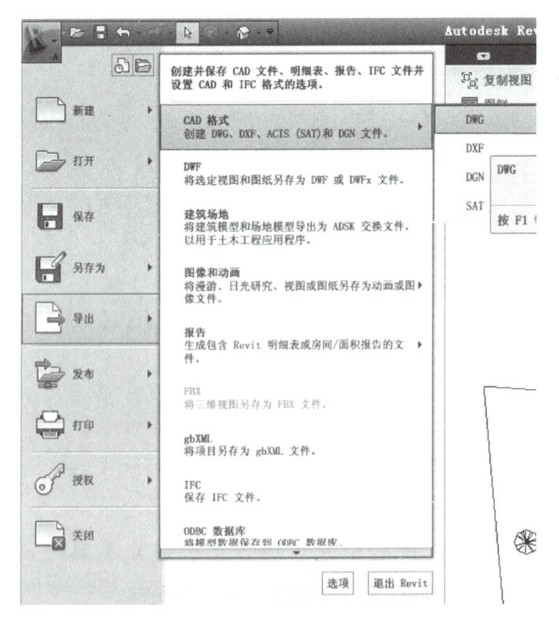

图 12-113

出现图 12-114 所示的“导出 CAD 格式”对话框，单击“导出”，然后选择导出位置即可。

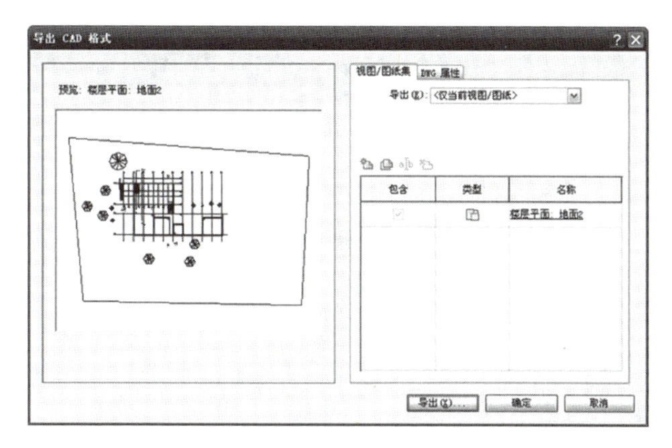

图 12-114

Revit 的渲染功能十分强大，这里简述一下渲染的步骤。

打开地面标高层，在“视图”选项卡中选择“三维视图”—“相机”，如图 12-115 所示。

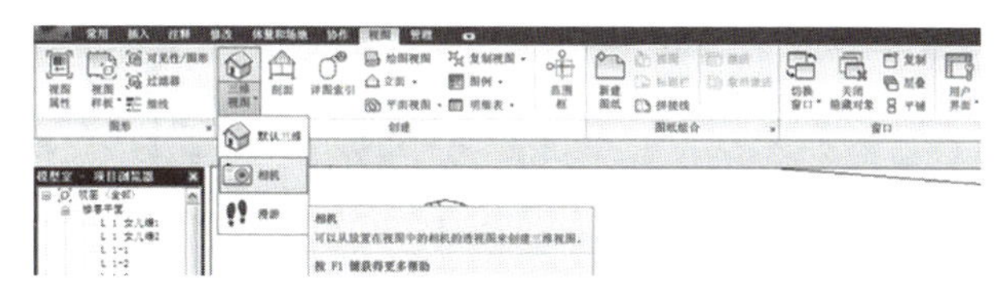

图 12-115

在视图上设置相机位置和相机视线深度，如图 12-116 所示。

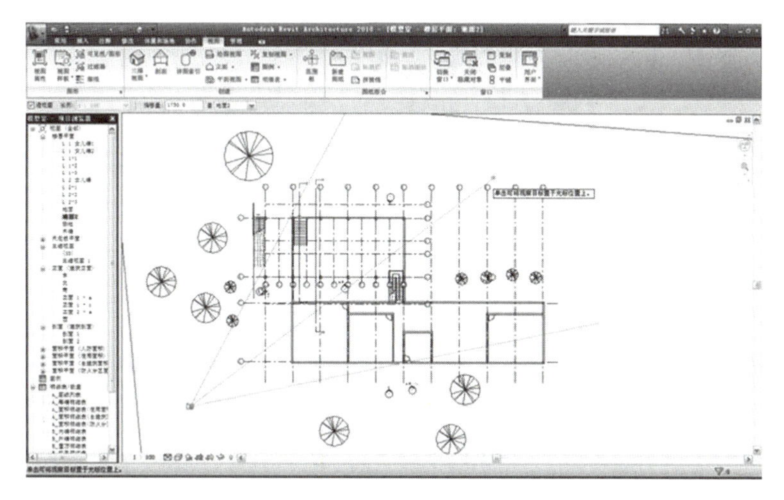

图 12-116

在项目浏览器中，三维视图下面就会出现刚刚创建的相机视图，如图 12-117 所示。

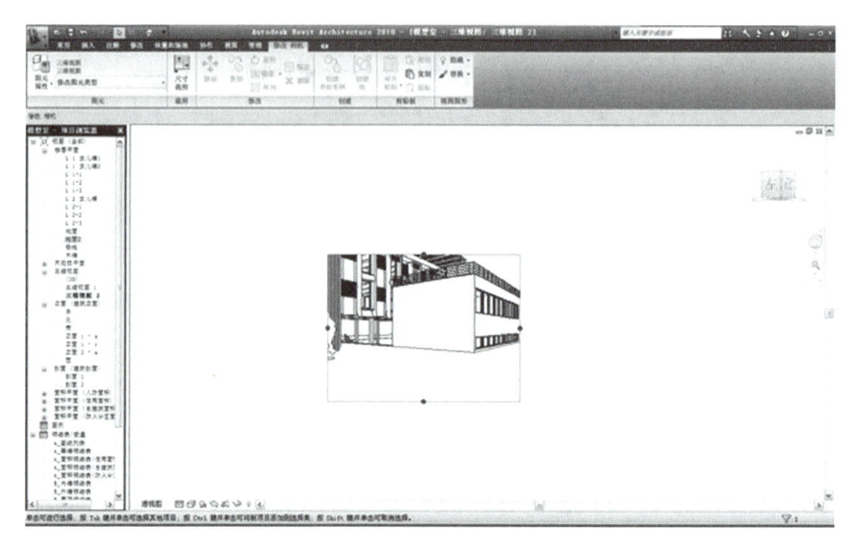

图 12-117

设置好视图范围，如图 12-118 所示。

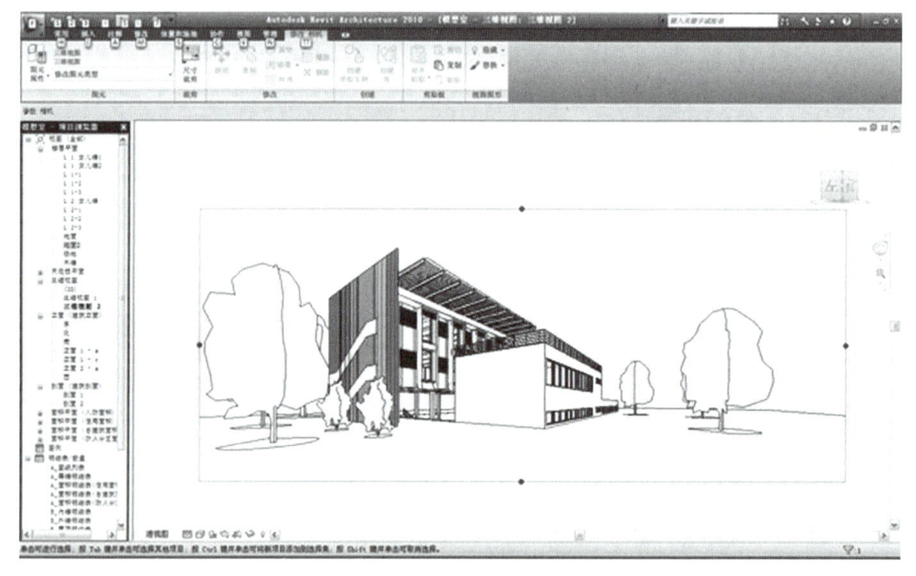

图 12-118

单击“显示渲染”，出现“渲染”对话框，如图 12-119 所示。

在“渲染”对话框中，设置“质量”“分辨率”，设置照明方案为“室外：反日光”，背景样式为“天空：少云”，开始渲染，如图 12-120 所示。

渲染结果如图 12-121 所示。

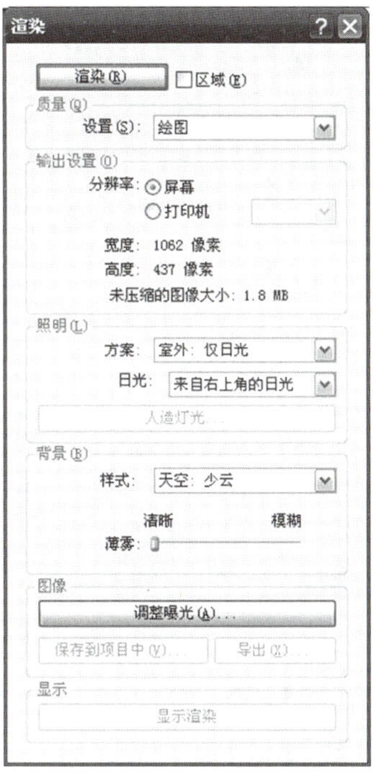

图 12-119

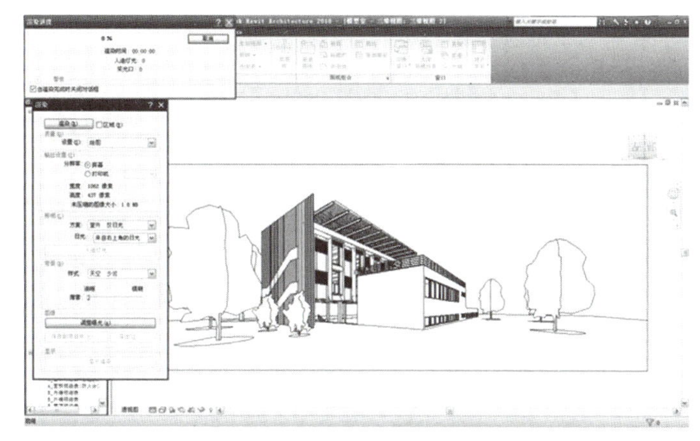

图 12-120

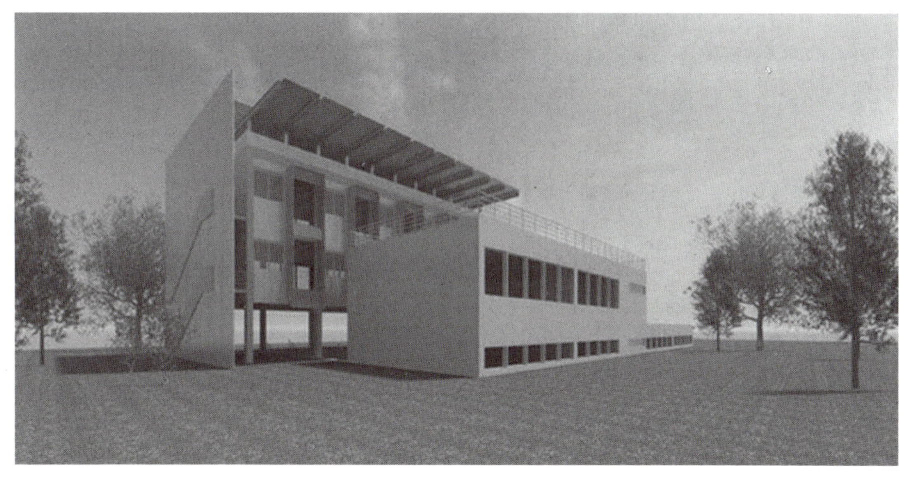

图 12-121

综合练习(第一套)

实操题1

一、根据下图给定尺寸，创建圆凳模型，材质设置为“胡桃木”，请将模型以文件名“圆凳+姓名”保存至本题文件夹中。（20 分）

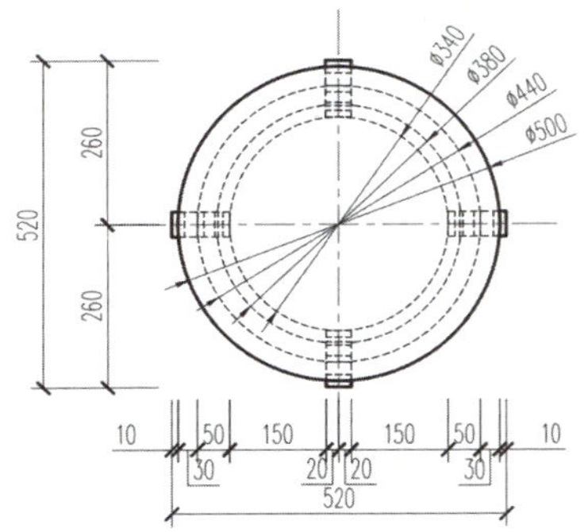

俯视图 1:10

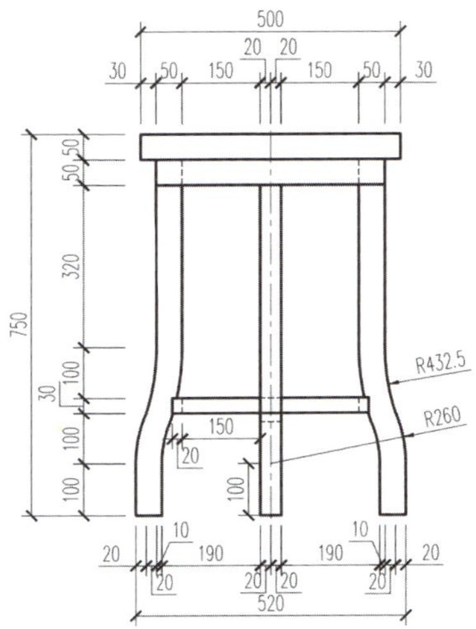

主视图、侧视图 1:10

实操题2

二、根据给定尺寸，创建体量模型:（1）幕墙系统为网格布局1500mm×3000mm（即横向网格间距为3000mm，竖向网格间距为1500mm），网格上均设置竖梃，竖梃均为圆形竖梃 半径50mm；（2）屋顶为厚度400mm的“常规-400mm”屋顶；（3）楼板为厚度150mm的“常规-150mm”楼板；（4）墙体为厚度200mm的“常规-200mm”面墙，定位线为“面层面：外部”。该建筑只有正面为幕墙，其余均为墙体，层高为4.7m，创建F4、F19屋顶及各层楼板。请将模型以文件名“帆船酒店+姓名”保存至本题文件夹中。（20 分）

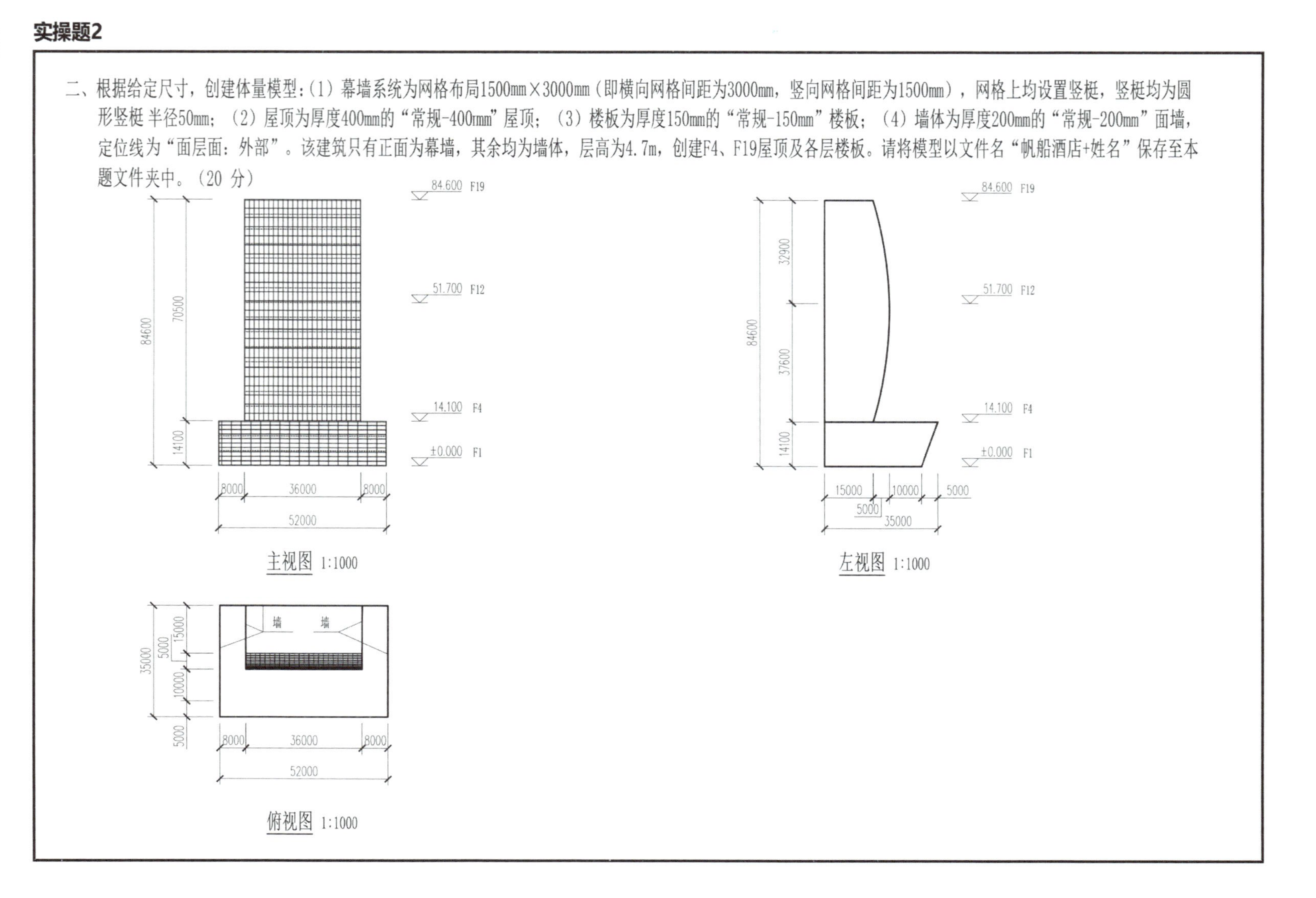

实操题3

三、综合建模（以下三道考题，三选一作答）（40 分）

考题一：根据以下要求和给出的图纸，创建模型并将结果输出。在本题文件夹下新建名为“第三题输出结果+考生姓名”的文件夹，将本题结果文件保存至该文件夹中。(40 分)

1.BIM 建模环境设置（2 分）

设置项目信息：①项目发布日期：2023年11月11日；②项目名称：综合楼；③项目地址：中国南京市。

2.BIM 参数化建模（30 分）

（1）根据给出的图纸创建标高、轴网、柱、墙、门、窗、楼板、屋顶、雨篷、台阶、坡道、散水、楼梯等，栏杆尺寸及类型自定。门窗需按门窗表尺寸完成，窗台底高度见立面图，未标明尺寸不做要求。(24 分)

（2）主要建筑构件参数要求如下：（6 分） 外墙：240mm，10mm厚灰色涂料（外部）、220mm厚混凝土砌块、10mm厚白色涂料（内部）；内墙：240mm，10mm厚白色涂料、220mm厚混凝土砌块、10mm厚白色涂料； 隔墙：120mm，10mm厚白色涂料、100mm厚混凝土砌块、10mm厚白色涂料；楼板：150mm厚混凝土；一楼底板：450mm厚混凝土；屋顶：100mm厚混凝土；散水：800mm宽混凝土； 雨篷：150mm厚混凝土；柱子：500mm×500mm混凝土。

3.创建图纸（5 分）

（1）创建门窗明细表，门明细表要求包含：类型标记、宽度、高度、合计字段；窗明细表要求包含：类型标记、底高度、宽度、高度、合计字段；门窗明细表均计算总数。（3 分）

（2）创建项目一层平面图，创建A1公制图纸，将一层平面图插入，并将视图比例调整为1:100。（2 分）

4.模型渲染（2 分）

对建筑的三维模型进行渲染，质量设置：中，背景为“天空：少云”，照明方案为“室外：日光和人造光”，其他未标明选项不做要求，并将渲染结果以“别墅渲染.JPG”为文件名保存至本题文件夹中。

5.模型文件管理（1 分）

将模型文件命名为“综合楼+姓名”，并保存项目文件。

门窗表

类型	设计编号	洞口尺寸(mm)	数量
单扇木门	M0921	900x2100	13
双扇平开门	M1521	1500x2100	16
双扇推拉窗	C1818	1800x1800	11
	C2118	2100x1800	24

实操题3

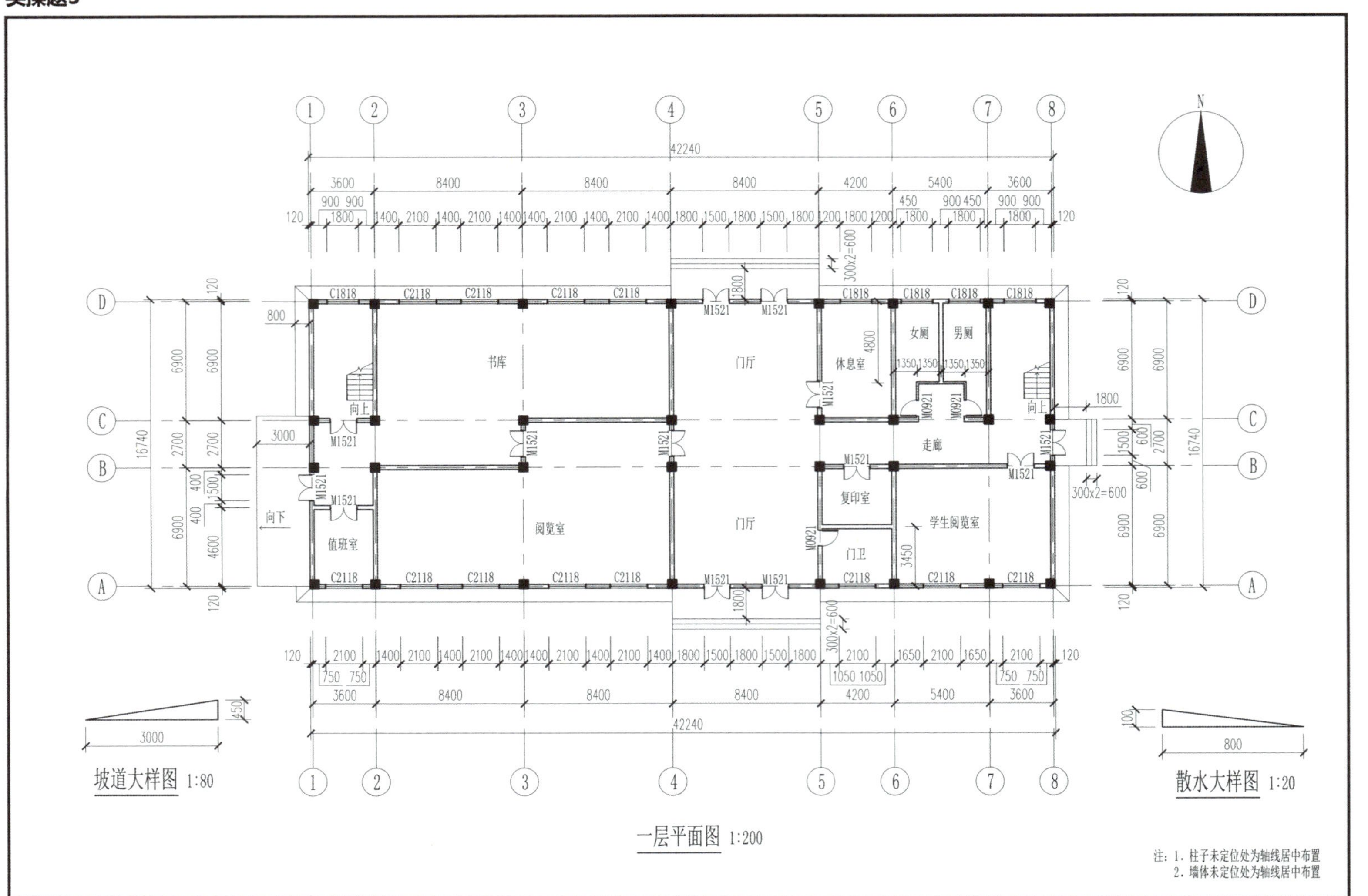

书库
阅览室
门厅
门厅
休息室
女厕
男厕
走廊
复印室
学生阅览室
门卫
值班室
向上
向下
42240
16740
坡道大样图 1:80
散水大样图 1:20
一层平面图 1:200
注：1. 柱子未定位处为轴线居中布置
2. 墙体未定位处为轴线居中布置

实操题3

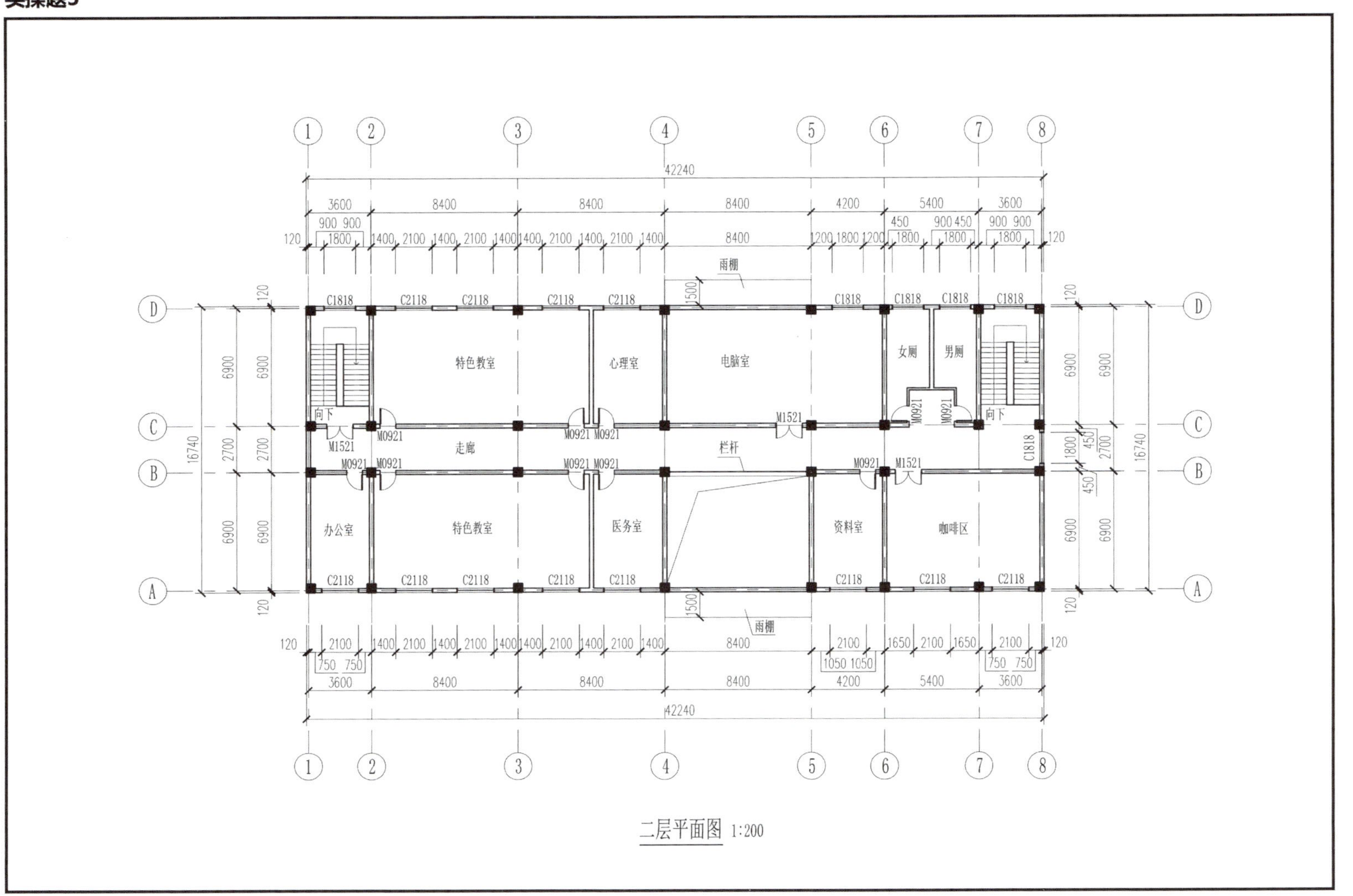

二层平面图 1:200

实操题3

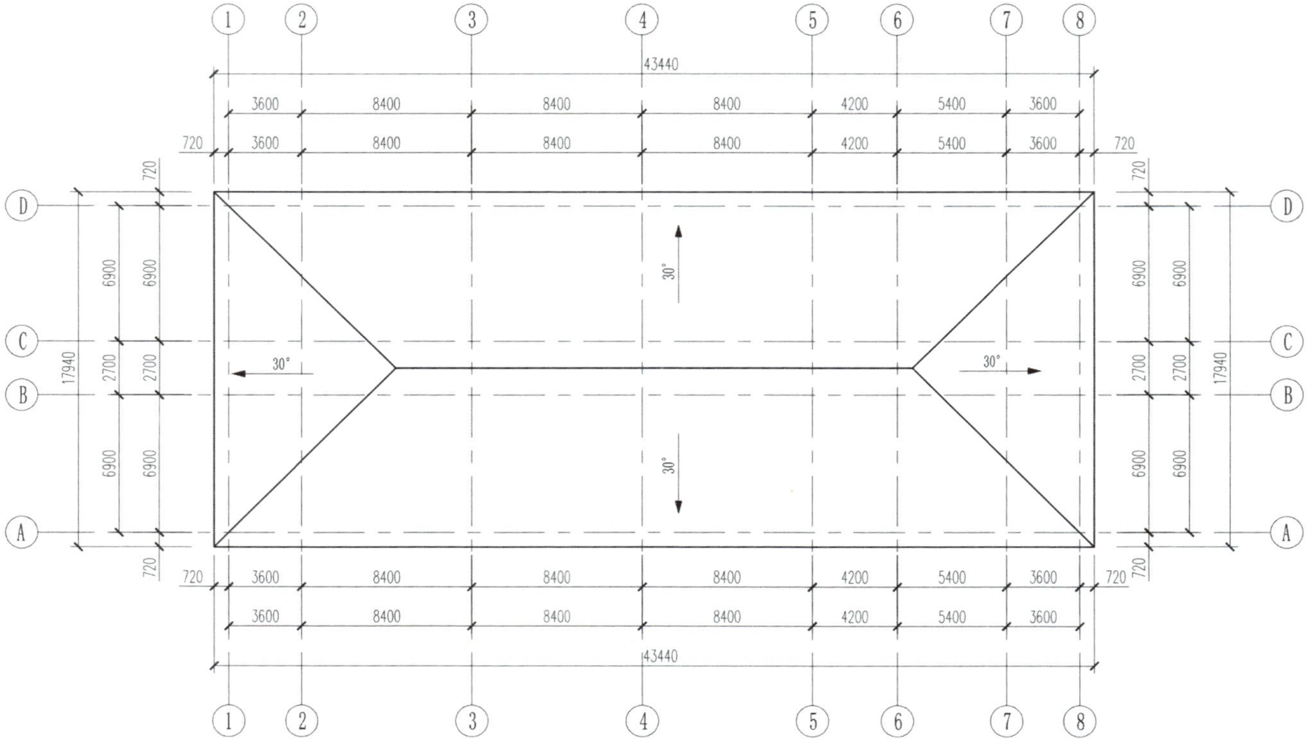

屋顶平面图 1:200

实操题3

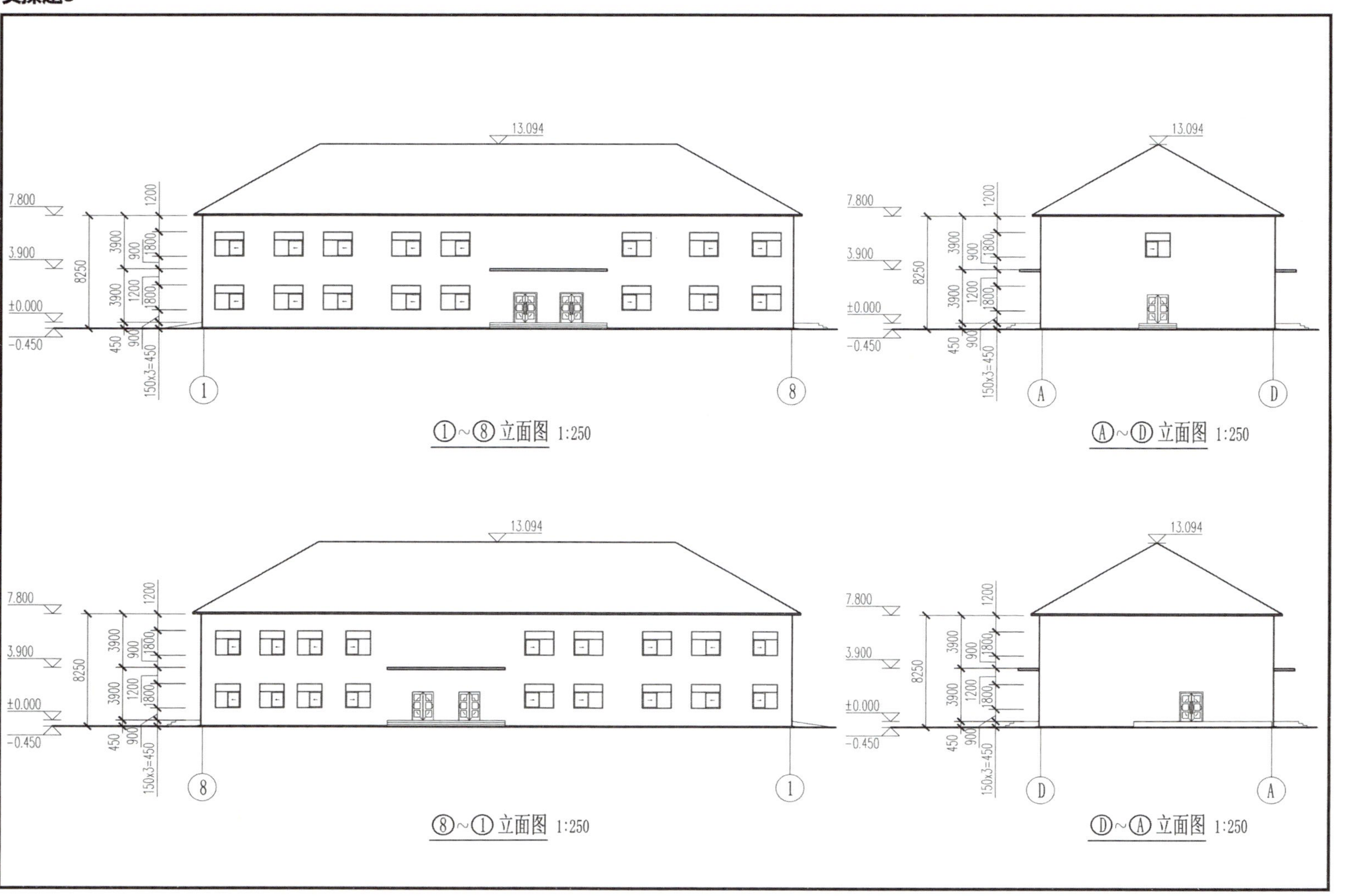
13.094
7.800
3.900
±0.000
-0.450
8250
3900
3900
450
1200
900
1800
1200
1800
900
150x3=450
①~⑧立面图 1:250
Ⓐ~Ⓓ立面图 1:250
⑧~①立面图 1:250
Ⓓ~Ⓐ立面图 1:250

实操题3

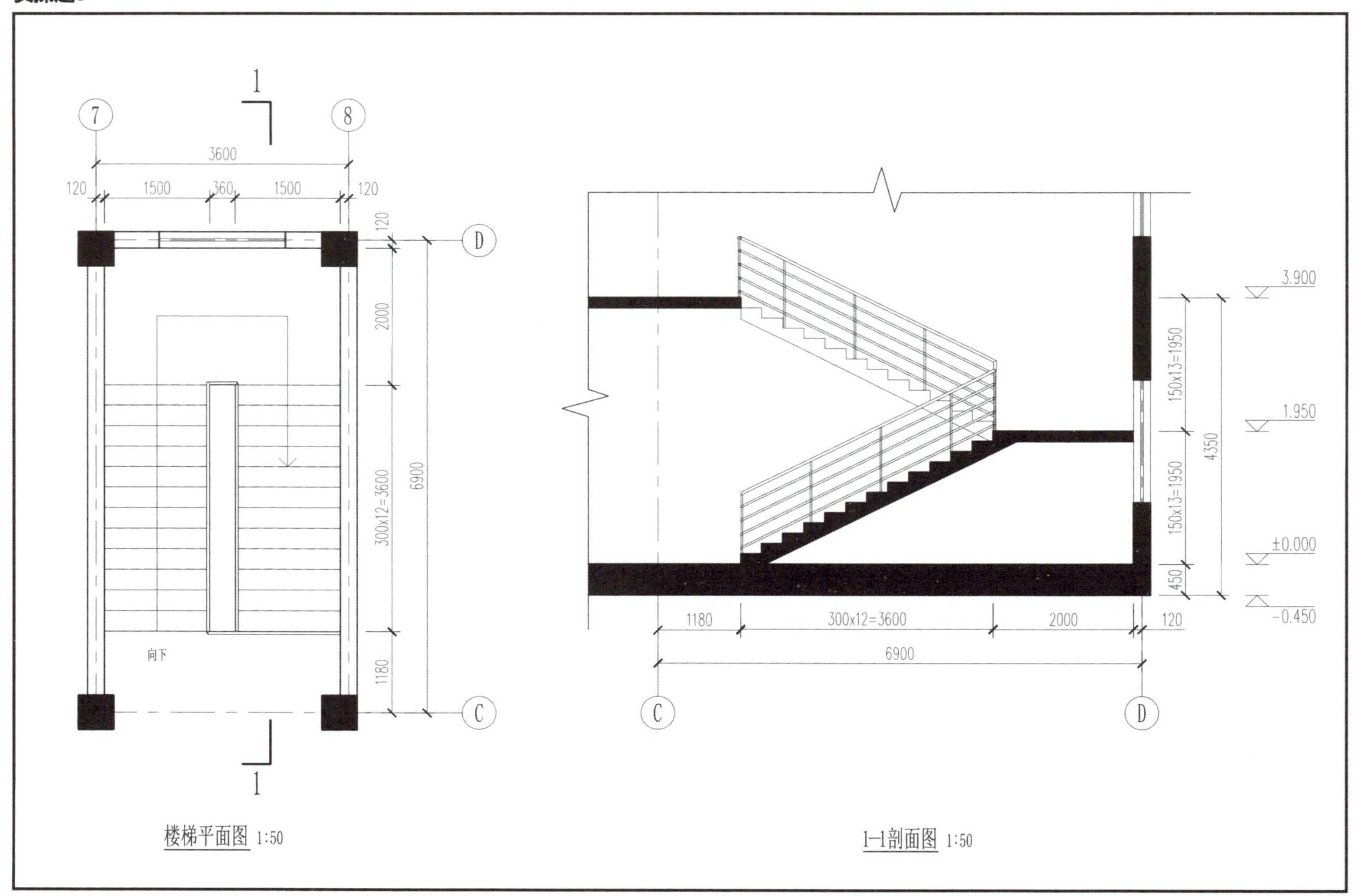

楼梯平面图 1:50

1-1剖面图 1:50

实操题3

考题二：根据以下要求和给出的图纸，创建建筑及机电模型。在本题文件夹下新建名为“第三题输出结果+考生姓名”的文件夹，将本题结果文件保存至该文件夹中。(40 分)

要求：（未明确处考生可自行确定）

1. 创建视图名称为“建筑平面图”，根据“建筑平面图”创建建筑模型，已知建筑位于首层，层高4.8m，其中门底高度为0m，窗底高度为1.5m，柱尺寸为400mm×400mm，外墙墙体尺寸厚度为200mm，内墙200mm，卫生间隔墙50mm（所有墙体材质不限），高度为3200mm，楼板厚度150mm。（5 分）
2. 根据图表颜色设置机电各管道颜色。（2 分）
3. 创建视图名称为“暖通平面图”的平面视图，并根据“暖通平面图”创建暖通风管模型，风管底对齐，风管安装底高度3.8m，风口为排风格栅，尺寸为600mm×400mm；风机、消声器、百叶、阀门、风口等均需要建模。（8 分）
4. 创建视图名称为“电气平面图”的平面视图，并根据“电气平面图”创建电气模型，灯具为“双管悬挂式灯具”，安装高度不做要求（合理即可），开关为单控开关，安装高度为1.2m，电气桥架为电力桥架，桥架底对齐，桥架安装底高度为4.25m。（6 分）
5. 创建视图名称为“给排水平面图”的平面视图，并根据“给排水平面图”创建给排水模型，其中消火栓管道中心对齐，消火栓管道中心标高4.0m；消火栓箱采用室内消火栓箱，尺寸、放置高度自定义；根据“卫生间给排水详图”及“卫生间给排水系统图”创建卫生间给排水模型，其中污水管坡度为1.5%，卫生间建模包含地漏及卫生洁具等内容。（12 分）
6. 创建风管明细表，包括系统类型、尺寸、长度、合计四项内容。（2 分）
7. 以完成的“暖通平面图”创建图名为“暖通平面布置图”的图纸，要求A3图框，比例1∶100，标注不做要求，并导出CAD，以“暖通平面布置图”进行保存。（3 分）
8. 将模型文件命名为“建筑及机电模型+考生姓名”，并保存项目文件。（2 分）

系统名称及颜色编号

系统类型	系统缩写	颜色编号（RGB）
排风	PF	0,0,255
市政给水	J	0,0,255
消火栓管	XH	255,0,0
污水管	W	255,255,128
电力桥架	QD	128,255,128

项目图例及说明

图例	说明
☒	排风格栅风口600mm×400mm（共6个）
	轴流风机（共2个）
	消火栓箱（共2个）
	双管悬挂式灯具（共15个）
	闸阀（布置消防、给水管道）
	止回阀（布置排风管道）
	消声器（布置排风管道）
	单控开关（3个）

实操题3

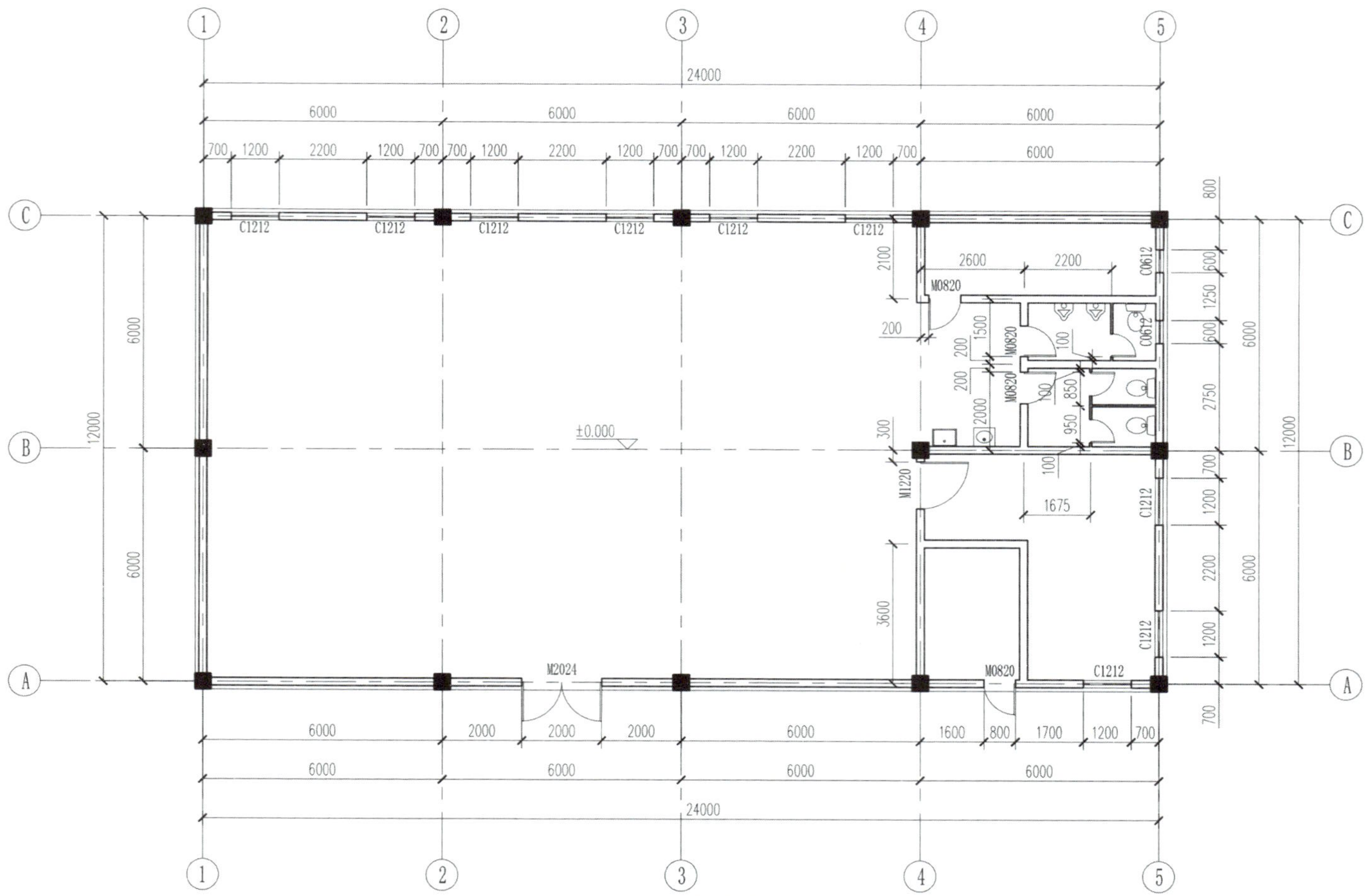

建筑平面布置图 1:100

实操题3

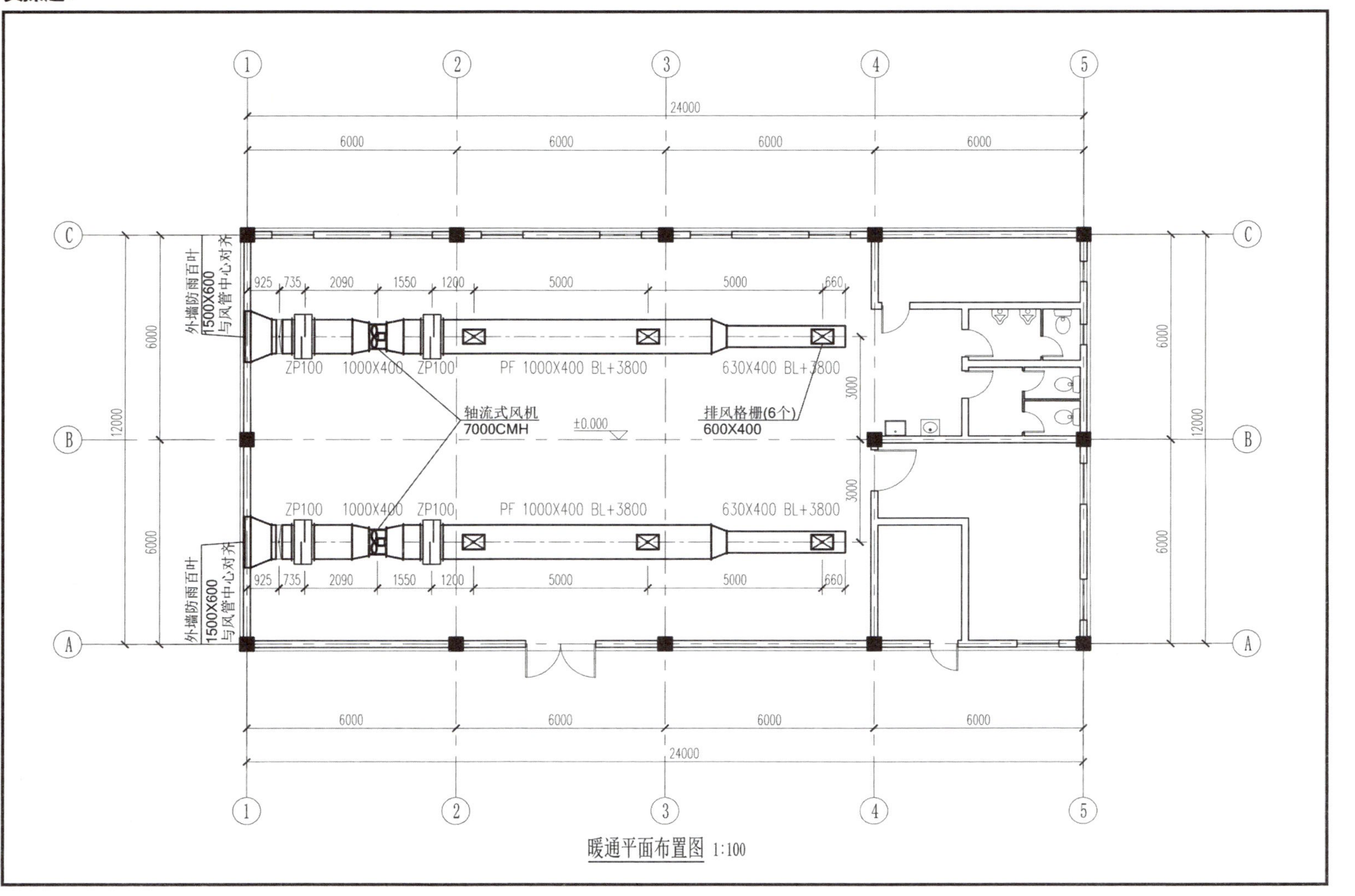

暖通平面布置图 1:100

实操题3

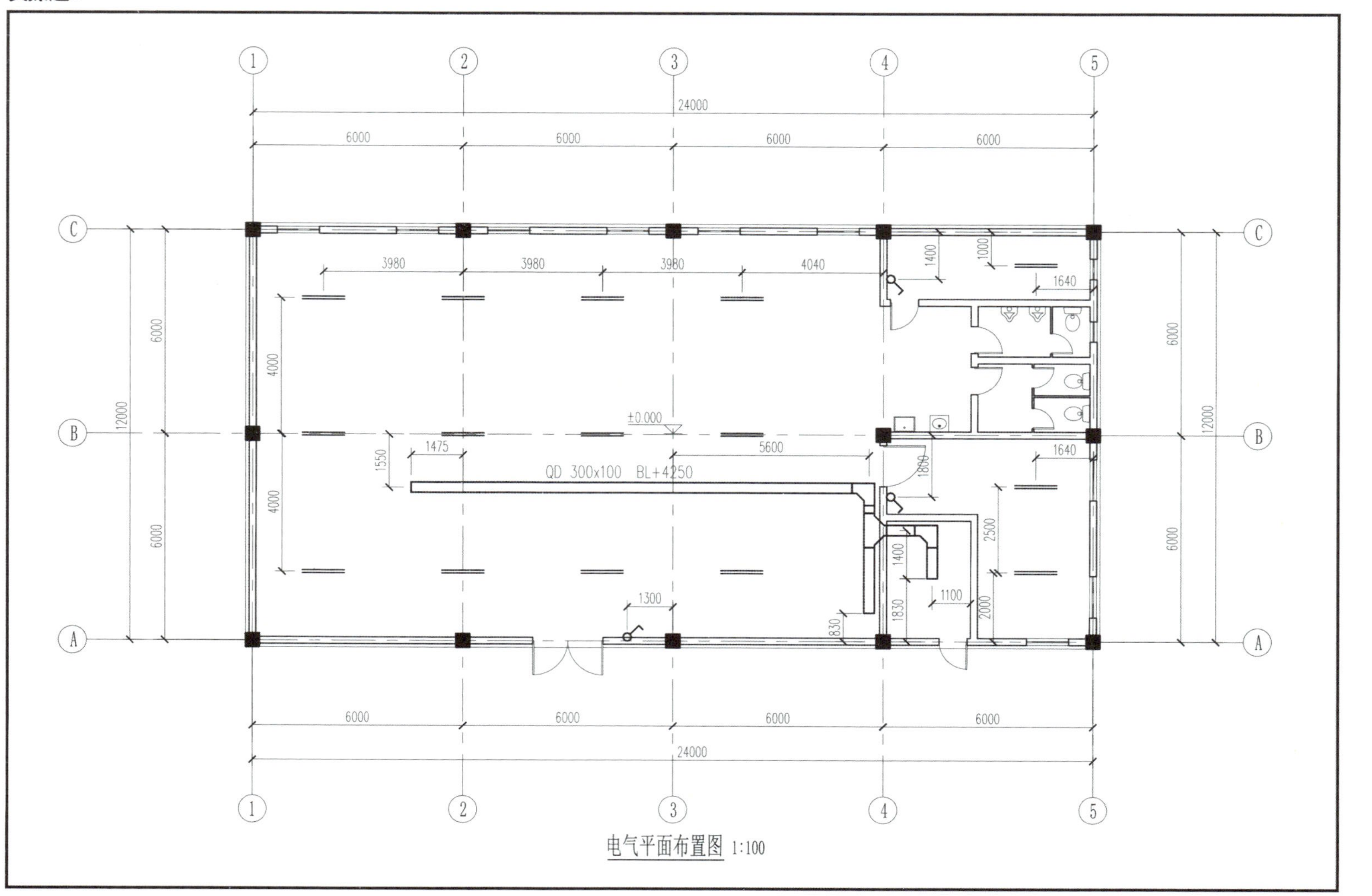

电气平面布置图 1:100

实操题3

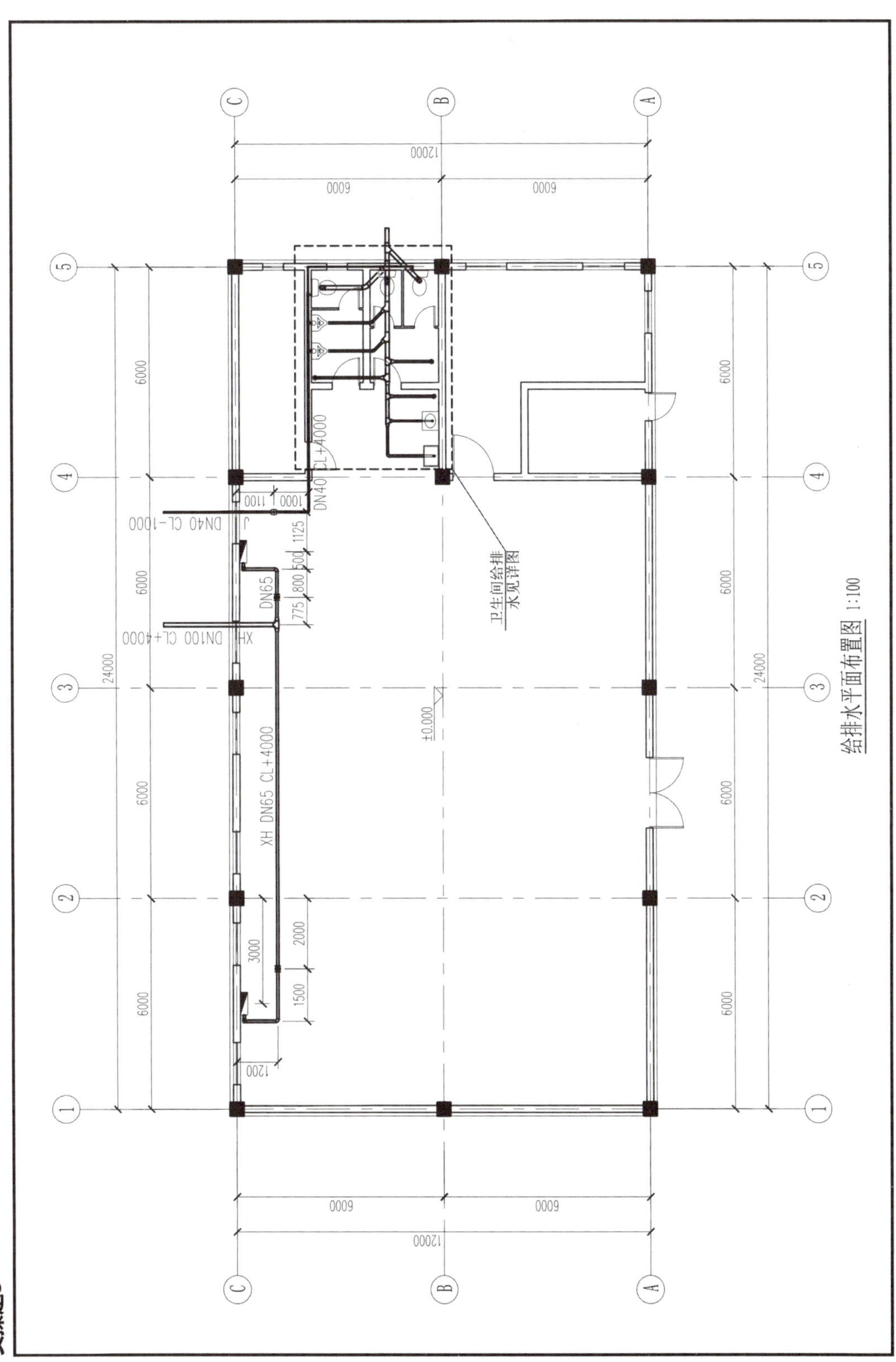

给排水平面布置图 1:100
卫生间给排水见详图
XH DN100 CL+4000
J DN40 CL-1000
XH DN65 CL+4000
DN65
DN40 CL+4000
±0.000
12000
6000
24000

实操题3

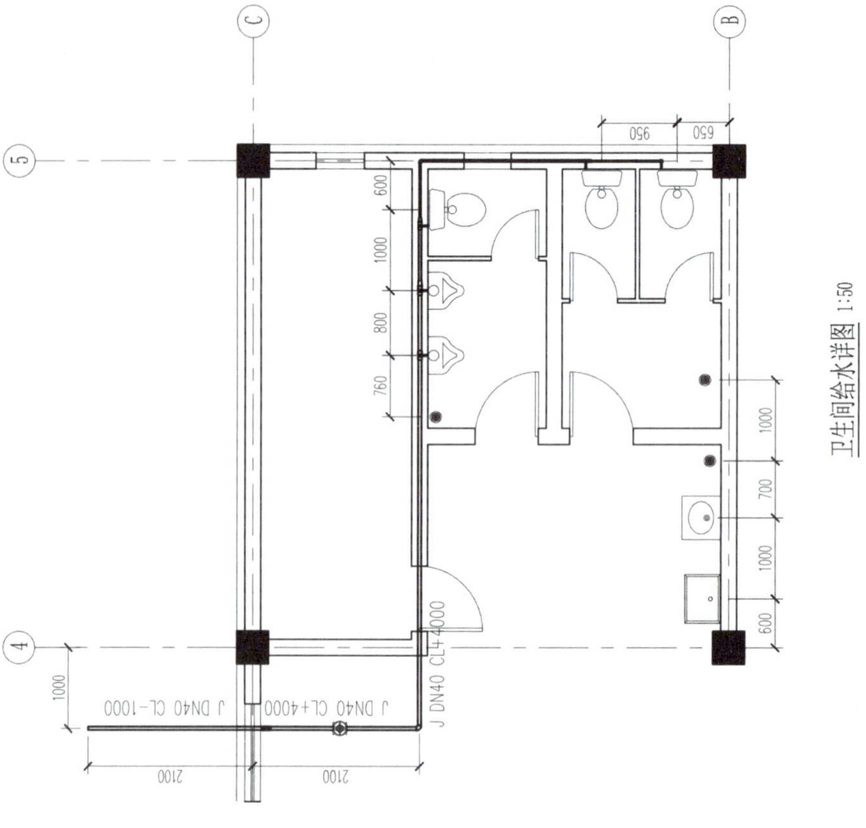

卫生间给水详图 1:50 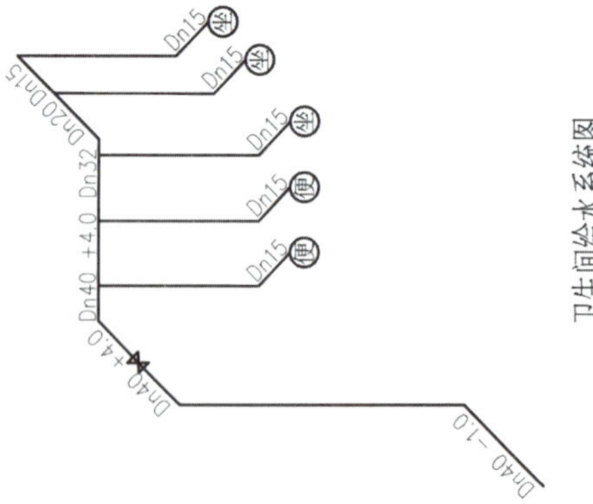
J DN40 CL-1000
J DN40 CL+4000
J DN40 CL+4000
卫生间给水系统图
Dn40 -1.0
Dn40 +4.0
Dn40 +4.0
Dn32
Dn20
Dn15
Dn15 坐
Dn15 坐
Dn15 坐
Dn15 便
Dn15 便

实操题3

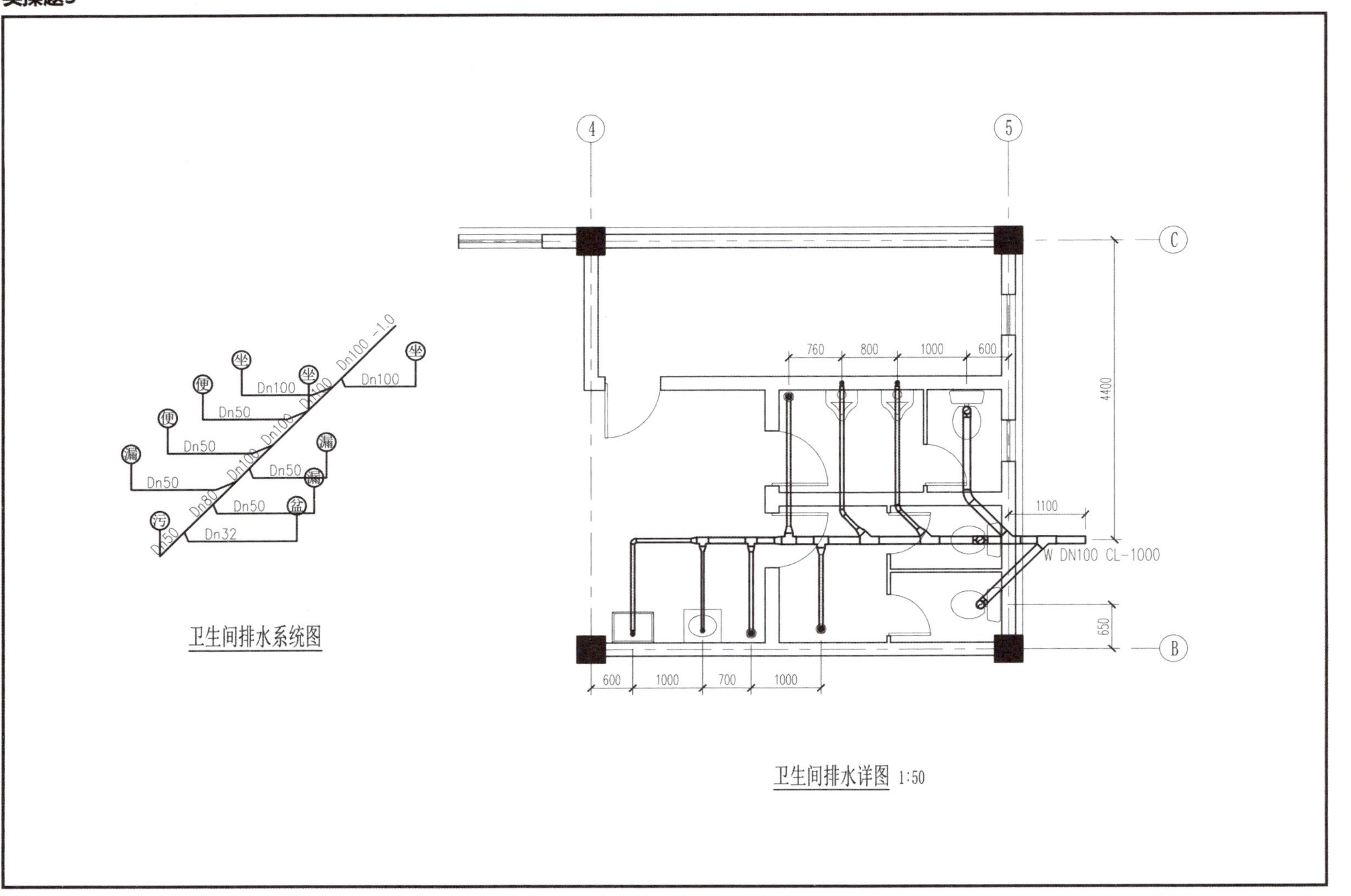

坐
便
漏
盆
污
Dn100 -1.0
Dn100
Dn50
Dn80
Dn32
Dn50
卫生间排水系统图
4
5
C
B
760
800
1000
600
4400
1100
W DN100 CL-1000
650
600
1000
700
1000
卫生间排水详图 1:50

实操题3

考题三：根据以下要求和给出的图纸，创建模型并将结果输出。在考生文件夹下新建名为“第三题输出结果+考生姓名”的文件夹，将本题结果文件保存至该文件夹中。（40 分）

1.BIM 参数化建模（32 分）

（1）根据地面标高创建地形，地形需覆盖两个桥墩，长度和宽度自行设定，材质：土壤。（2 分）

（2）根据给出的图纸创建桩基、承台、桥墩、箱梁、护栏、中间分隔带、桥面等构件模型，图中尺寸单位除高程以米计外，其余均以厘米计，未标明尺寸不做要求。(22分)

（3）根据图纸注释对各构件赋予材质。（3 分）

（4）对项目进行整合，桥梁走向自行设定。（5 分）

2.创建图纸及明细表（5 分）

（1）创建桩基、承台、箱梁、护栏、中间分隔带混凝土用量明细表，包含构件名称、材质名称、体积等信息。（3 分）

（2）创建“桥型布置图”的立面图纸，图框类型为A3公制图框，按照图中尺寸进行标注，并将视图比例调整为1:300。（2 分）

3.模型渲染（2 分）

对桥梁的三维模型进行渲染，要求渲染结果清晰，角度整体可见，以“桥梁.JPG”为文件名保存至本题文件夹中。

4.模型文件管理（1 分）

将模型文件命名为“桥梁+考生姓名”，并保存项目文件。

实操题3

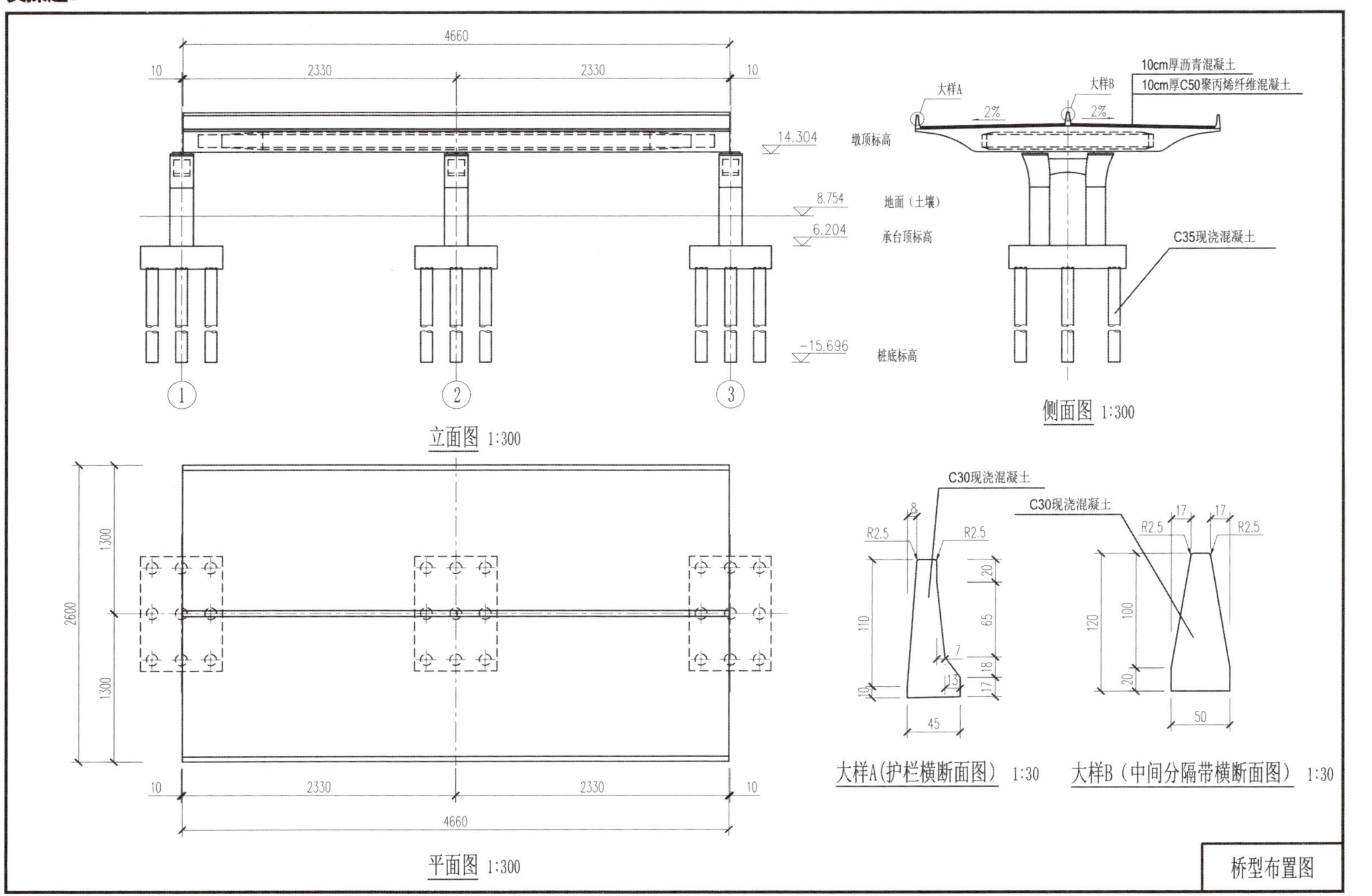
4660
10
2330
2330
10
14.304
墩顶标高
8.754
地面（土壤）
6.204
承台顶标高
-15.696
桩底标高
1
2
3
立面图 1:300
大样A
大样B
2%
2%
10cm厚沥青混凝土
10cm厚C50聚丙烯纤维混凝土
C35现浇混凝土
侧面图 1:300
2600
1300
1300
平面图 1:300
C30现浇混凝土
C30现浇混凝土
R2.5
8
R2.5
20
65
18
17
110
10
7
13
45
17
17
R2.5
R2.5
120
100
20
50
大样A(护栏横断面图) 1:30
大样B（中间分隔带横断面图） 1:30
桥型布置图

实操题3

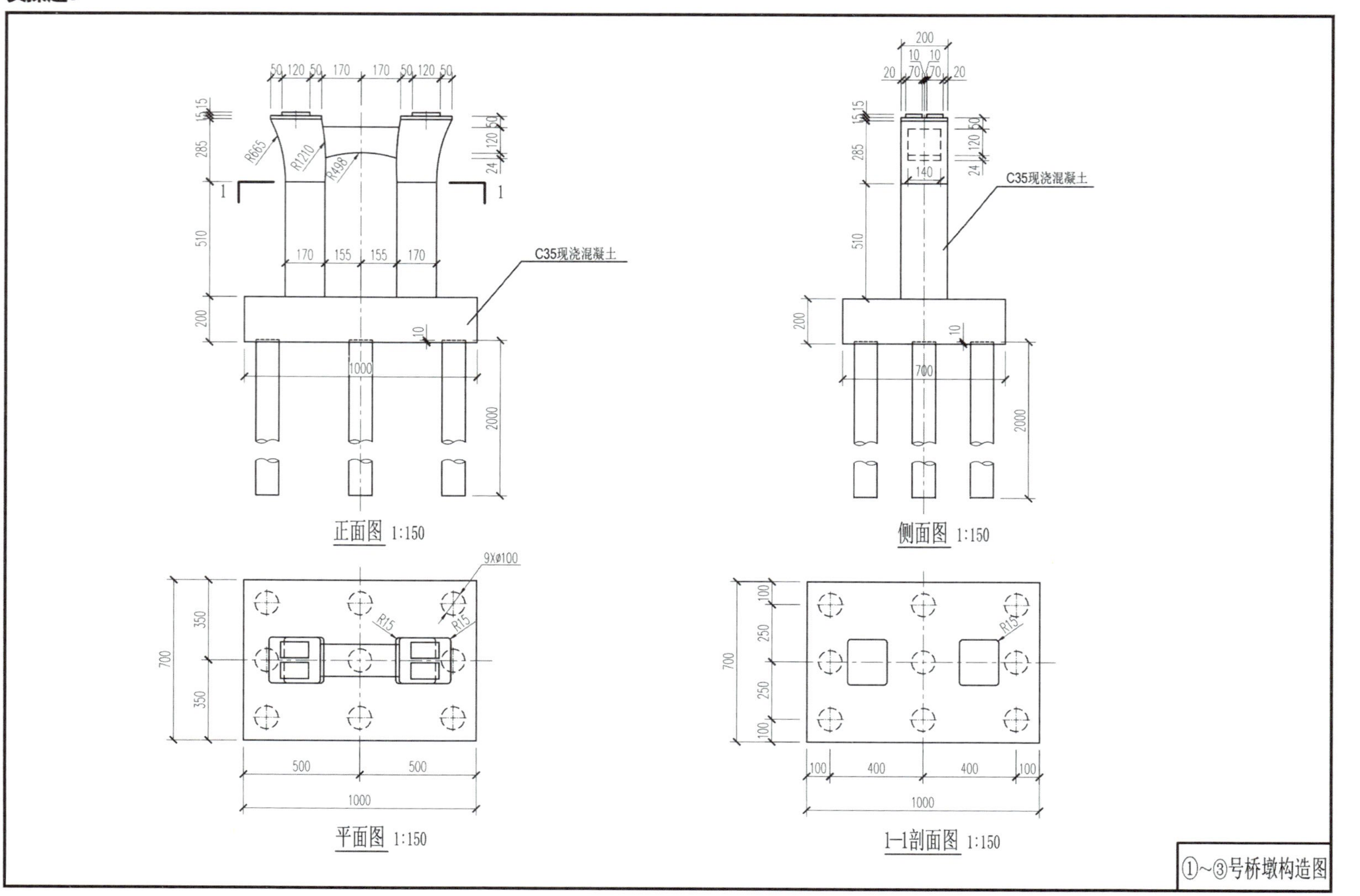
C35现浇混凝土
正面图 1:150
C35现浇混凝土
侧面图 1:150
9Xø100
平面图 1:150
1—1剖面图 1:150
①~③号桥墩构造图

实操题3

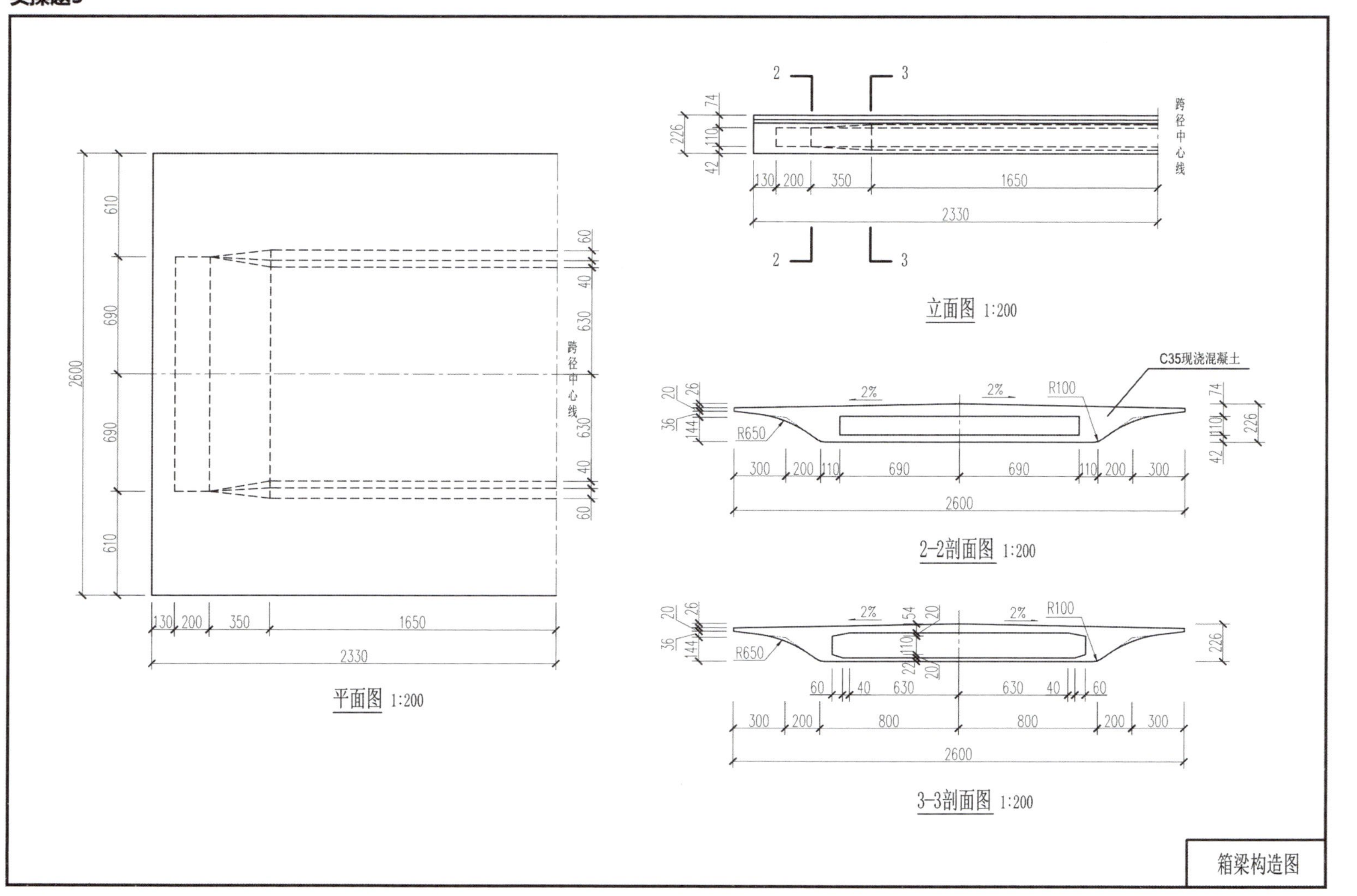
箱梁构造图
立面图 1:200
2-2剖面图 1:200
3-3剖面图 1:200
平面图 1:200
C35现浇混凝土
跨径中心线
R100
R650
2%

综合练习(第二套)

实操题1

一、根据给定尺寸，创建桥墩模型，材质为“混凝土”，请将模型以“桥墩+姓名”保存至本题文件夹中。（20 分）

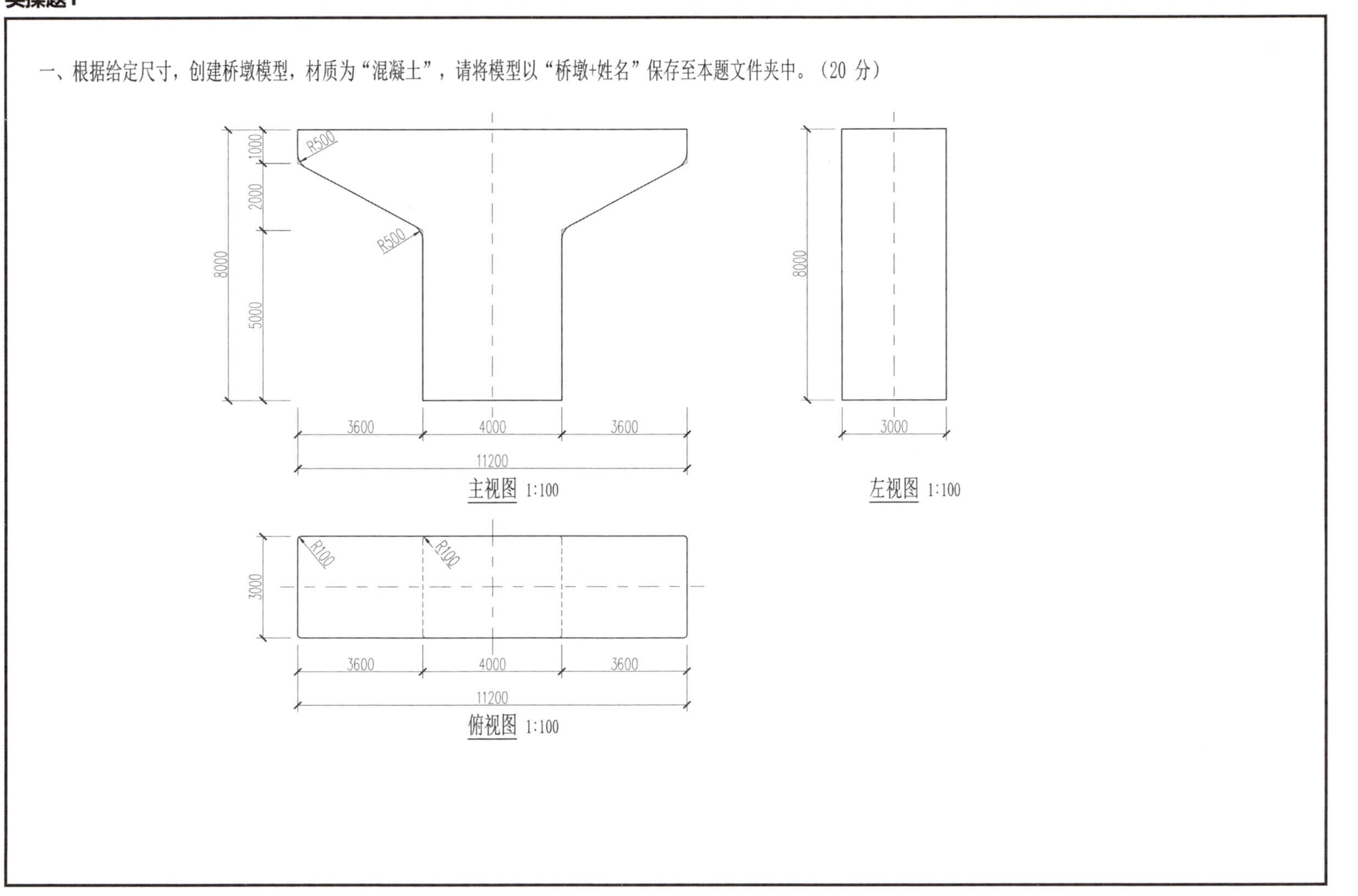

实操题2

二、根据给定尺寸，创建商务写字楼模型：（1）所有侧面均创建幕墙系统，幕墙系统网格间距为3000mm×3000mm（即横向网格间距为3000mm，竖向网格间距为3000mm），网格上均设置竖梃，竖梃均为圆形竖梃半径50mm；（2）屋顶为200mm厚度的“常规-200mm”屋项；（3）楼板为150mm厚度的“常规-150mm”楼板。写字楼共十一层，一层层高为6米，二层至十一层层高为4米，创建RF屋顶及各层楼板。请将模型以“商务写字楼+姓名”保存至本题文件夹中。（20 分）

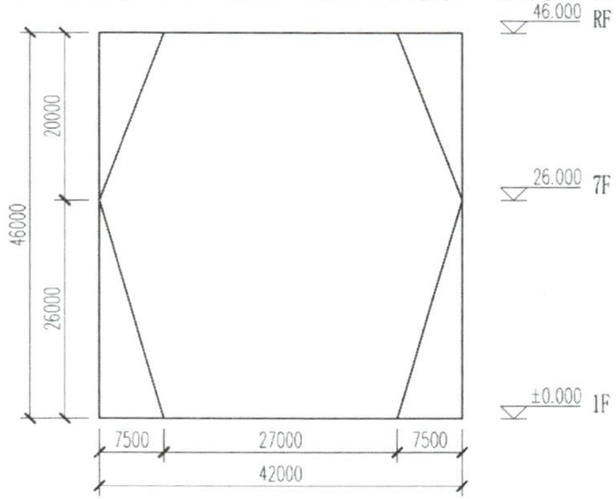

46.000 RF
26.000 7F
±0.000 1F
20000
26000
46000
7500 27000 7500
42000

主视图 1:600

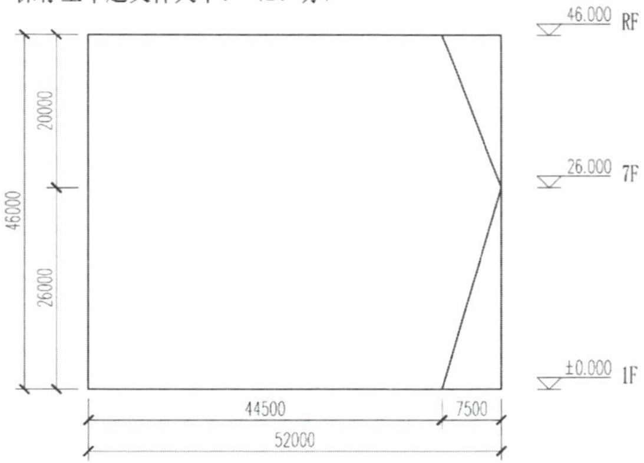

46.000 RF
26.000 7F
±0.000 1F
20000
26000
46000
44500 7500
52000

左视图 1:600

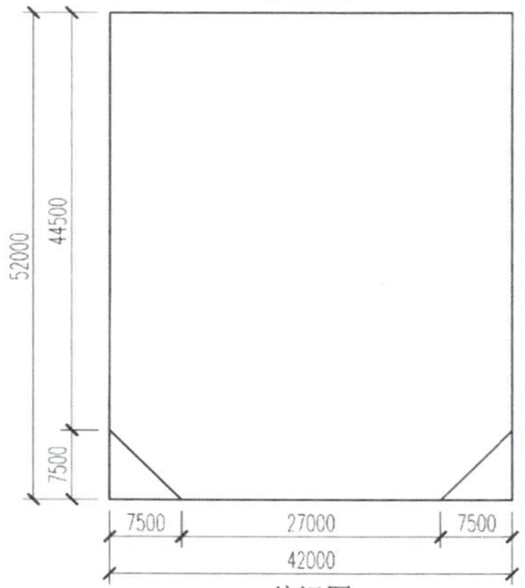

44500
7500
52000
7500 27000 7500
42000

俯视图 1:600

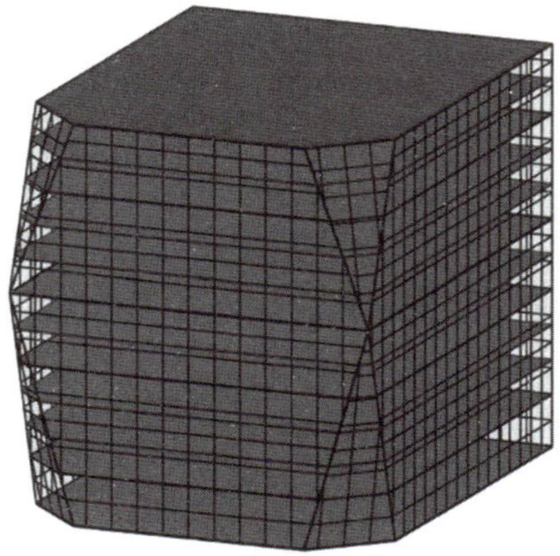

三维图

实操题3

三、综合建模（以下三道考题，三选一作答）（40 分）

考题一：根据以下要求和给出的图纸，创建模型并将结果输出。在本题文件夹下新建名为“第三题输出结果+学生姓名”的文件夹，将本题结果文件保存至该文件夹中。（40 分）

1.BIM 建模环境设置（2 分）

设置项目信息：①项目发布日期：2024年6月22日；②项目名称：综合办公楼；③项目地址：中国上海市。

2.BIM 参数化建模（30 分）

（1）根据给出的图纸创建标高、轴网、柱、墙、门、窗、楼板、屋顶、幕墙、台阶、坡道、散水、楼梯等，栏杆尺寸及类型自定，门窗需按门窗表尺寸完成，窗台底高度见立面图，未标明尺寸不做要求。（24 分）

（2）主要建筑构件参数要求如下：（6 分）外墙：300mm，10mm厚灰色涂料（外部）、280mm厚混凝土砌块、10mm厚白色涂料（内部）；内墙：300mm，10mm厚白色涂料、280mm厚混凝土砌块、10mm厚白色涂料；楼板：150mm厚混凝土；一楼底板：600mm厚混凝土；屋顶：125mm厚混凝土；散水：800mm 宽混凝土；柱子：300mm×300mm混凝土。

3.创建图纸（5 分）

（1）创建门窗明细表，门明细表要求包含：类型标记、宽度、高度、合计字段；窗明细表要求包含：类型标记、底高度、宽度、高度、合计字段；门窗明细表均计算总数。（3分）

（2）创建项目一层平面图，创建A2公制图纸，将一层平面图插入，并将视图比例调整为1:100。（2 分）

4.模型渲染（2 分）

对建筑的三维模型进行渲染，质量设置：中，背景为“天空：少云”，照明方案为“室外：日光和人造光”，其他未标明选项不做要求，并将渲染结果以“综合办公楼.JPG”为文件名保存至本题文件夹中。

5.模型文件管理（1 分）

将模型文件命名为“综合办公楼+学生姓名”，并保存项目文件。

门窗表

类型	设计编号	洞口尺寸(mm)	数量
单扇木门	M0821	800x2100	6
单扇木门	M0921	900x2100	13
双扇平开门	M1521	1500x2100	16
门嵌板_推拉门	M4030	4000x3000	1
电梯门	DTM1121	1100x2100	6
推拉窗	C1515	1500x1500	7
推拉窗	C1815	1800x1500	44

实操题3

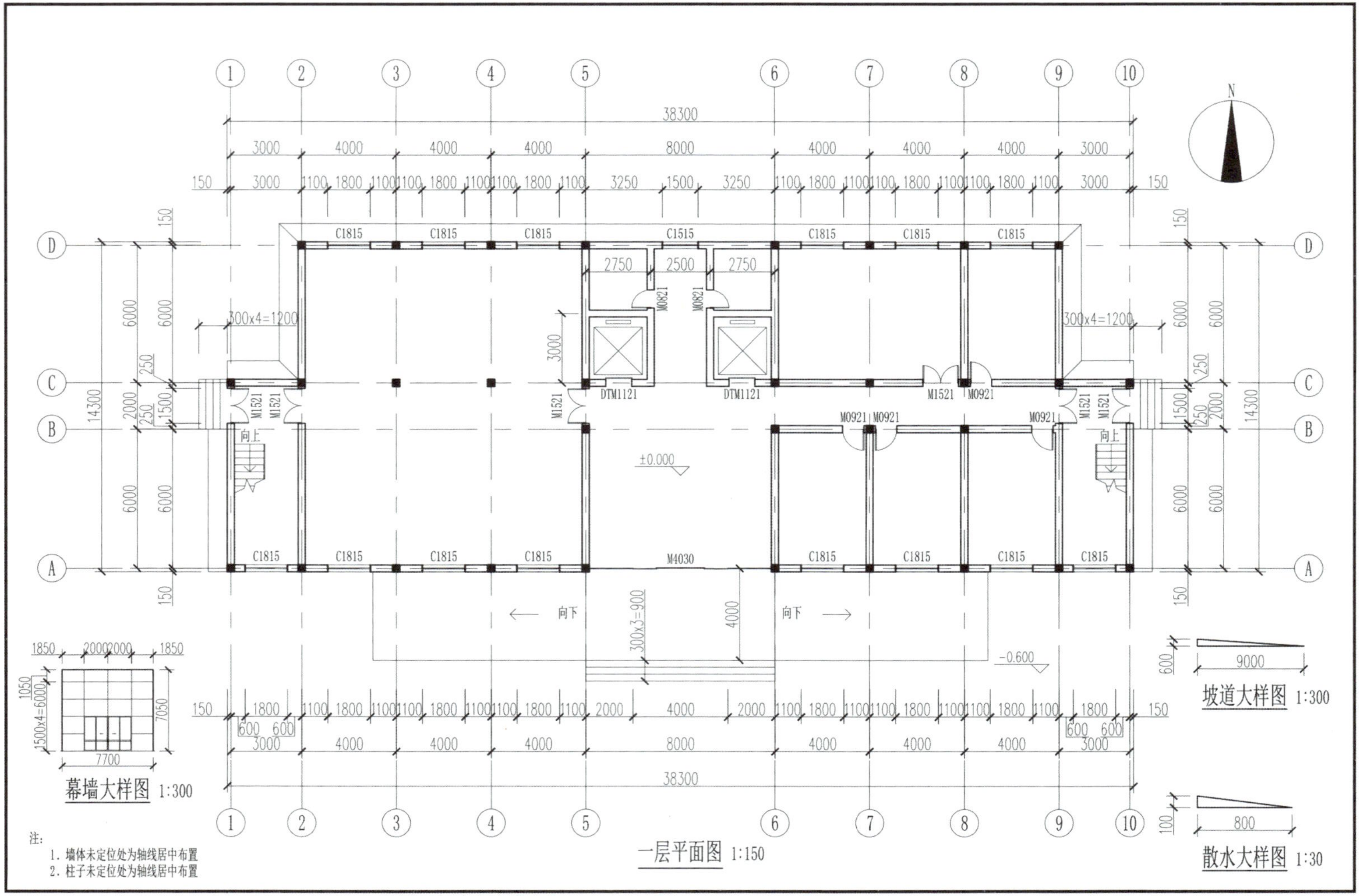
N
一层平面图 1:150
幕墙大样图 1:300
坡道大样图 1:300
散水大样图 1:30
C1815
C1515
M4030
M1521
M0921
M0821
DTM1121
向上
向下
±0.000
-0.600
300x4=1200
300x3=900
38300
14300
注:
1. 墙体未定位处为轴线居中布置
2. 柱子未定位处为轴线居中布置

实操题3

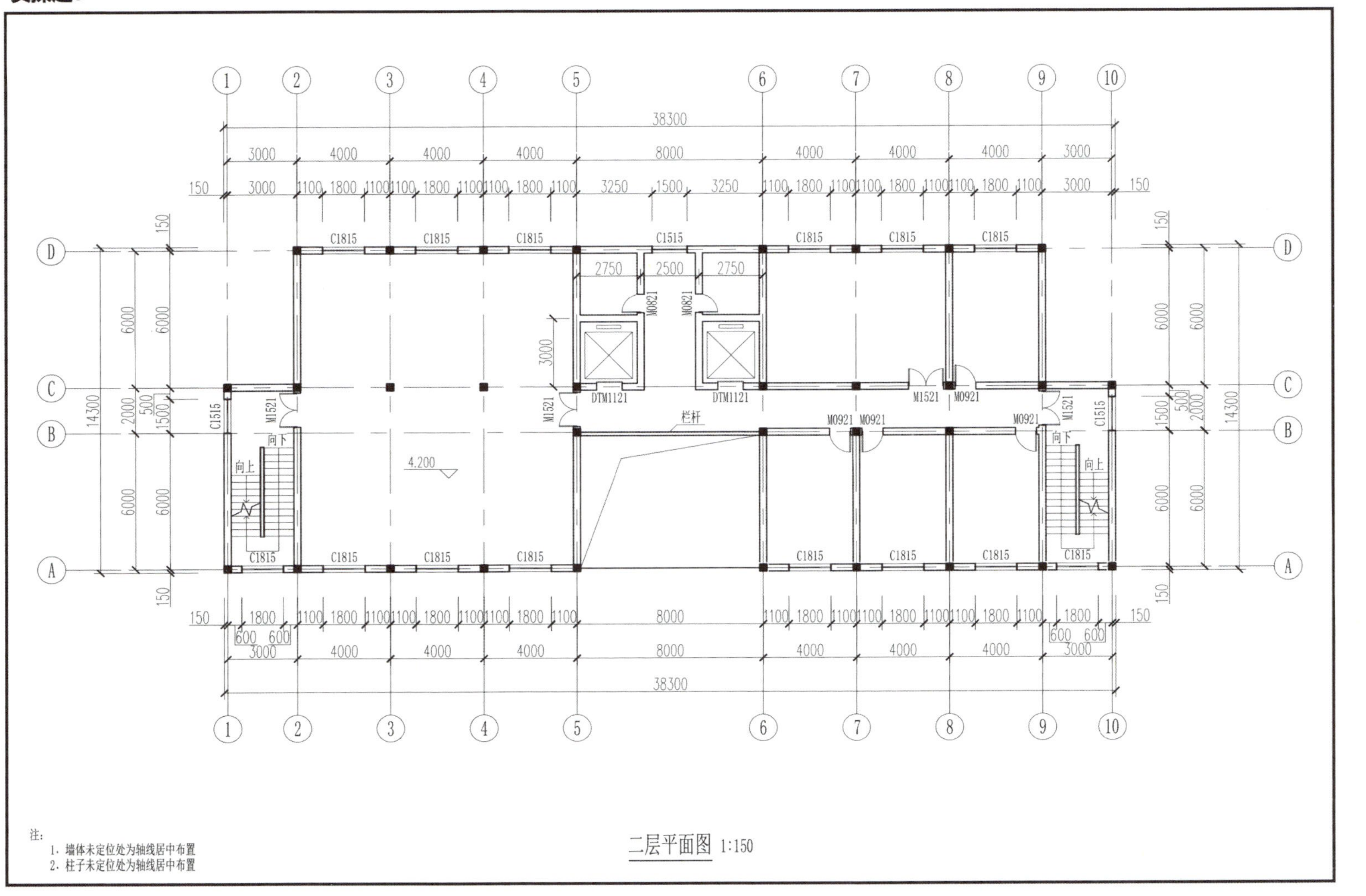
二层平面图 1:150
注：
1. 墙体未定位处为轴线居中布置
2. 柱子未定位处为轴线居中布置
C1815
C1515
M1521
M0921
M0821
DTM1121
栏杆
向上
向下
4.200
38300
14300

实操题3

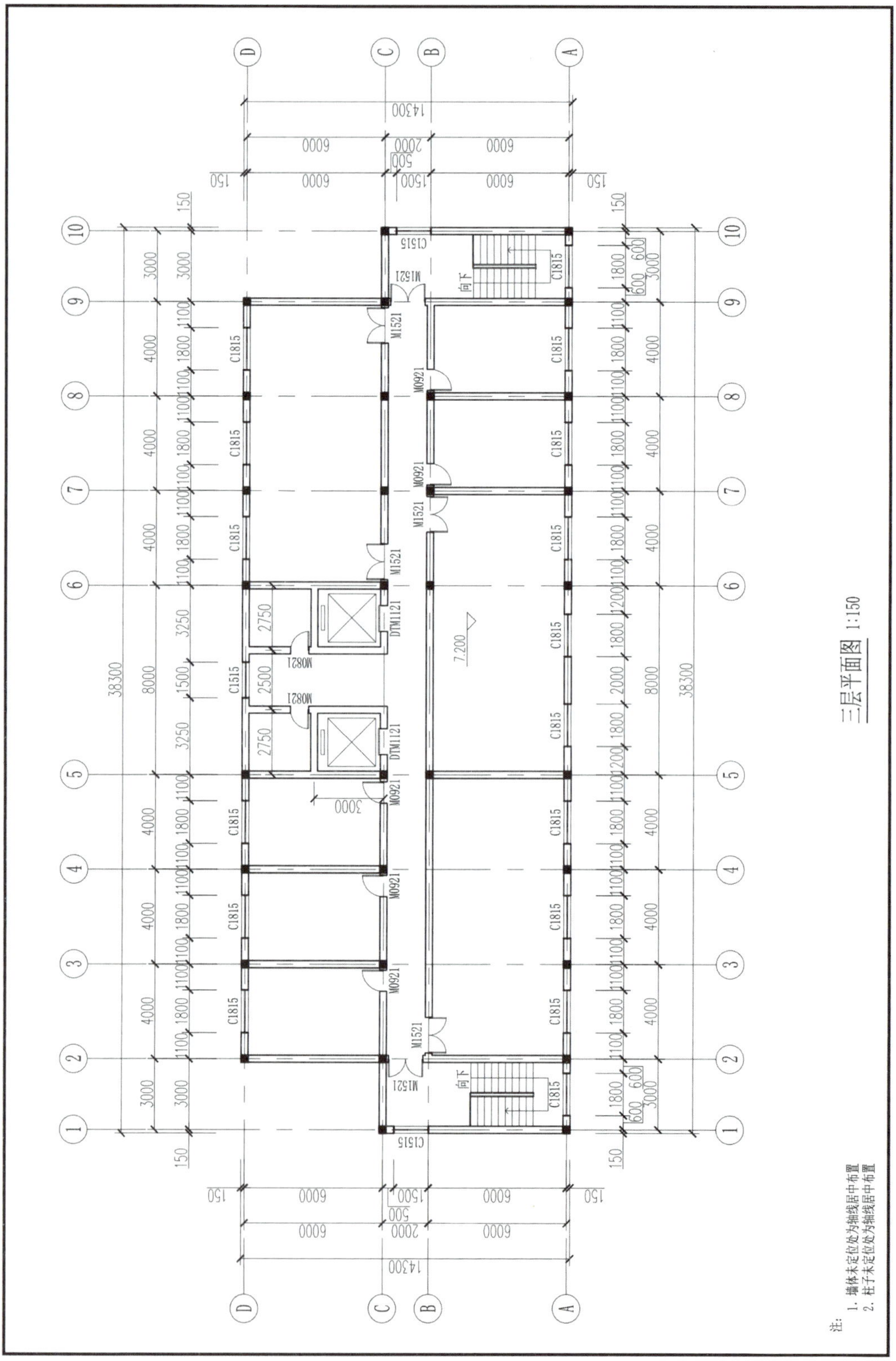

三层平面图 1:150

注：
1. 墙体未定位处为轴线居中布置
2. 柱子未定位处为轴线居中布置

实操题3

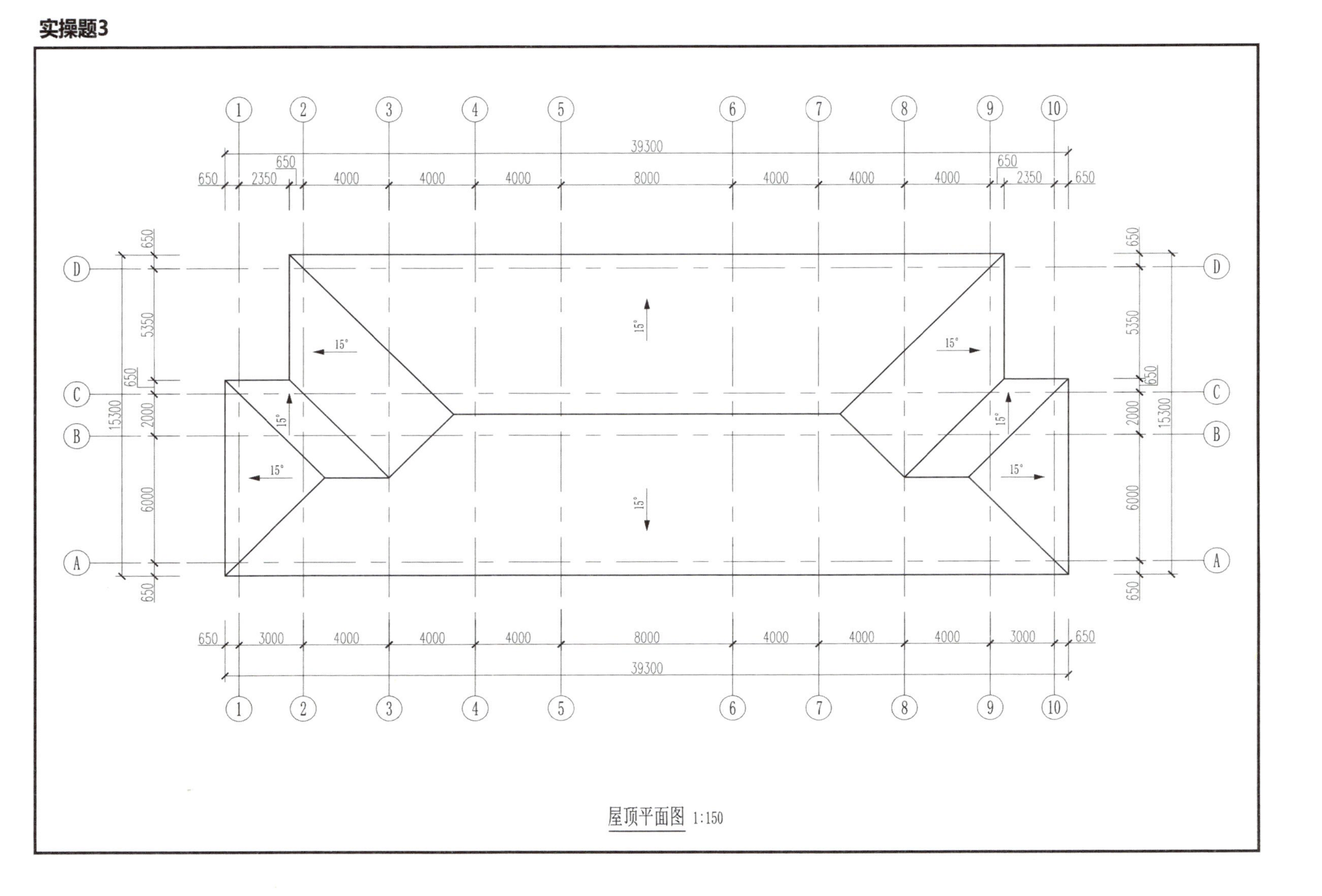

屋顶平面图 1:150

实操题3

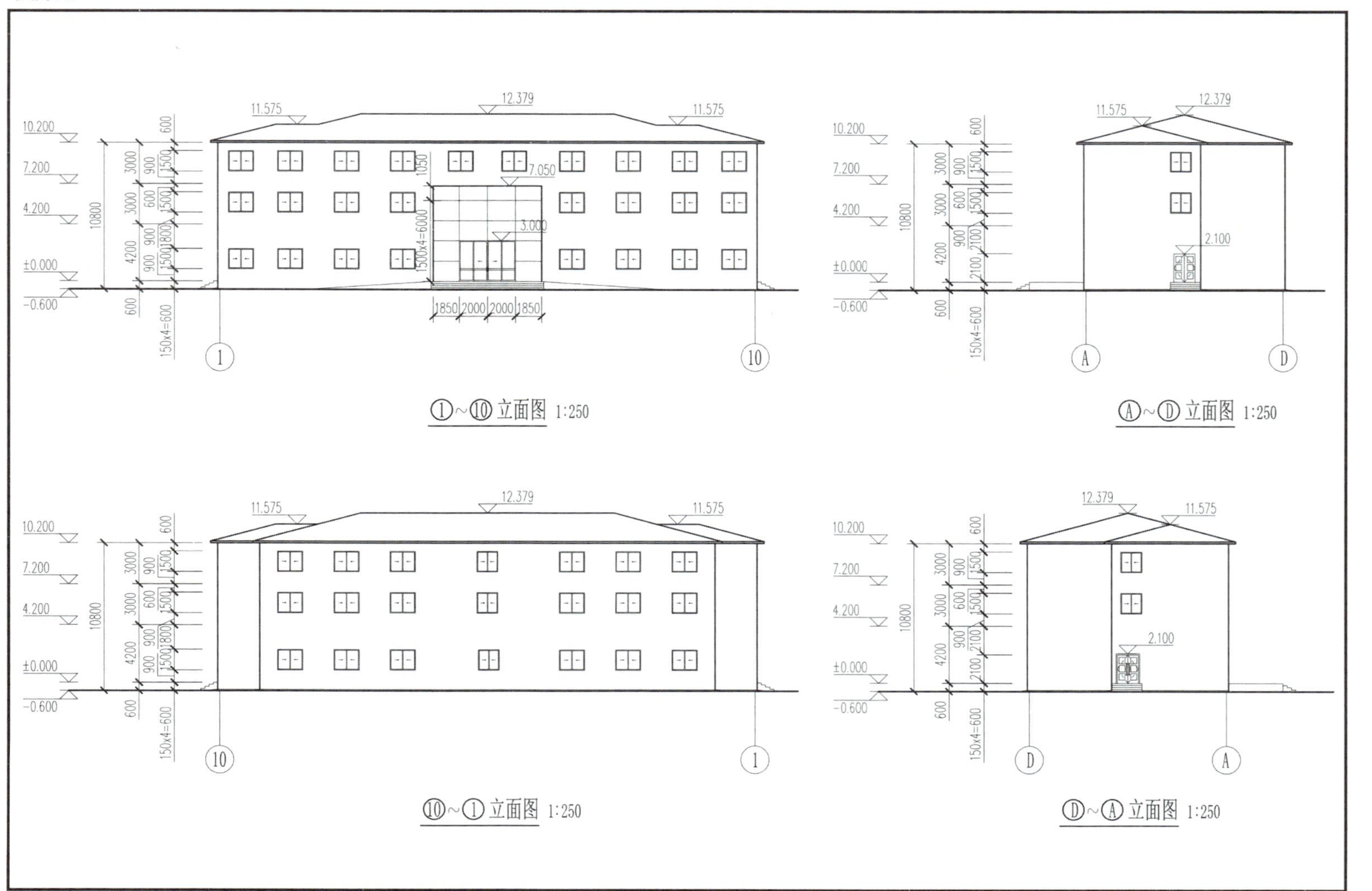

①~⑩立面图 1:250
Ⓐ~Ⓓ立面图 1:250
⑩~①立面图 1:250
Ⓓ~Ⓐ立面图 1:250
12.379
11.575
10.200
7.200
4.200
±0.000
-0.600
7.050
3.000
2.100
10800
150x4=600
1500x4=6000
1850 2000 2000 1850

实操题3

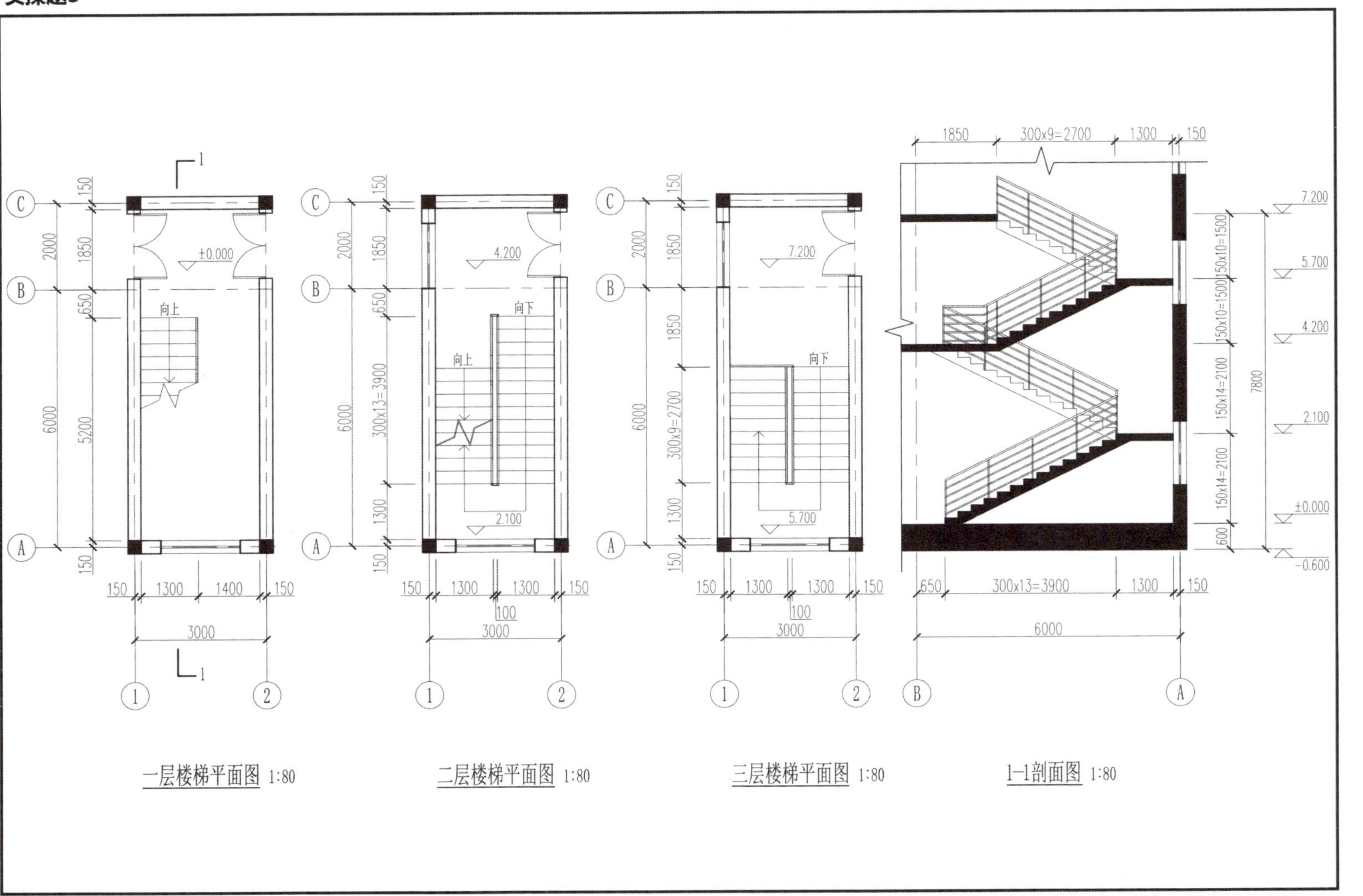
±0.000
向上
4.200
向上
向下
2.100
7.200
向下
5.700
7.200
5.700
4.200
2.100
±0.000
-0.600
7800
150x10=1500
150x10=1500
150x14=2100
150x14=2100
600
1850
300x9=2700
1300
150
650
300x13=3900
6000
3000
100
一层楼梯平面图 1:80
二层楼梯平面图 1:80
三层楼梯平面图 1:80
1-1剖面图 1:80

实操题3

考题二：根据以下要求和给出的图纸，创建建筑及机电模型。在本题文件夹下新建名为“第三题输出结果+学生姓名”的文件夹，将本题结果文件保存至该文件夹中。（40 分）

要求：（未明确处学生可自行确定）

1.根据“建筑平面图”创建建筑模型。已知建筑位于首层，层高6.0m，其中门底高度0m，窗底高度2.5m，柱尺寸800mmx800mm，外墙厚度300mm，内墙厚度200mm，楼板厚度150mm。（4 分）

2.根据“暖通平面图”创建暖通风管模型，风管底对齐，风管安装底高度5.0m，送风管风口为D315的“散流器-圆形-旋流”，排烟风口类型自定，安装在风管上（风机、风阀等均需建模）。（8 分）

3.根据“消火栓平面图”创建消火栓模型，其中消火栓管道中心对齐；消火栓箱采用室内消火栓箱，尺寸、放置高度自定义；其中管道、阀门、消火栓箱（明装）均需建模，管道与消火栓箱需正确连接。（6 分）

4.根据“喷淋平面图”创建喷淋模型，其中喷淋管道中心对齐；喷头与管道要求正确连接。（8 分）

5.根据“电气平面图”创建电气模型，电气桥架为照明桥架，桥架底对齐，照明配电箱为明装，立面标高为1.2m，照明配电箱尺寸类型自定。（4 分）

6.在三维视图中，调整显示方式为“精细”“着色”，根据系统颜色编号设置管道颜色。（4 分）

7.创建风管明细表，包括系统类型、尺寸、长度、合计四项内容，并以长度进行升序排列。（2 分）

8.以完成的“喷淋平面图”创建图名为“喷淋平面图”的图纸，要求A3图框，比例1：200，标注不做要求，并导出AutoCAD DWG文件，以“喷淋平面图”进行保存。（3 分）

9.将模型文件命名为“建筑机电模型+学生姓名”，并保存项目文件。（1 分）

系统名称及颜色编号

系统类型	系统缩写	颜色编号（RGB）
送风	SF	0,255,255
排烟	PY	204,204,0
照明	EL	125,255,255
消火栓管	XH	255,0,0
喷淋管	PL	255,0,255

实操题3

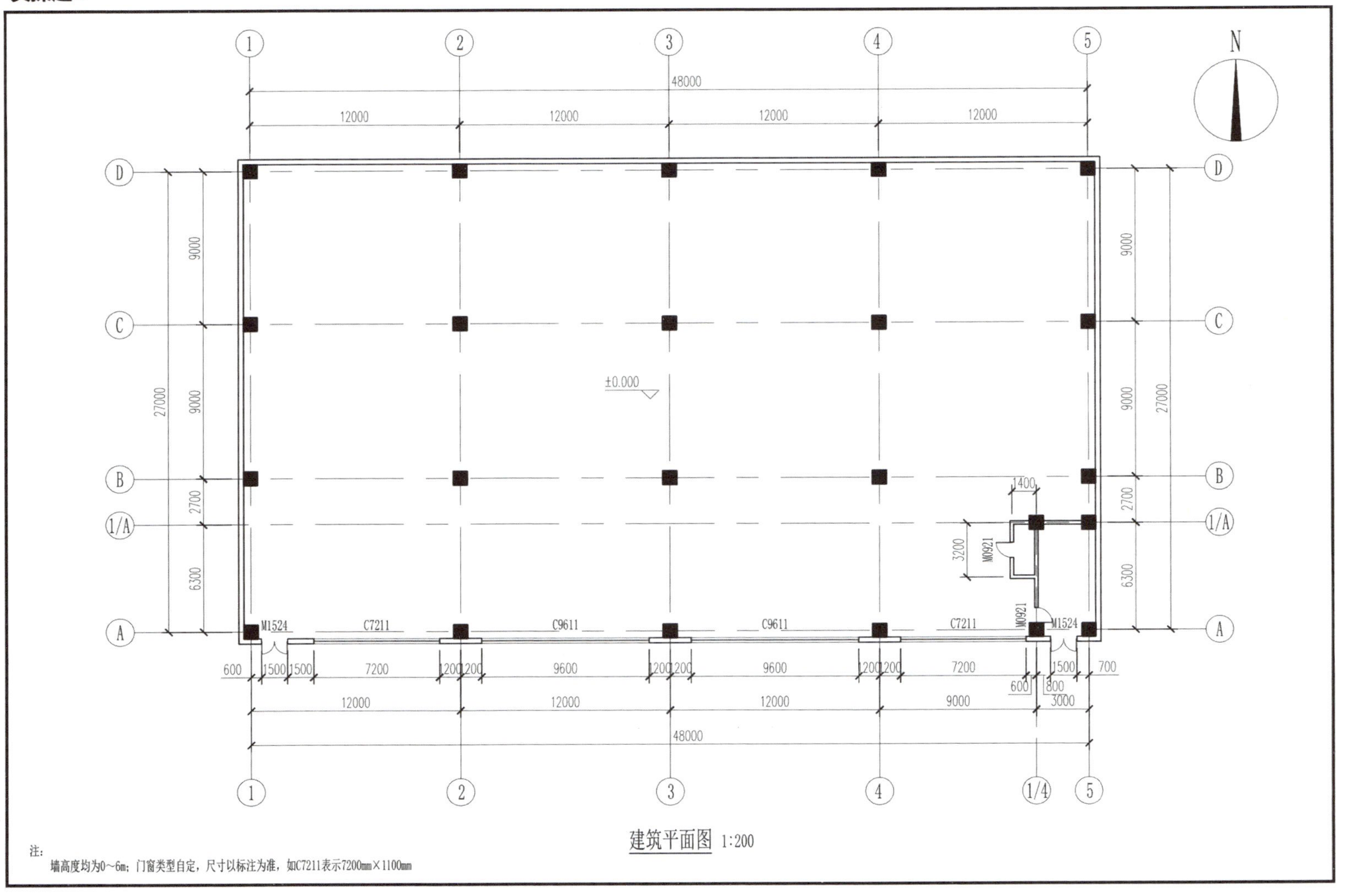
N
48000
12000
27000
9000
2700
6300
±0.000
M1524
C7211
C9611
M0921
1400
3200
600
1500
7200
1200
200
9600
700
800
3000
建筑平面图 1:200
注：
墙高度均为0~6m；门窗类型自定，尺寸以标注为准，如C7211表示7200mm×1100mm

实操题3

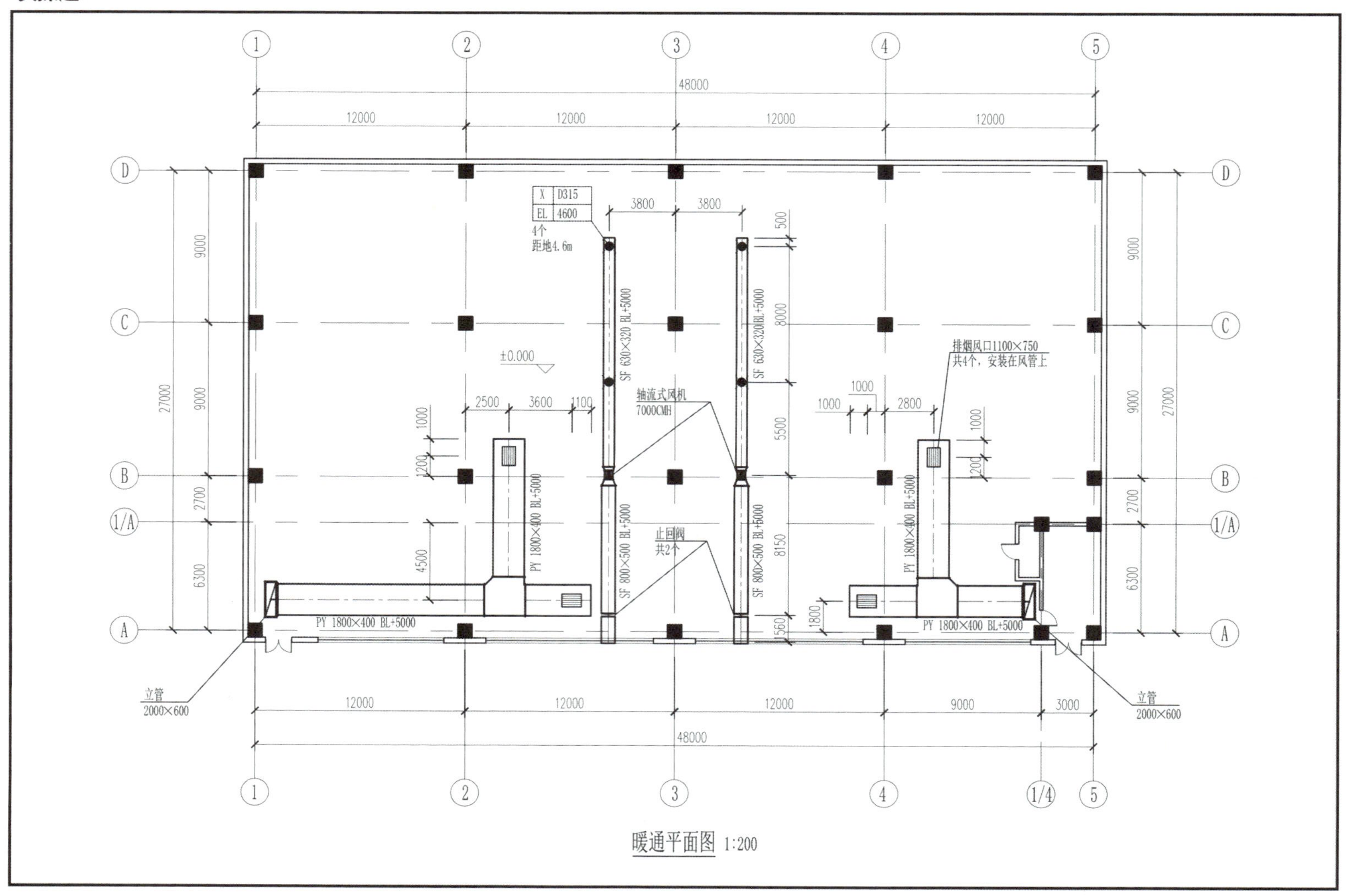
X D315
EL 4600
4个
距地4.6m
±0.000
轴流式风机
7000CMH
止回阀
共2个
排烟风口1100×750
共4个，安装在风管上
SF 630×320 BL+5000
SF 800×500 BL+5000
PY 1800×400 BL+5000
立管
2000×600
48000
12000
27000
9000
2700
6300
3000
3800
8000
5500
8150
暖通平面图 1:200

实操题3

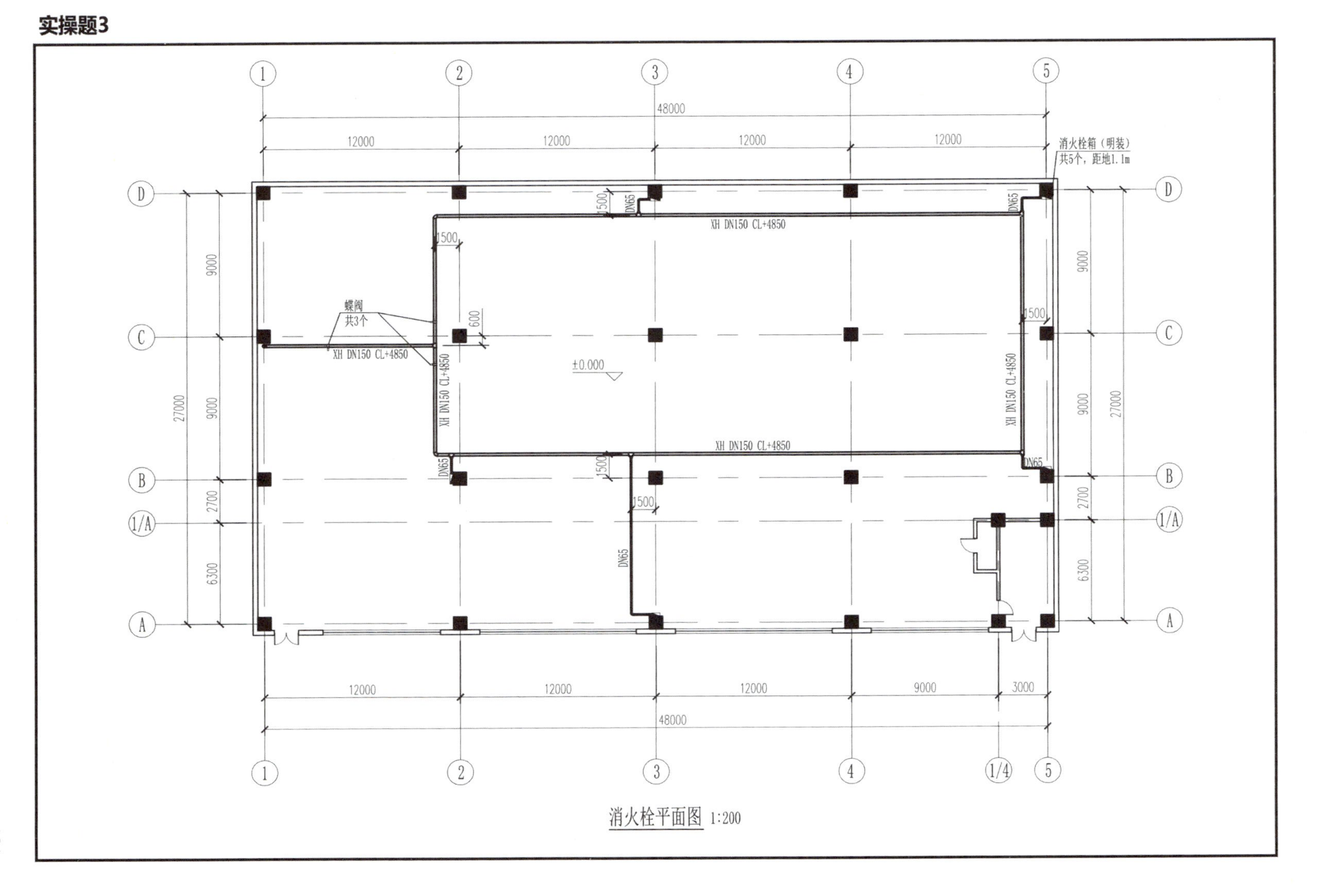

消火栓平面图 1:200

实操题3

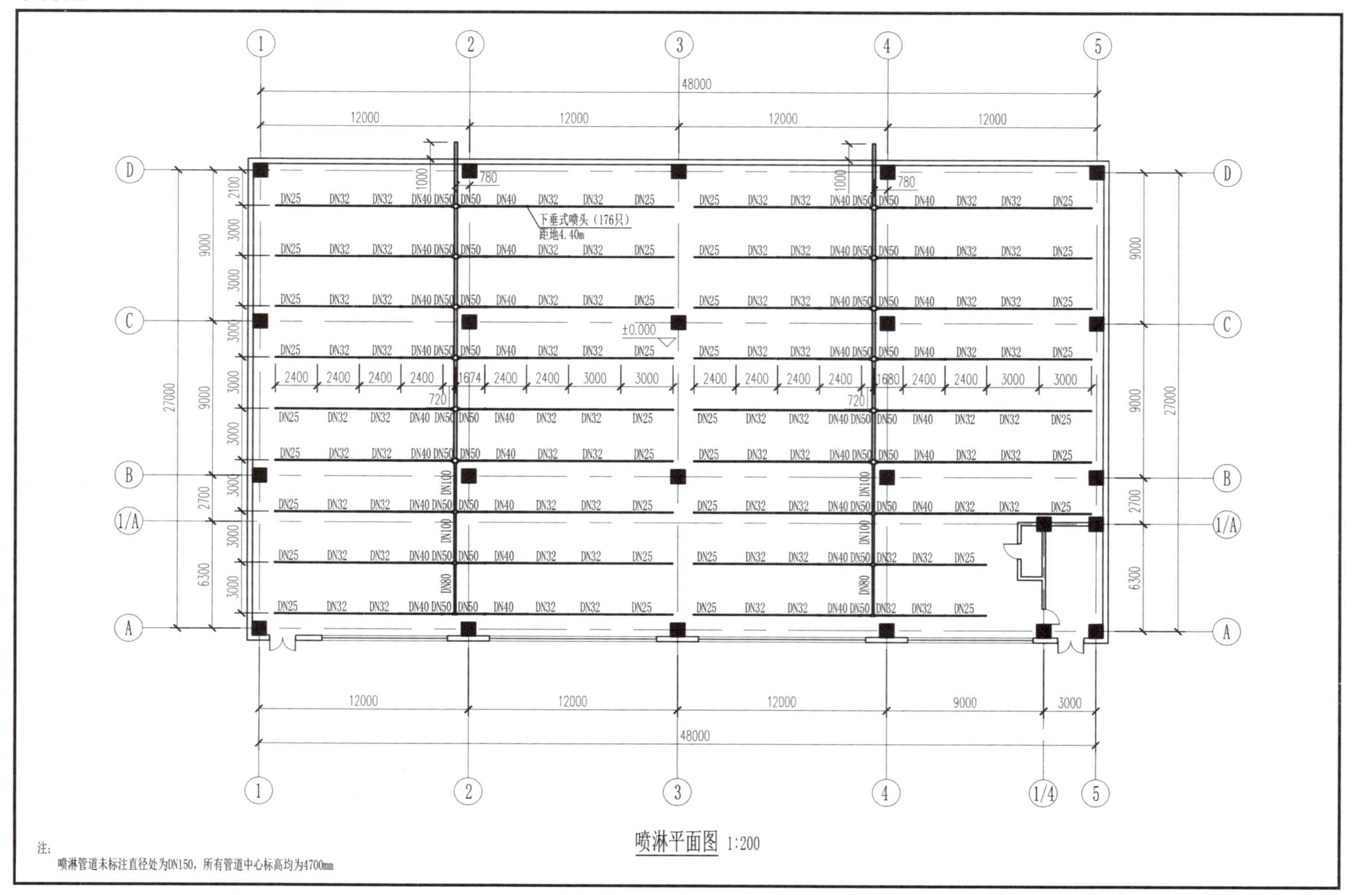
下垂式喷头（176只）
距地4.40m
±0.000
喷淋平面图 1:200
注：
喷淋管道未标注直径处为DN150，所有管道中心标高均为4700mm

实操题3

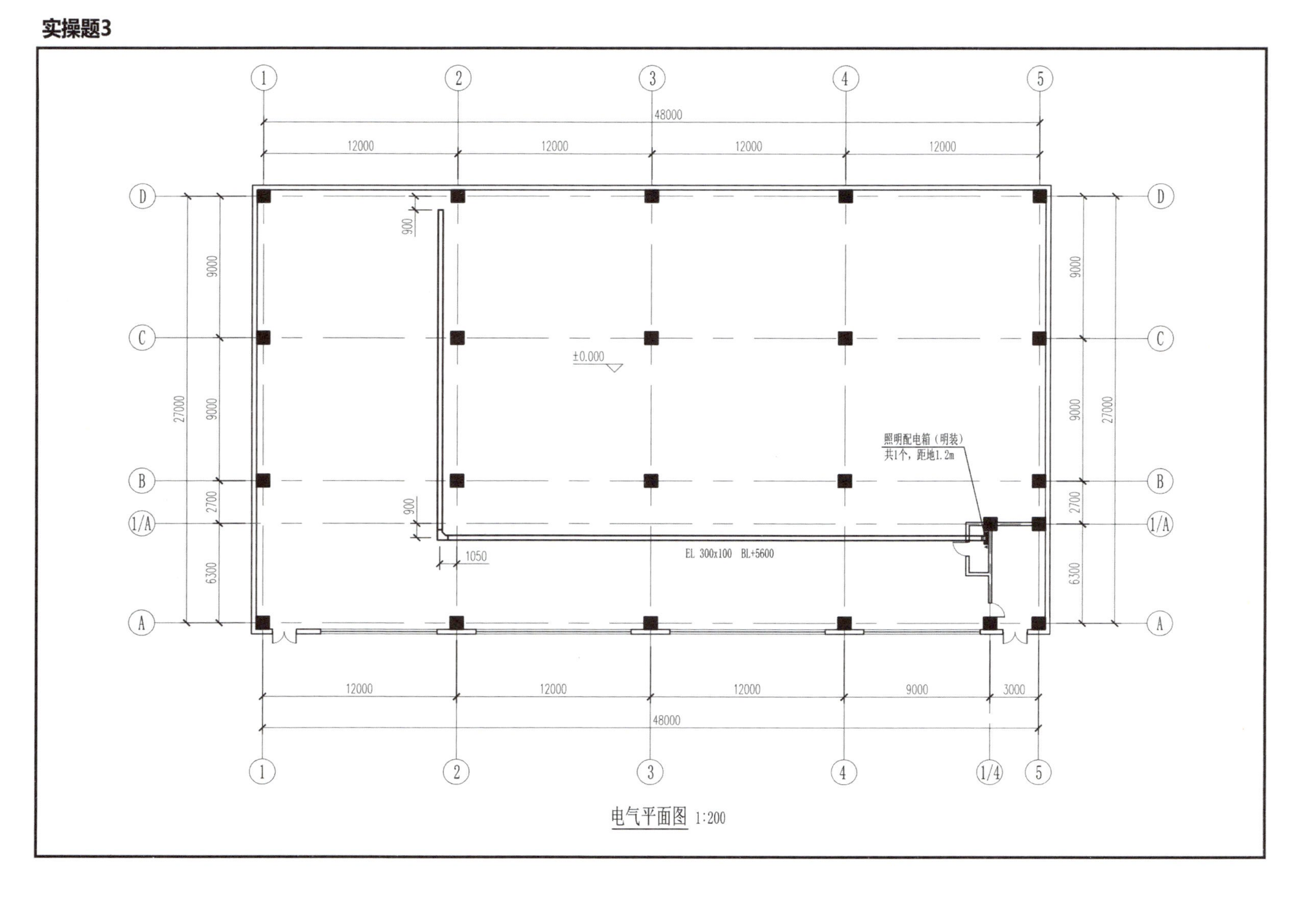

电气平面图 1:200

实操题3

考题三：根据以下要求和给出的图纸，创建模型并将结果输出。在学生文件夹下新建名为“第三题输出结果+学生姓名”的文件夹，将本题结果文件保存至该文件夹中。(40 分)

1.BIM 参数化建模（32 分）

下图为一桥台构造图，根据图纸创建桥台模型：

（1）根据地面标高创建地形，地形需覆盖整个桥台，长度和宽度自行设定，材质：植物。（2 分）

（2）根据给出的图纸创建桩基、系梁、盖梁、耳墙、背墙、挡块、支座等构件，图中尺寸单位除高程以米计外，其余均以厘米计，未标明尺寸不做要求。（24 分）

（3）根据图纸注释对各构件赋予材质。（3 分）

（4）对项目进行整合，桥台方向自行设定。（3 分）

2.创建图纸及明细表（5 分）

（1）创建桩基、系梁、盖梁、耳墙、背墙、挡块、盖梁垫层混凝土用量明细表，包含构件名称、材质名称、体积等信息。（3 分）

（2）创建桥台立面图纸，图框类型为A3公制图框，按照图中尺寸进行标注，并将视图比例调整为1:150。（2 分）

3.模型渲染（2 分）

对桥台三维模型进行渲染，要求渲染结果清晰，角度整体可见，以“桥台.JPG”为文件名保存至本题文件夹中。

4.模型文件管理（1 分）

将模型文件命名为“桥台+学生姓名”，并保存项目文件。

实操题3

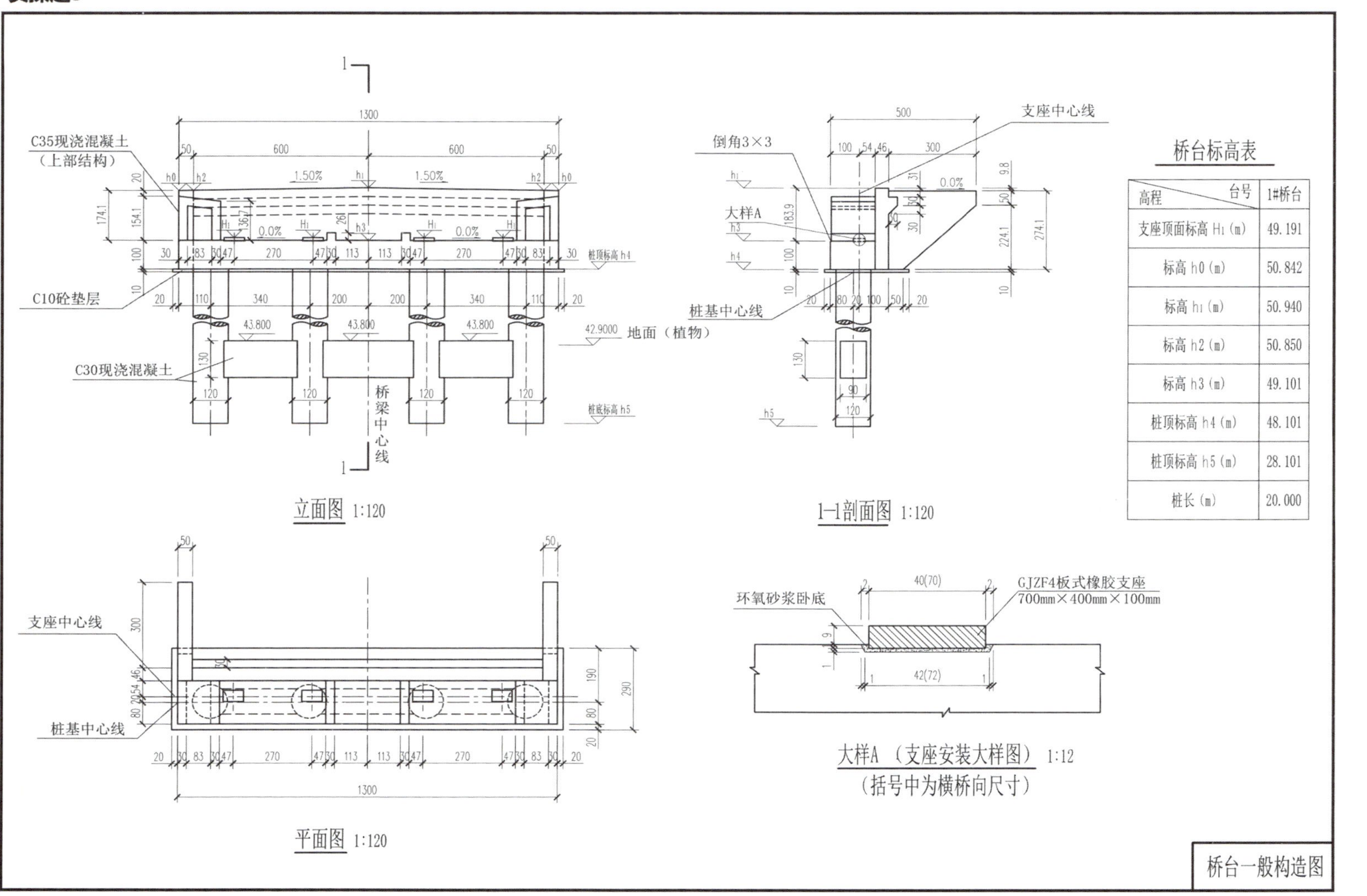

桥台标高表

高程 \ 台号	1#桥台
支座顶面标高 H1 (m)	49.191
标高 h0 (m)	50.842
标高 h1 (m)	50.940
标高 h2 (m)	50.850
标高 h3 (m)	49.101
桩顶标高 h4 (m)	48.101
桩顶标高 h5 (m)	28.101
桩长 (m)	20.000

综合练习(第三套)

实操题1

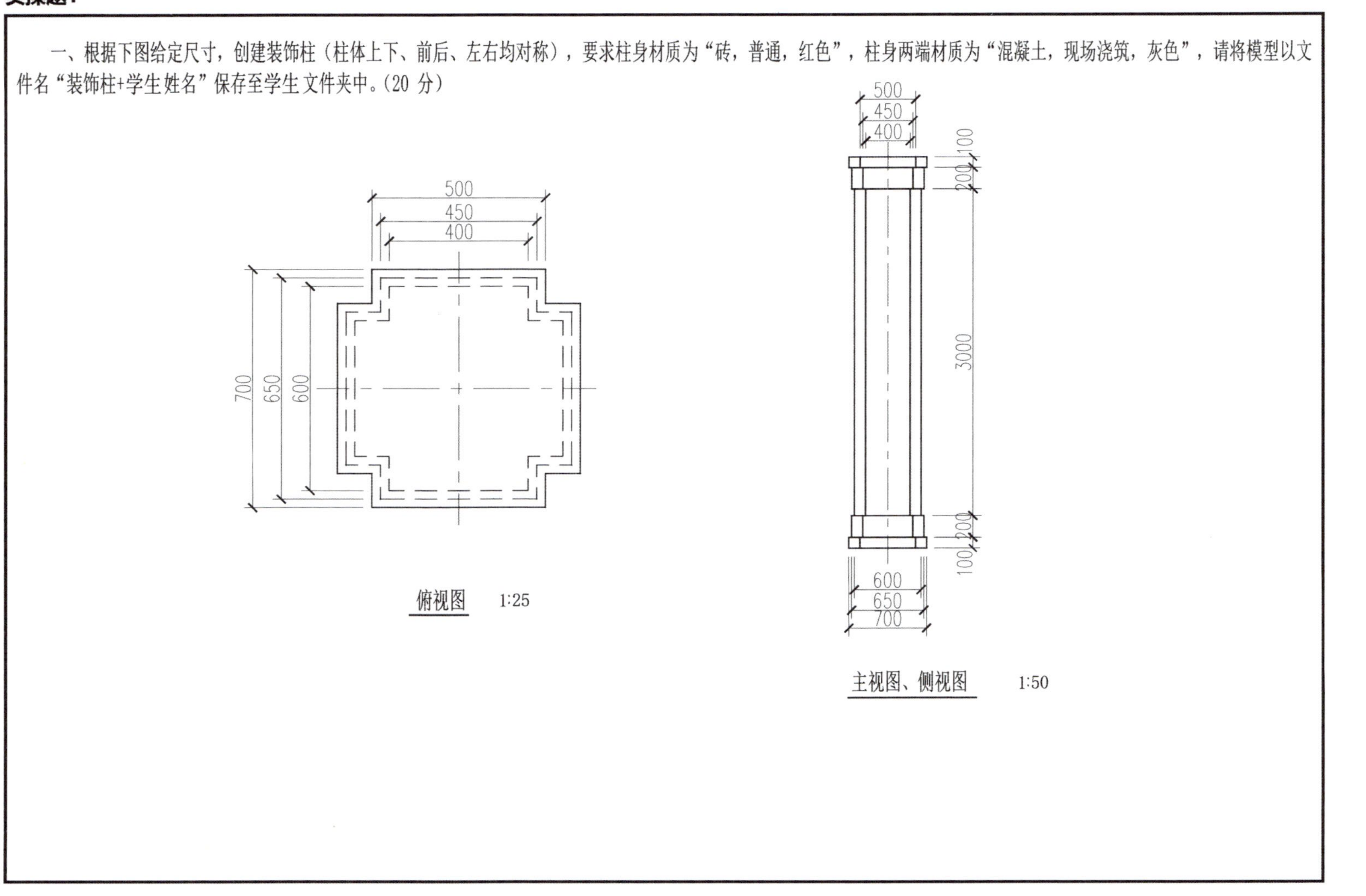
一、根据下图给定尺寸，创建装饰柱（柱体上下、前后、左右均对称），要求柱身材质为“砖，普通，红色”，柱身两端材质为“混凝土，现场浇筑，灰色”，请将模型以文件名“装饰柱+学生姓名”保存至学生文件夹中。(20 分)
500
450
400
700
650
600
俯视图 1:25
500
450
400
100
200
3000
200
100
600
650
700
主视图、侧视图 1:50

实操题2

二、按要求建立地铁站入口模型，包括墙体（幕墙）、楼板、台阶、屋顶，尺寸外观与图示一致，幕墙需表示网格划分，竖梃直径为50mm，屋顶边缘见节点详图，图中未注明尺寸自定义，请将模型以文件名“地铁站入口+学生姓名”保存至学生文件夹中。(20 分)

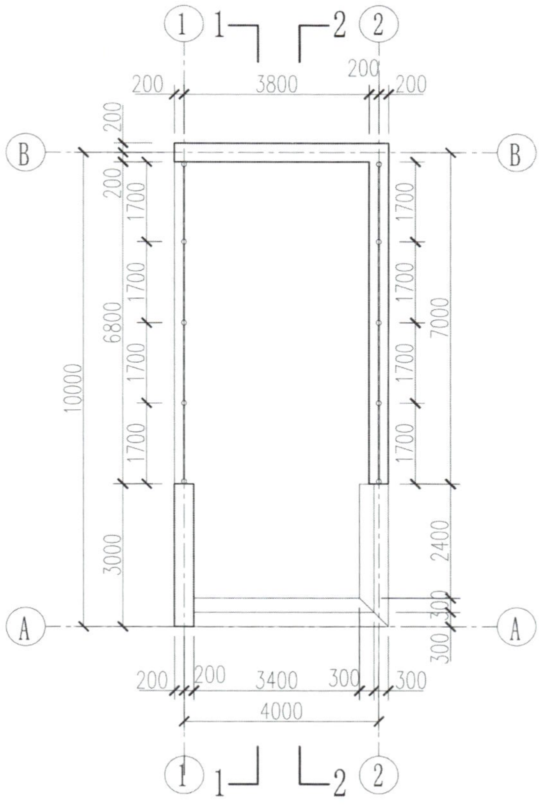

F1平面图　1:100

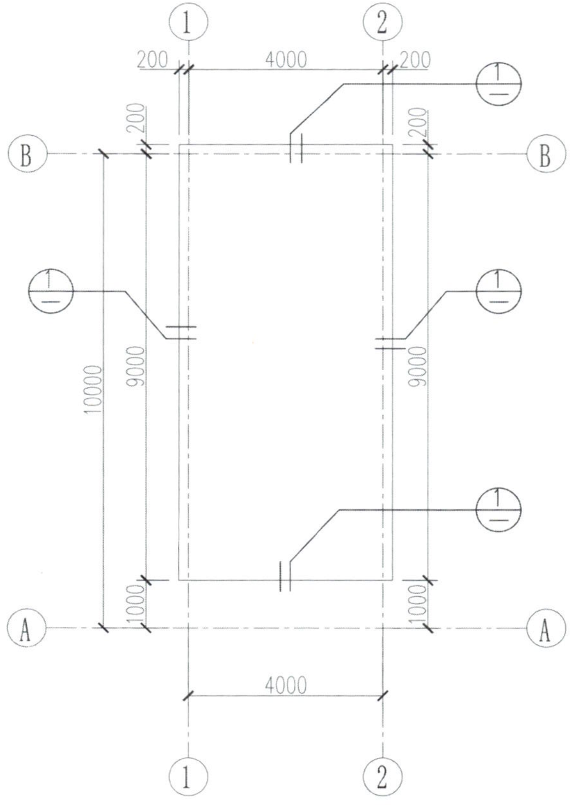

F2平面图　1:100

实操题2

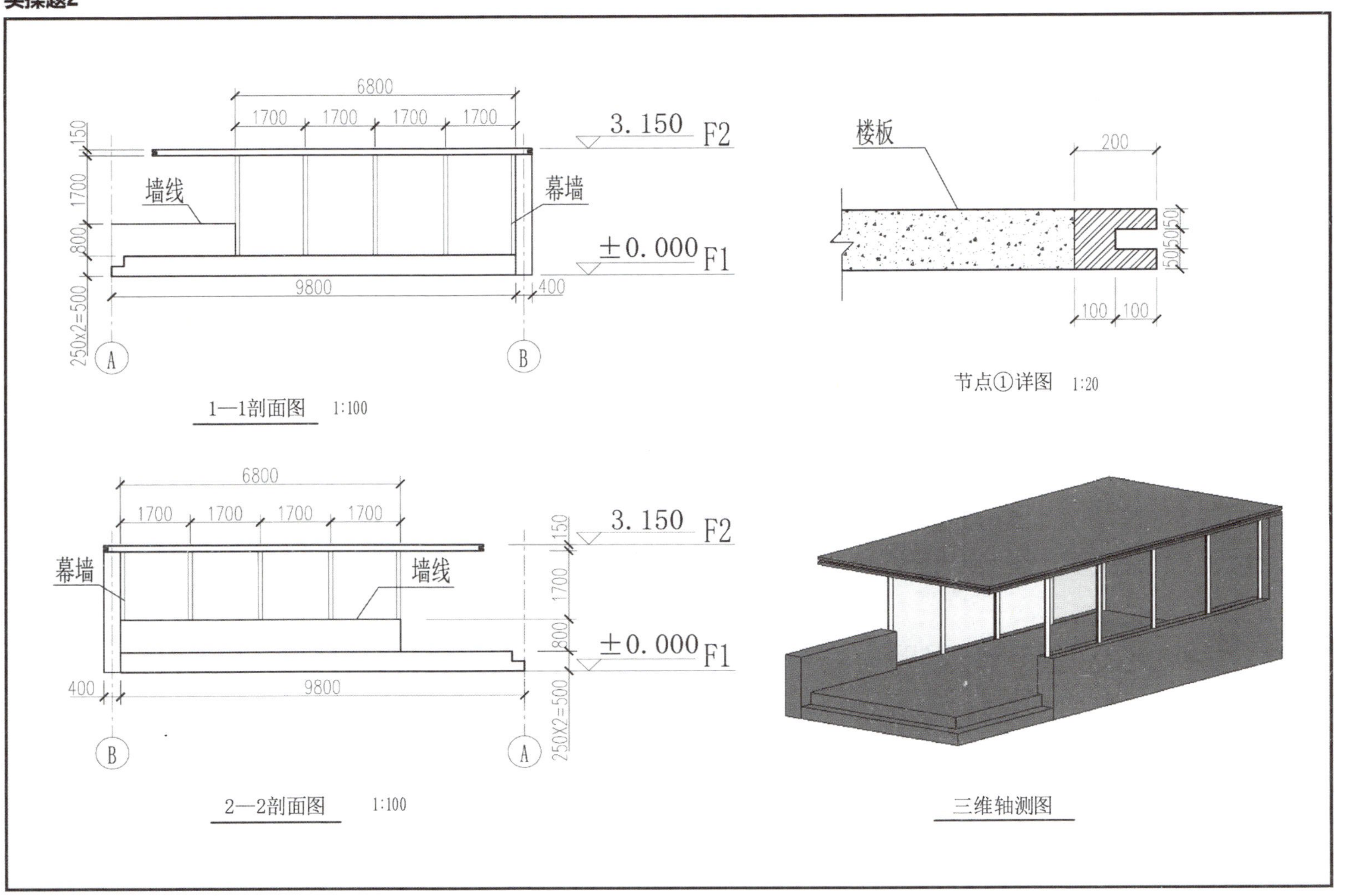

1—1剖面图 1:100

节点①详图 1:20

2—2剖面图 1:100

三维轴测图

实操题3

三、综合建模（以下两道考题，学生二选一作答）（40 分）

考题一：根据以下要求和给出的图纸，创建模型并将结果输出。新建名为“第三题输出结果+学生姓名 ”的文件夹，将本题结果文件保存至该文件夹中。（40 分）

1.BIM 建模环境设置（2 分）

设置项目信息：①项目发布日期：2020 年10月26 日；②项目名称：别墅；③项目地址：中国北京市。

2.BIM 参数化建模（30 分）

（1）根据给出的图纸创建标高、轴网、柱、墙、门、窗、楼板、屋顶、台阶模型、楼梯等，阳台栏杆尺寸及类型自定。门窗需按门窗表尺寸完成，窗台自定义，未标明尺寸不做要求。（24 分）

（2）主要建筑构件参数要求如下：（6 分）

外墙:240mm,10mm厚灰色涂料、20mm厚泡沫保温板、200mm厚混凝土砌块、10mm厚白色涂料;内墙:240mm,10mm厚白色涂料、220mm厚混凝土砌块、10mm厚白色涂料;隔墙:120mm,120mm砖砌体;楼板:200mm厚混凝土;屋顶:200mm厚混凝土;柱子尺寸为300mm×300mm,散水宽度600mm。

3.创建图纸（5 分）

（1）创建门窗明细表，门明细表要求包含：类型标记、宽度、高度、合计字段；窗明细表要求包含：类型标记、底高度 、宽度、高度、合计字段；并计算总数。（3分）

（2）创建项目一层平面图，创建A3公制图纸，将一层平面图插入，并将视图比例调整为1:100。（2 分）

4.模型渲染（2 分）

对房屋的三维模型进行渲染，质量设置：中，设置背景为“天空：少云”，照明方案为“室外：日光和人造光”，其他未标明选项不做要求，结果以“别墅渲染 .JPG”为文件名保存至本题文件夹中。

5.模型文件管理（1 分）

将模型文件命名为“别墅+学生姓名”，并保存项目文件。

门窗表

类型	设计编号	洞口尺寸(mm)	数量
普通门	M0921	900×2100	6
	M0721	700×2100	3
	M1521	1500×2100	2
	M1518	1500×1800	1
普通窗	C1518	1500×1800	12
	C3030	3000×3000	2
	C1818	1800×1800	6
	C2118	2100×1800	2
	C1218	1200×1800	1
	C1815	1800×1500	1

实操题3

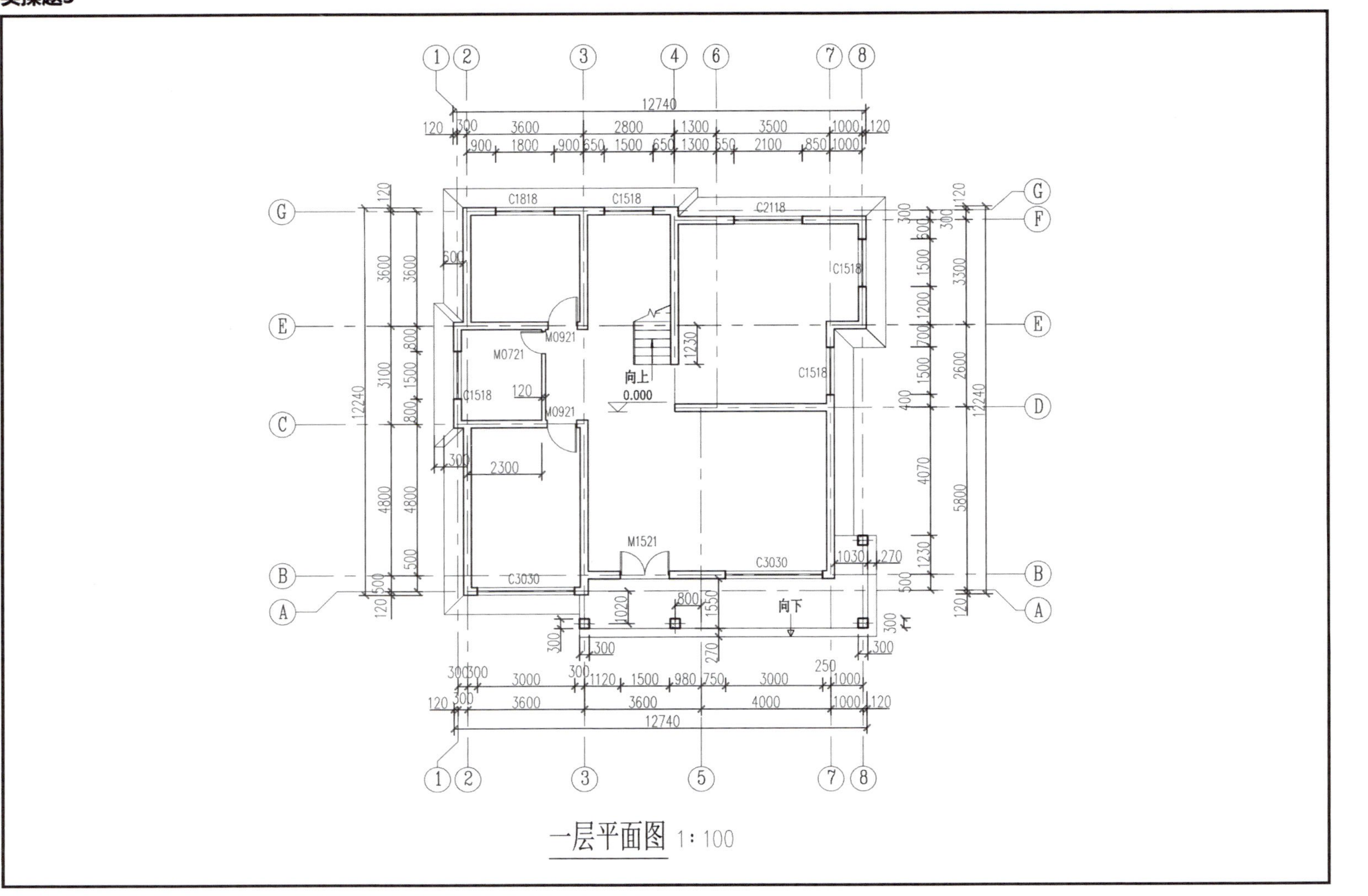

一层平面图 1:100

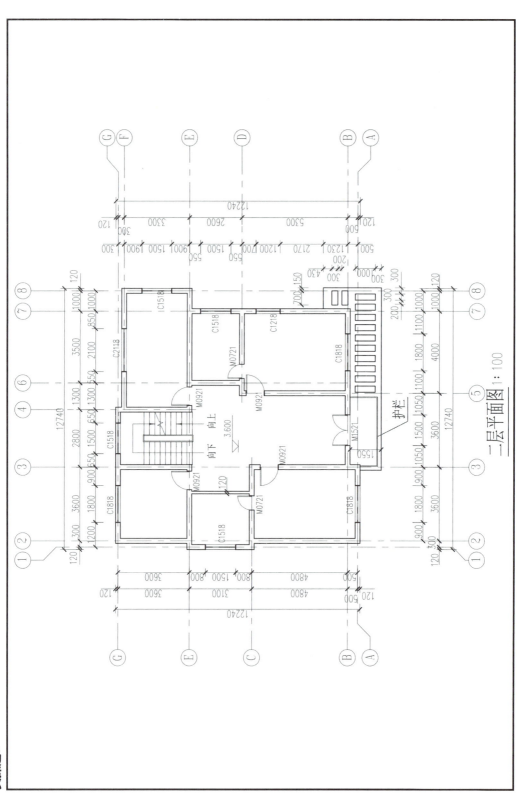

实操题3

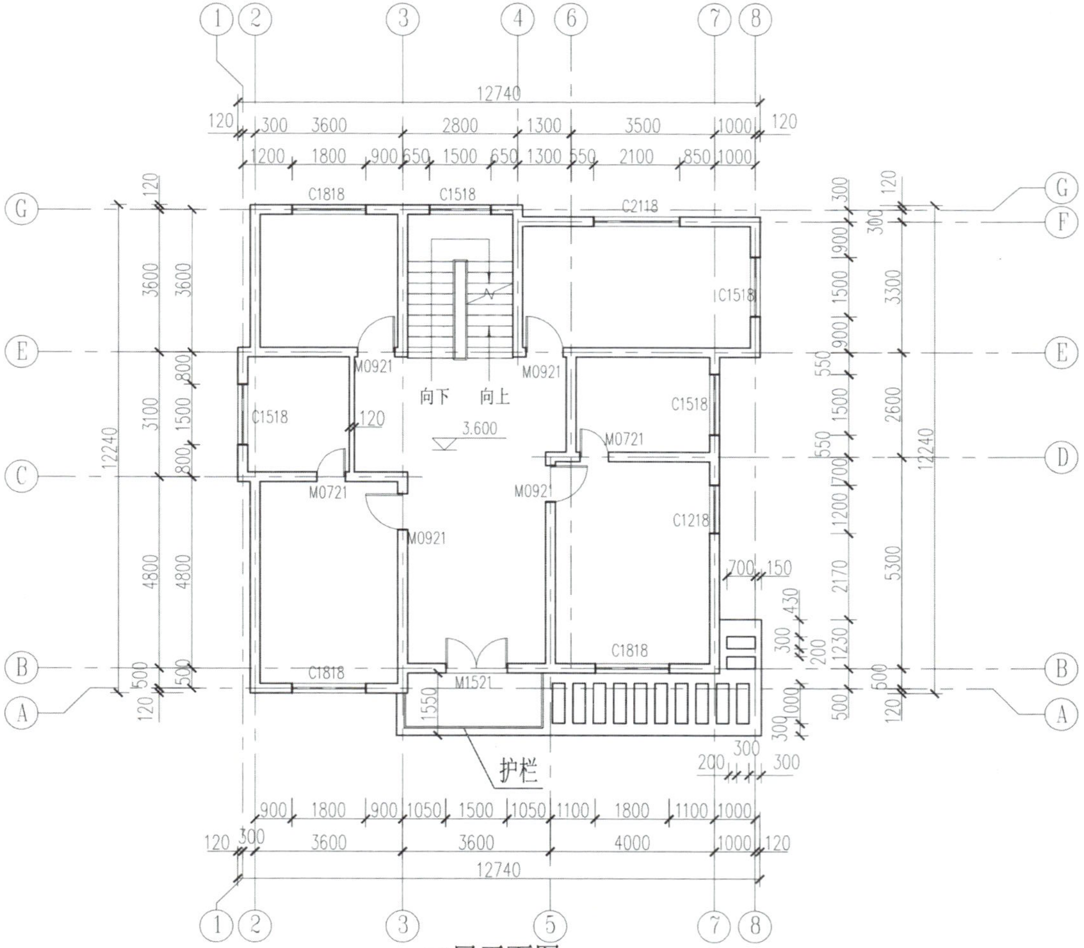
12740
120
300
3600
2800
1300
3500
1000
120
1200
1800
900
650
1500
650
1300
550
2100
850
1000
C1818
C1518
C2118
C1518
M0921
M0921
向下
向上
3.600
C1518
120
M0721
M0721
M0921
M0921
C1218
C1818
C1818
M1521
1550
护栏
700
150
430
300
200
12240
3600
3100
4800
500
800
1500
300
900
550
2600
700
1200
2170
1230
5300
1000
900
1800
1050
1100
4000
G
F
E
D
C
B
A
1
2
3
4
5
6
7
8

二层平面图 1:100

实操题3

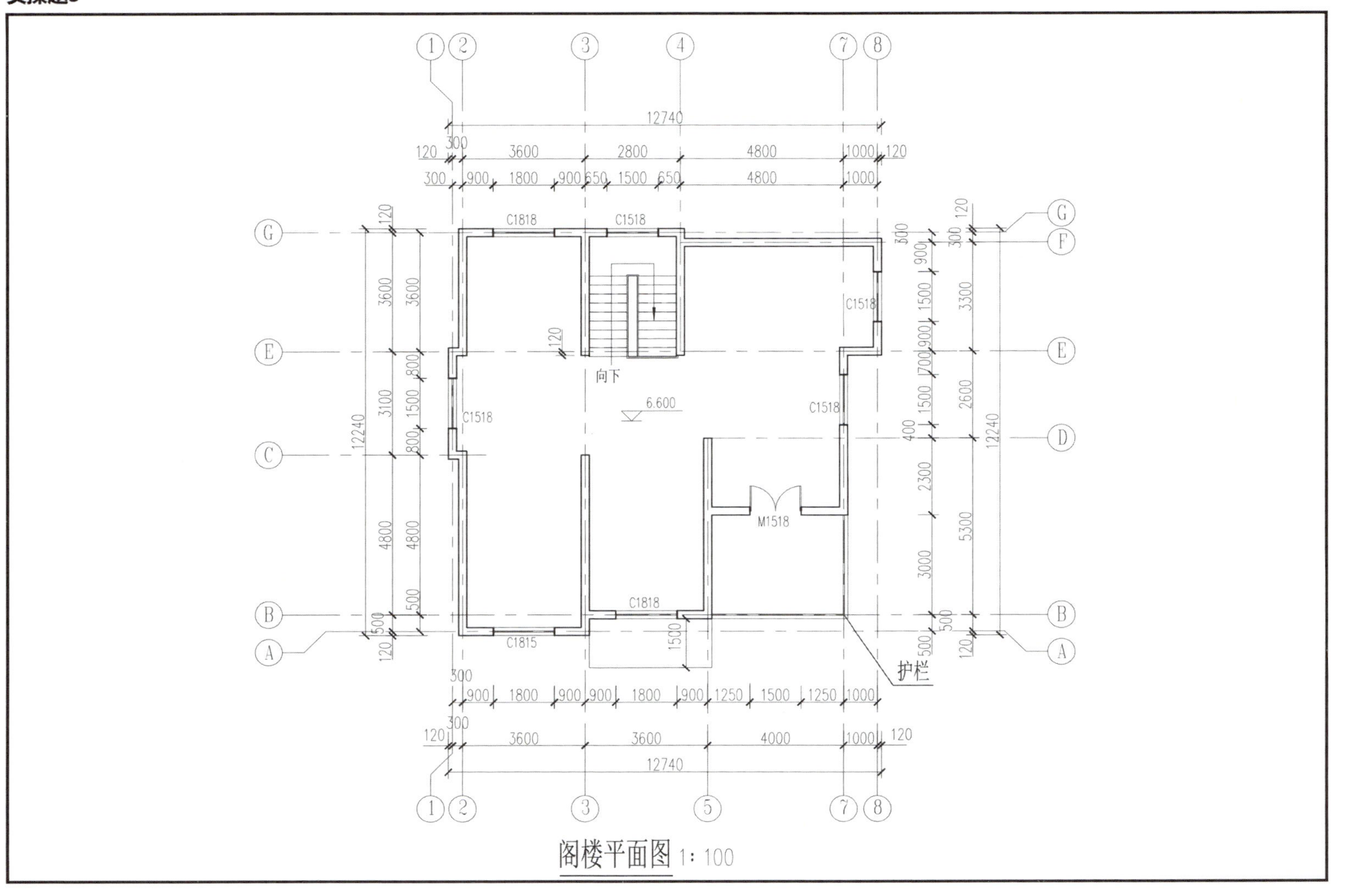

阁楼平面图 1:100

实操题3

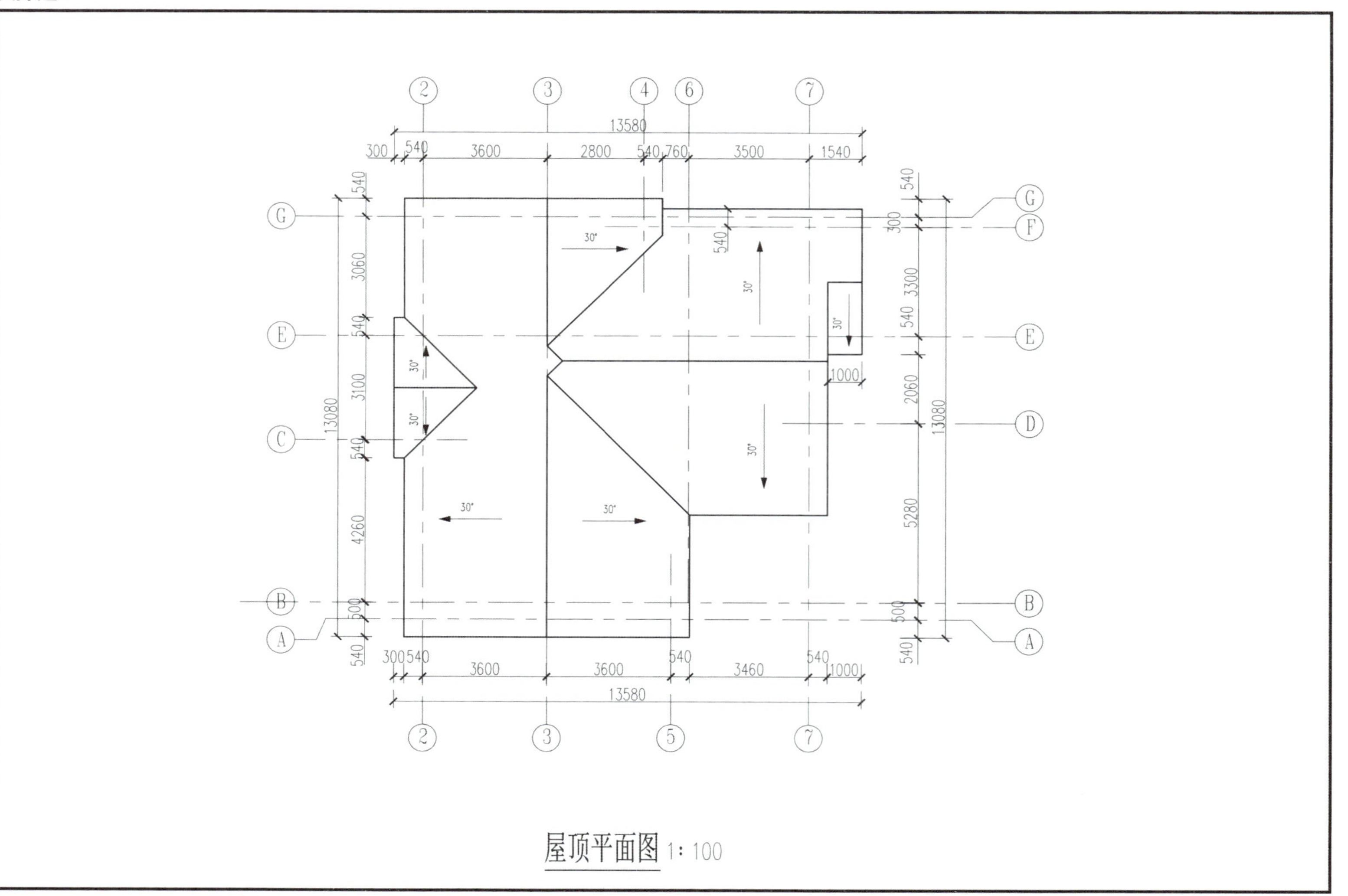

屋顶平面图 1:100

实操题3

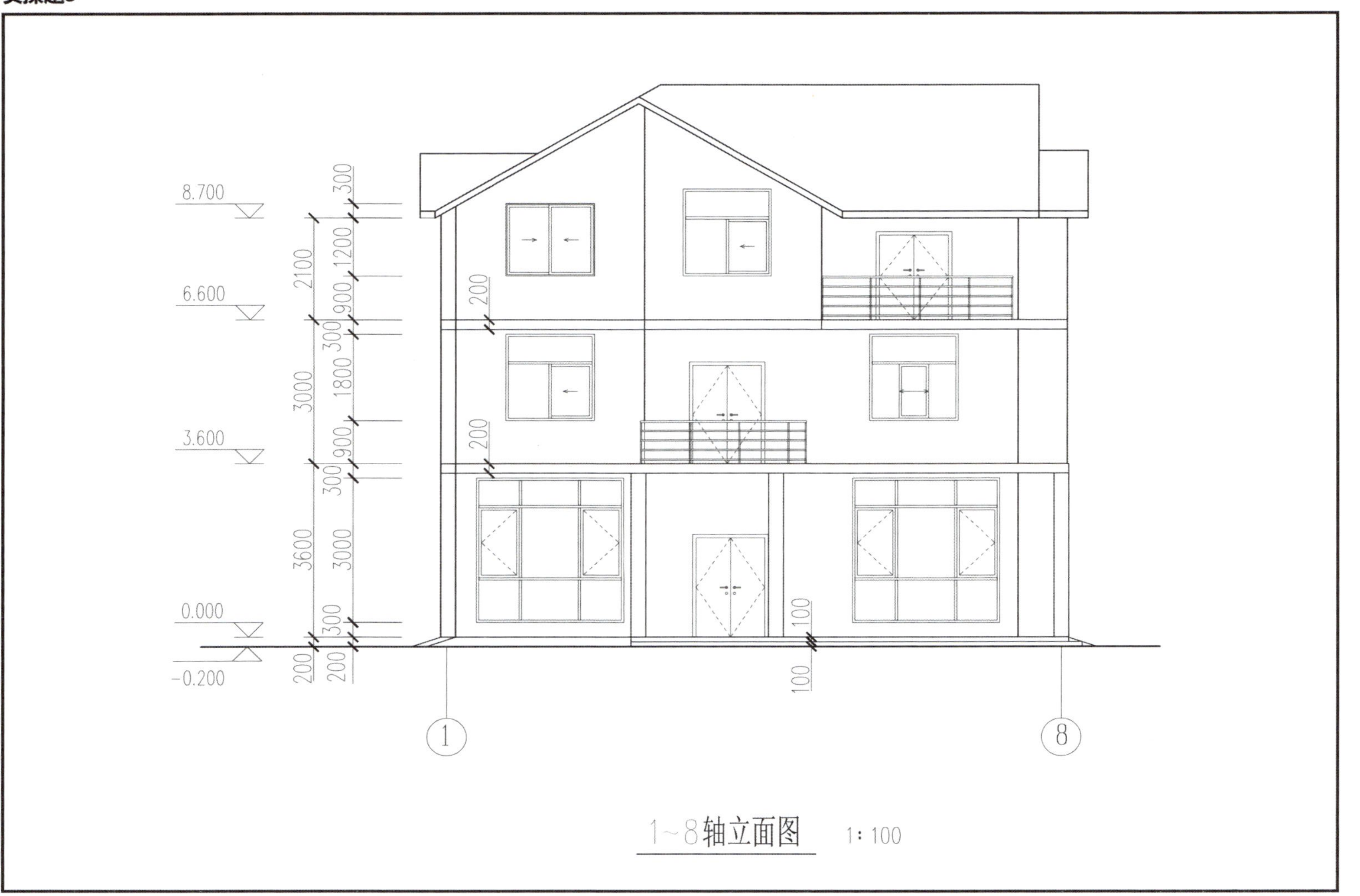

1~8轴立面图 1:100

实操题3

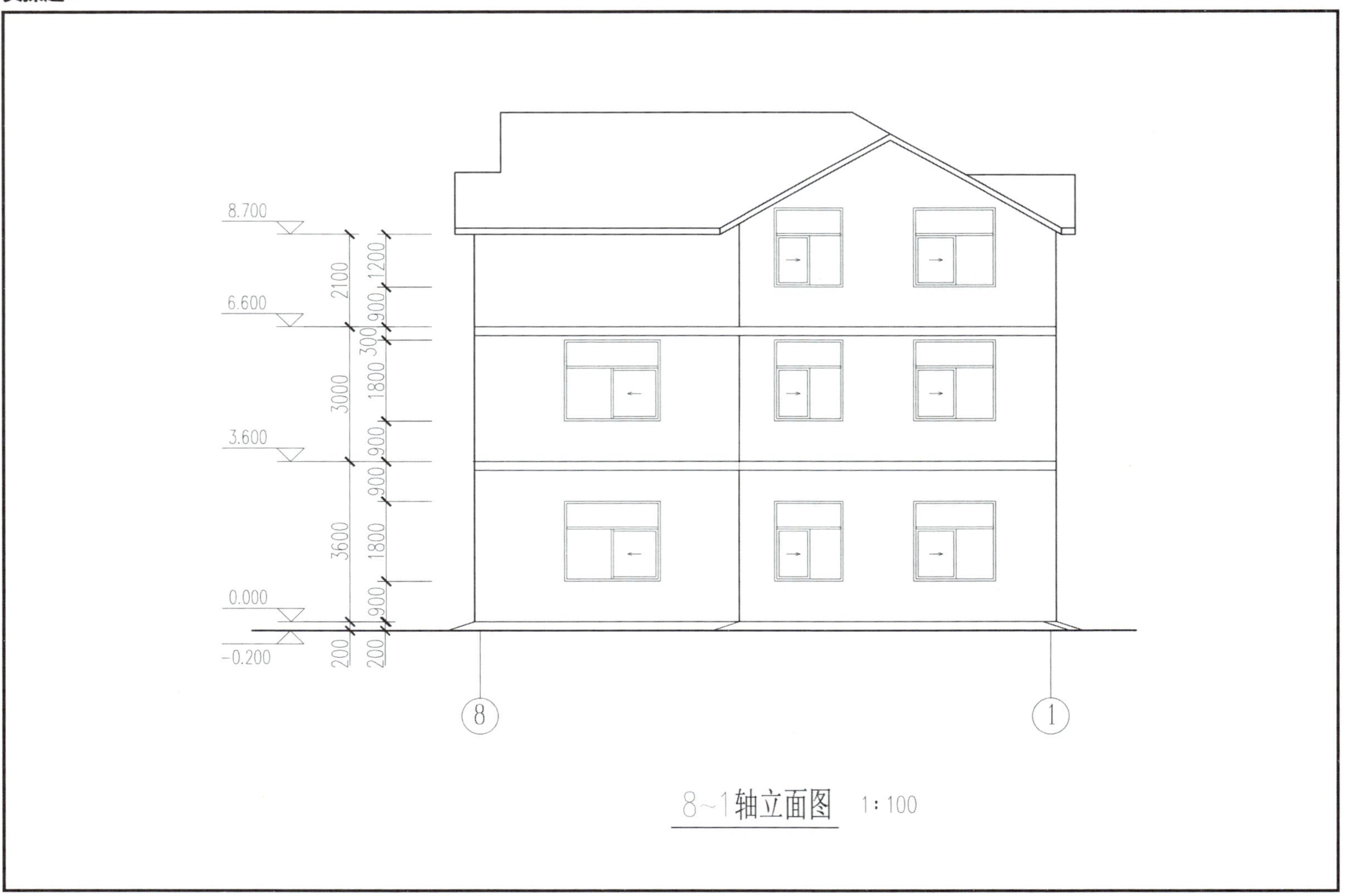

8~1轴立面图 1:100

实操题3

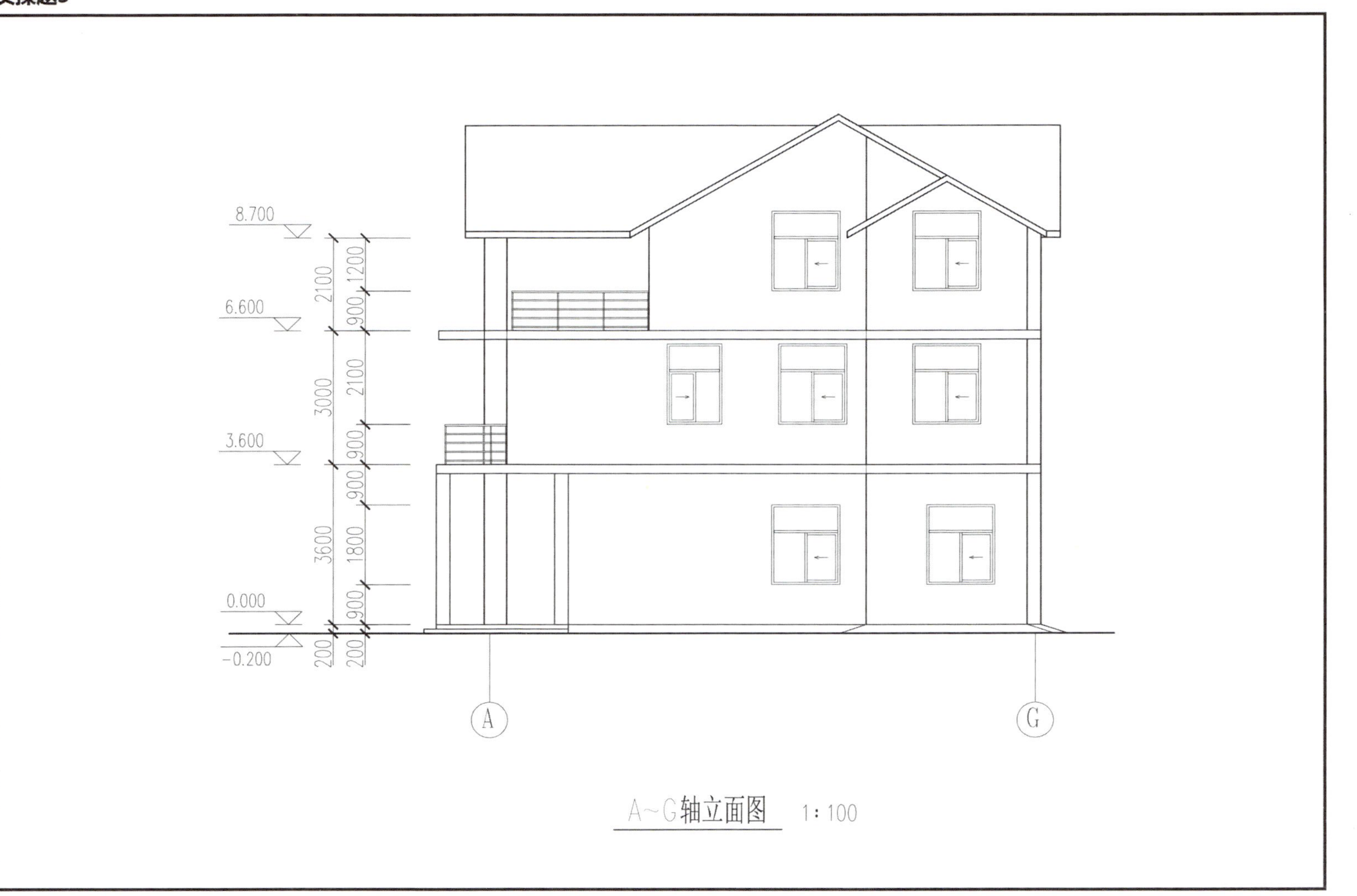

A~G轴立面图 1:100

实操题3

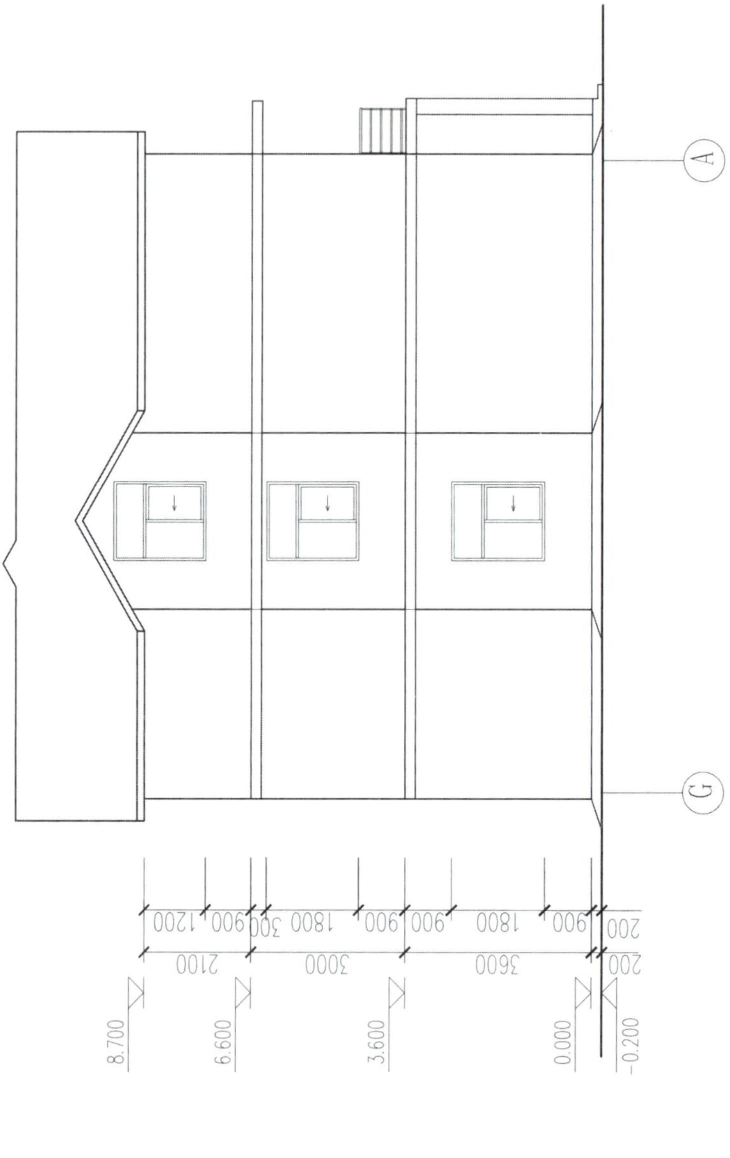

G~A轴立面图 1:100

A

G

8.700

6.600

3.600

0.000

-0.200

1200 900 300 1800 900 900 1800 900 200

2100 3000 3600 200

实操题3

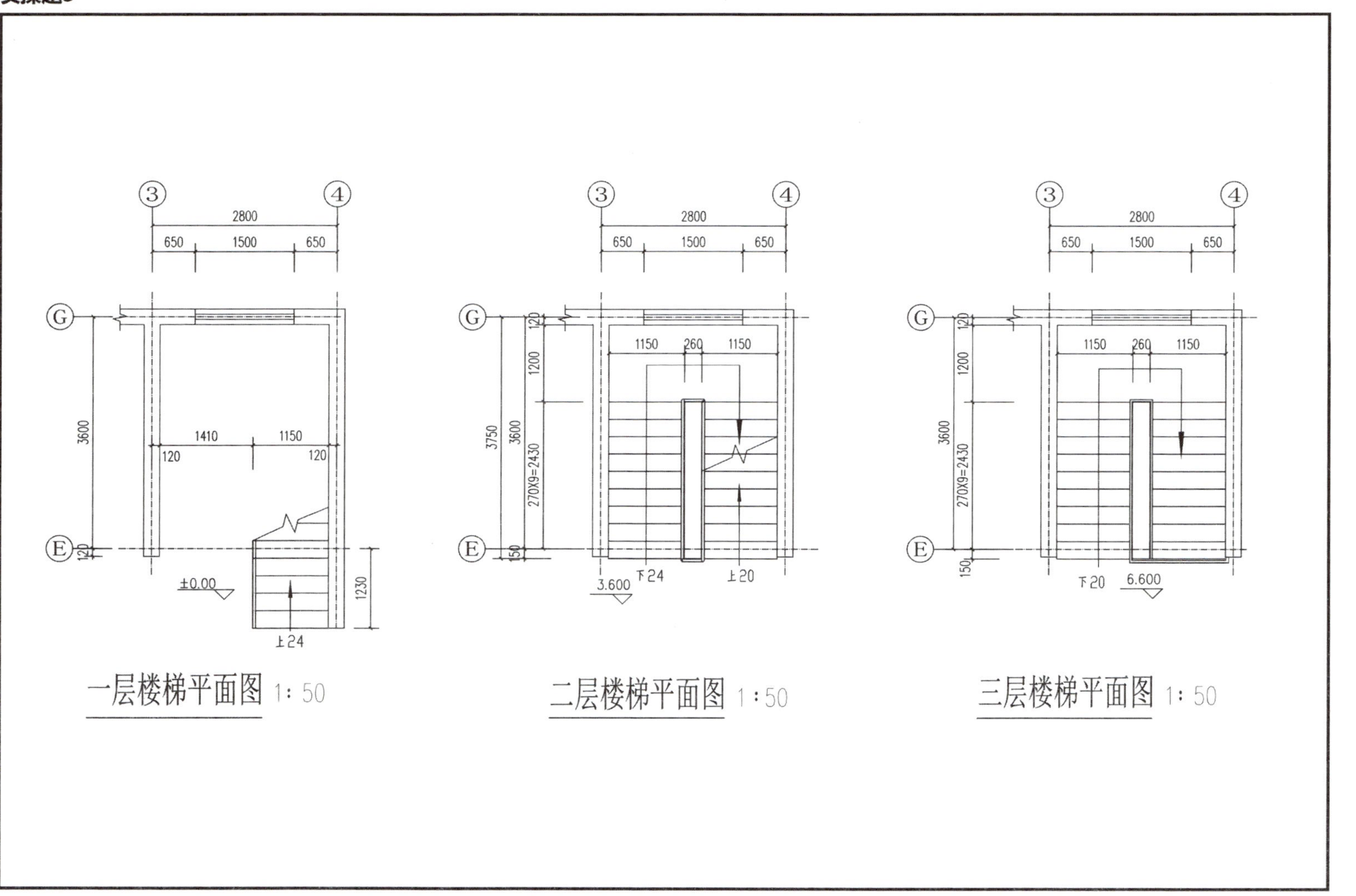

一层楼梯平面图 1:50
二层楼梯平面图 1:50
三层楼梯平面图 1:50
±0.00
3.600
6.600
上24
下24
上20
下20
2800
650
1500
1150
260
1410
120
150
1200
1230
3600
3750
270X9=2430
G
E
3
4

实操题3

考题二：根据以下要求和给出的图纸，创建建筑及机电模型。模型以“建筑及机电模型+学生姓名”为文件名保存在 学生文件夹中。(40 分)

要求：(未明确要求处学生可自行确定)

(1)根据“建筑平面图”创建建筑模型，已知建筑位于首层，层高3.6m，建筑模型包括轴网、墙体、门、窗等相关构件。其中墙厚均为240mm（材质不限），柱尺寸240mm×240mm，窗底高度为900mm，卫生间隔墙厚度为100mm（材质不限）。(6 分)

(2)创建视图名称为“电气平面图”，并根据“电气平面图”创建电气模型，要求布置照明灯具（必要时可自行添加吊顶）、开关、插座、配电箱（所有电气设备平面位置大致准确即可）；其安装高度及型号详见图纸，并按照图纸对照明灯具、开关及配电箱进行导线连接。(9 分)

(3)创建视图名称为“给排水平面图”，按要求布置坐便器、洗手盆、淋浴和地漏等，洁具型号自定义，位置摆放合理，并将洁具和管道连接，管道坡度、尺寸及高程详见图纸，给排水系统图中立管检查口、地漏、存水弯、阀门均需建模。(11 分)

(4)按要求命名水管系统名称，并为每个不同的系统设置不同的管道颜色。(4 分)

(5)创建管道明细表，包括系统类型、尺寸、长度、合计四项内容。(4 分)

(6)创建配电盘明细表。(2 分)

(7)分别创建“电气平面图”和“给排水平面图”2张图纸，要求A3图框，比例1:100，需标注图名，标注不作要求，并导出CAD。(2 分)

(8)将模型文件命名为“建筑及机电模型学生 姓名”，并保存项目文件。(2 分)

电气主要材料表

序号	图例	名称	备注
1		配电箱	底边距地：1.5m
2		防水插座	底边距地：2.2m
3		筒灯	距地：2.8m
4		单相二极+三极，16A 安全型	底边距地：0.3m
5		单联单控开关	暗敷 底边距地：1.3m
6		单联单控开关	暗敷 底边距地：1.3m
7		单联双控开关	暗敷 底边距地：1.3m
8		空调插座	底边距地：2.5M（挂式） 底边距地：0.3M（柜式）

给排水主要材料表

序号	名称	图例	备注
1	生活给水管		JL
2	废水管		FL
3	污水管		WL
4	雨水管		YL
5	立管检查口		
6	圆形地漏		通用，如为无水封地漏应加存水弯
7	存水弯		水封深度不得小于50mm
8	截止阀		DN<50mm
9	止回阀		
10	洗手盆		白瓷（节水型）
11	蹲便器		白瓷（节水型）

实操题3

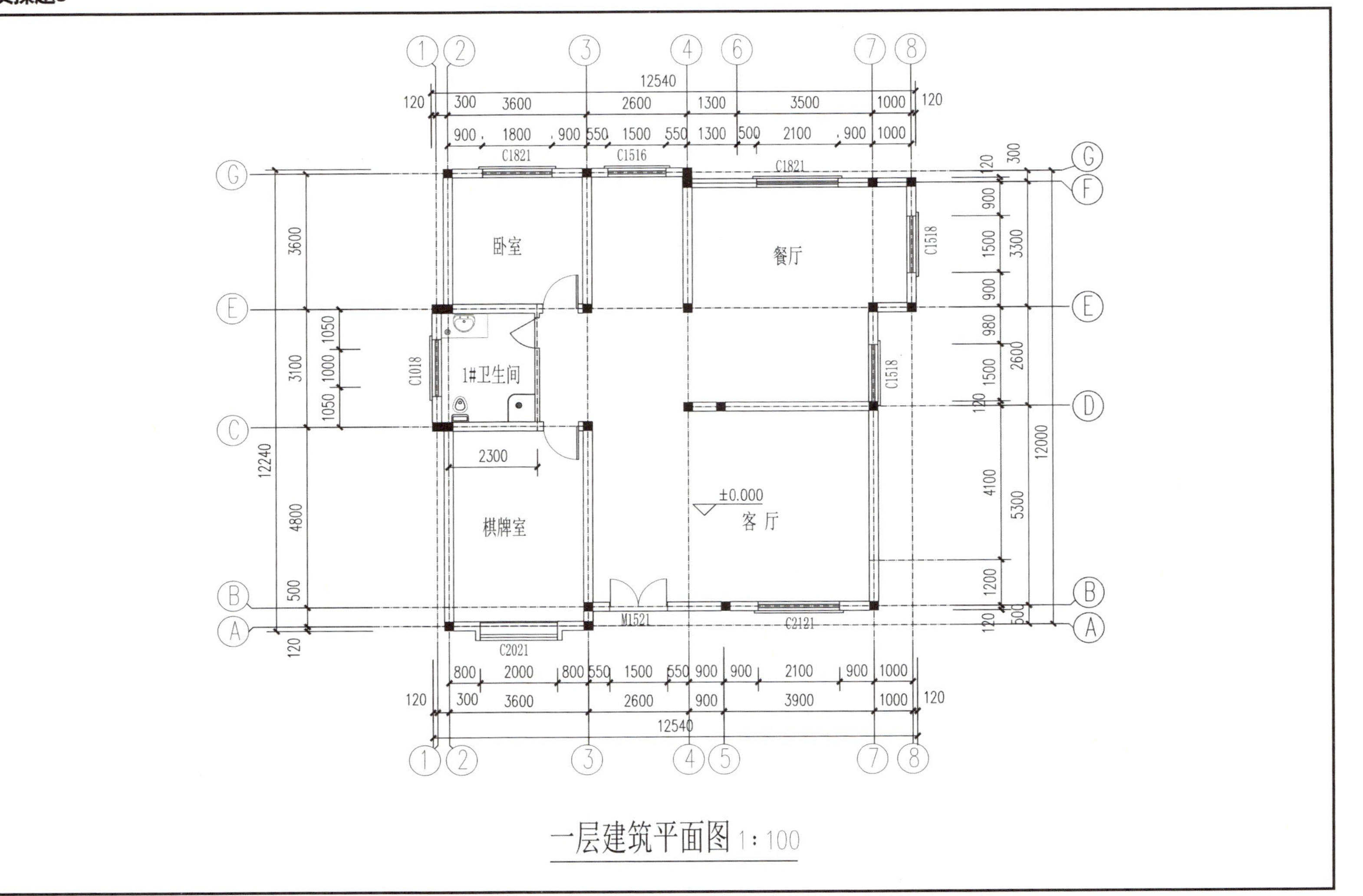

一层建筑平面图 1:100

实操题3

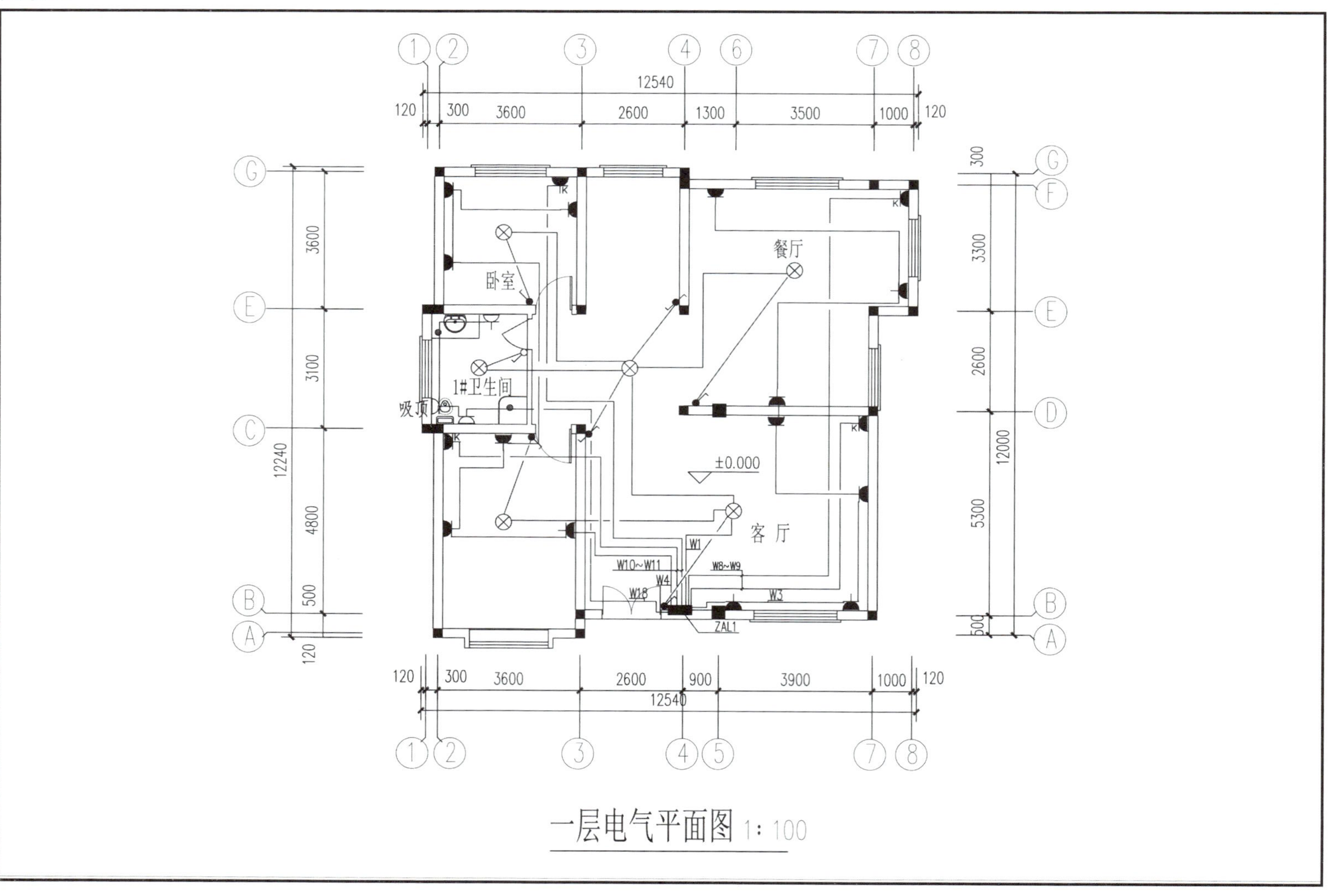

一层电气平面图 1:100

实操题3

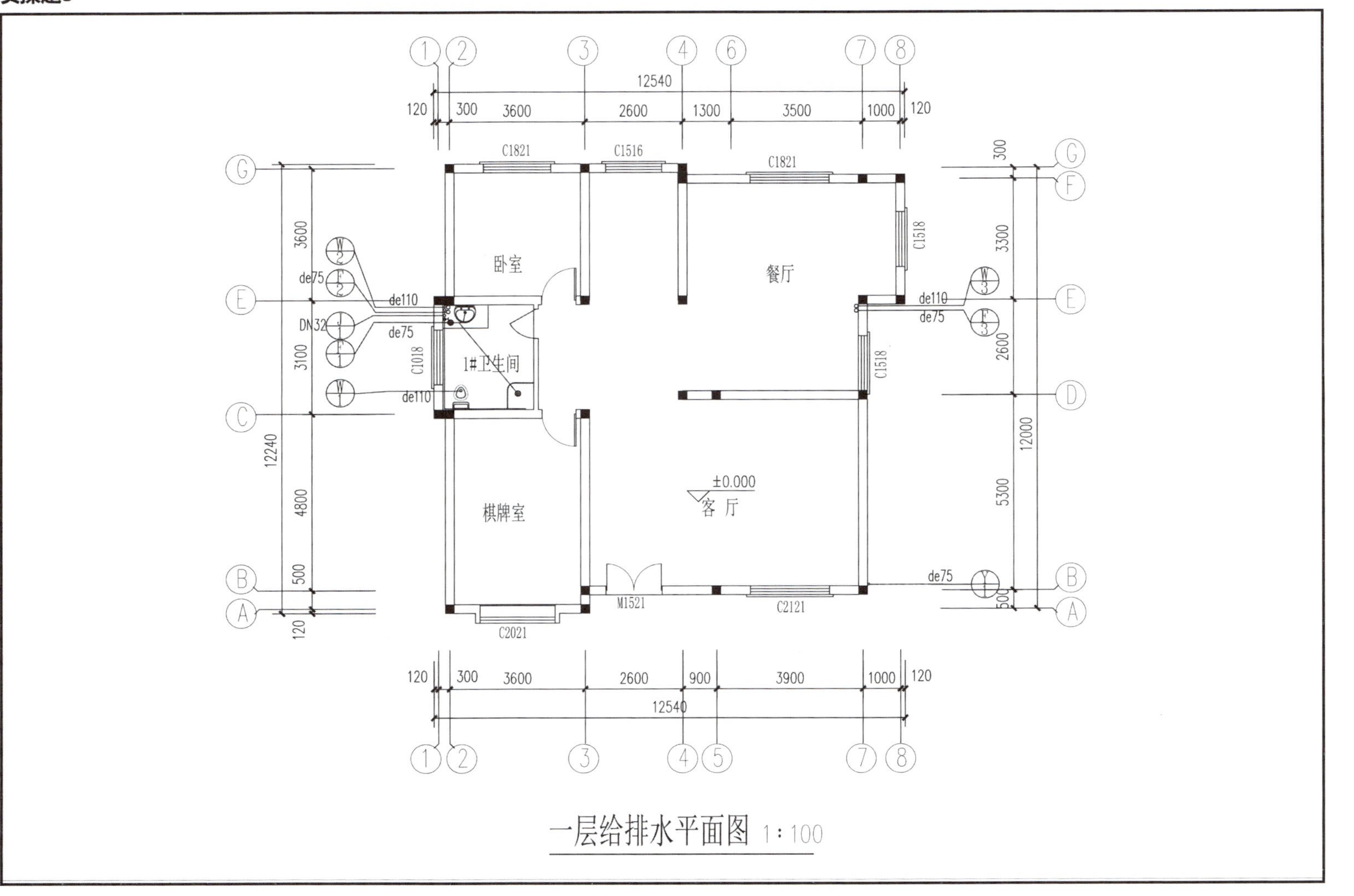
12540
120
300
3600
2600
1300
3500
1000
C1821
C1516
C1518
卧室
餐厅
de75
de110
DN32
C1018
1#卫生间
12240
4800
500
±0.000
客 厅
棋牌室
M1521
C2121
C2021
3300
12000
5300
900
3900
一层给排水平面图 1:100

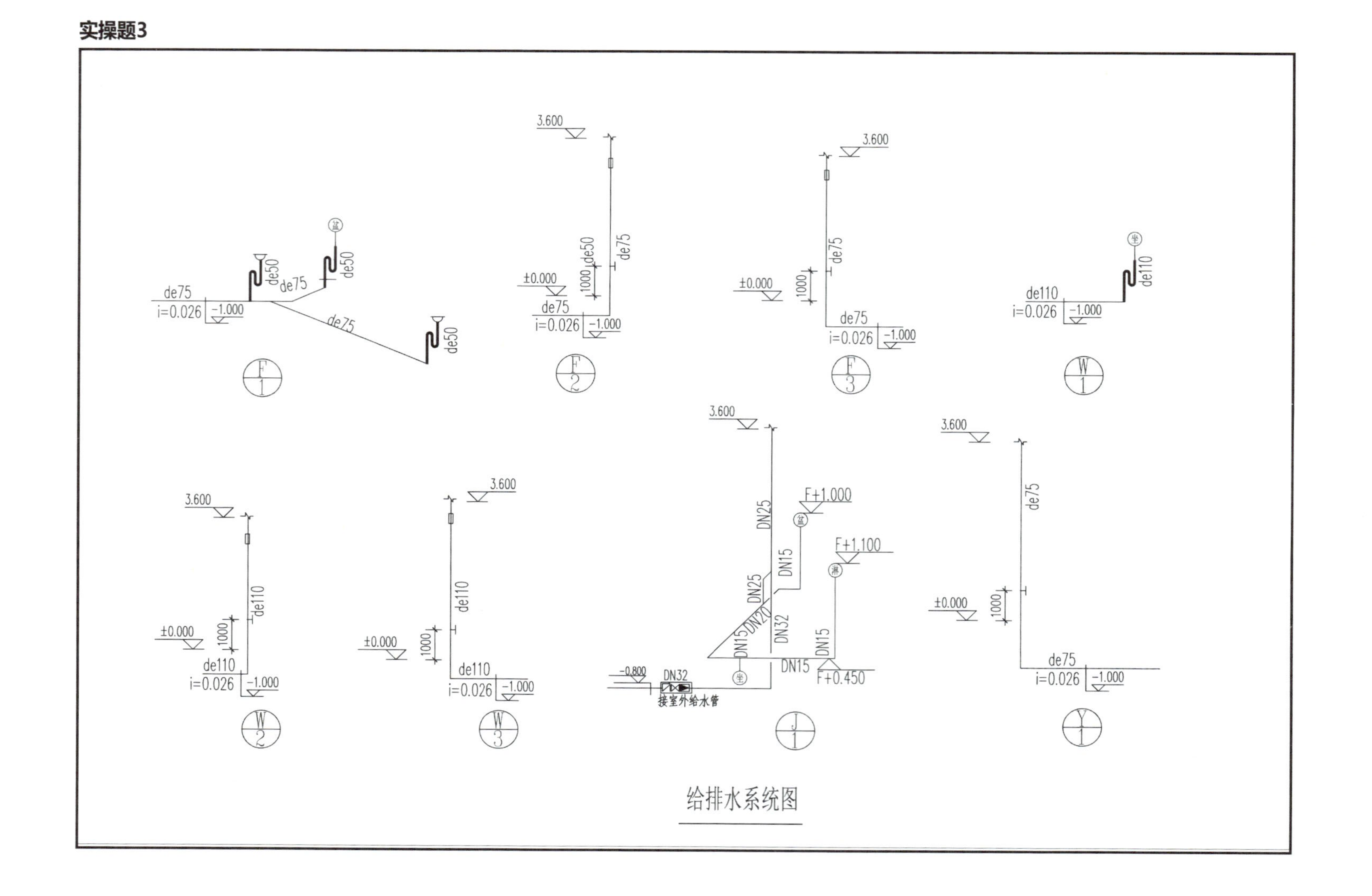
实操题3
F 1
F 2
F 3
W 1
W 2
W 3
J 1
Y 1
de75
de50
de110
DN32
DN25
DN20
DN15
i=0.026
-1.000
-0.800
±0.000
3.600
1000
F+1.000
F+1.100
F+0.450
接室外给水管
给排水系统图

REFERENCES 参考文献

[1] 李建成．BIM 应用·导论［M］．上海：同济大学出版社，2015.

[2] 丁烈云．BIM 应用·施工［M］．上海：同济大学出版社，2015.

[3] 廖小烽，王君峰．Revit 2013/2014 建筑设计火星课堂［M］．北京：人民邮电出版社，2019.

[4] 谢红星．武汉大学校史新编（1893—2013）［M］．武汉：武汉大学出版社，2013.

[5] 黄亚斌，徐钦．Autodesk Revit 族详解［M］．北京：中国水利水电出版社，2013.

[6] 李启明．土木工程合同管理［M］．4 版．南京：东南大学出版社，2019.

[7] 王雪青．工程项目成本规划与控制［M］．北京：中国建筑工业出版社，2011.

[8] 李启明，邓小鹏．建设项目采购模式与管理［M］．北京：中国建筑工业出版社，2011.

[9] 田元福．建设工程项目管理［M］．北京：清华大学出版社，2010.

[10] 黄磊，宿玉海．国际金融危机下中国金融开放问题研究［M］．北京：经济科学出版社，2010.